Wissenschaftliche Berater:
Prof. Dr. Holger Dette · Prof. Dr. Wolfgang Härdle

Springer
Berlin
Heidelberg
New York
Hongkong
London
Mailand
Paris
Tokio

Lutz Dümbgen

Stochastik
für Informatiker

 Springer

Prof. Dr. Lutz Dümbgen
Universität Bern
Institut für Mathematische Statistik und Versicherungslehre
Sidlerstr. 5
3012 Bern, Schweiz
e-mail: duembgen@stat.unibe.ch

Bibliografische Information Der Deutschen Bibliothek
Die Deutsche Bibliothek verzeichnet diese Publikation in der Deutschen
Nationalbibliografie; detaillierte bibliografische Daten sind im Internet
über <http://dnb.ddb.de> abrufbar.

Mathematics Subject Classification (2000): 62-01, 68-01

ISBN 3-540-00061-5 Springer-Verlag Berlin Heidelberg New York

Springer-Verlag Berlin Heidelberg New York
ein Unternehmen der BertelsmannSpringer Science+Business Media GmbH

http://www.springer.de

© Springer-Verlag Berlin Heidelberg 2003
Printed in Germany

Einbandgestaltung: design& production, Heidelberg
Datenerstellung durch den Autor unter Verwendung eines Springer LaTeX - Makropakets
Gedruckt auf säurefreiem Papier   40/3142CK-5 4 3 2 1 0

Meiner Familie

Vorwort

Von Oktober 1997 bis Februar 2002 lehrte ich an der Medizinischen Universität zu Lübeck das Fach *Stochastik* für Studierende der Informatik. Insbesondere wurden und werden dort regelmäßig die Vorlesungen Stochastik I-III ab dem vierten Semester angeboten. In mehreren Durchläufen entstand ein umfangreiches Skriptum, das dem vorliegenden Buch zugrundeliegt. Das Hauptaugenmerk liegt auf den Grundlagen der Wahrscheinlichkeitsrechnung, die anhand einiger Anwendungen illustriert werden. Weiterführende Literatur wird am Ende des Buches genannt.

Den Lübecker Studierenden Annika Hansen, Verena Heenes, Stefan Heldmann, Bernd-Wolfgang Igl, Deike Kleberg, Dirk Klingbiel, Stefanie Moll, André Trimpop sowie meinen dortigen Kollegen Dr. Jan Modersitzki und Dr. Hansmartin Zeuner danke ich herzlich für ihr Interesse, viele Hinweise, Fehlermeldungen und Anregungen. Vielen Dank auch an Birgit Schneider und Gaby Claasen für ihre Hilfe beim Erstellen des Skriptums.

Meine eigene Einführung in die Stochastik erhielt ich durch hervorragende Vorlesungen von Prof. Hermann Rost und Prof. Dieter Werner Müller aus Heidelberg, denen ich an dieser Stelle herzlich danke. Prof. Uwe Rösler aus Kiel verdanke ich anregende Diskussionen über Algorithmen und deren Analyse.

Bern, im Januar 2003   *Lutz Dümbgen*

Inhaltsverzeichnis

1

Einleitung

Das Wort *Stochastik* ist ein Oberbegriff für *Wahrscheinlichkeitstheorie* und *Statistik*. In der Wahrscheinlichkeitstheorie geht es um die mathematische Beschreibung von zufälligen Phänomenen. Die Frage, was Zufall ist, wird nicht beantwortet. In der Tat verwenden zahlreiche Wissenschaftler Methoden der Stochastik, weil sich diese in vielen Anwendungen bewährt haben, sind aber überzeugt davon, dass es keinen Zufall gibt. Ein bekanntes Zitat von Albert Einstein lautet: "Gott würfelt nicht!" Das hinderte ihn aber nicht daran, mit stochastischen Argumenten Vorgänge wie beispielsweise die Diffusion zu erklären.

In der Statistik geht es um die Auswertung und Interpretation empirischer Daten. Diese betrachtet man als zufällig und möchte mit einer gewissen Sicherheit Rückschlüsse auf das zugrundeliegende mathematische Modell ziehen.

Wir beginnen nun mit der mathematischen Beschreibung eines Experimentes, dessen Ausgang man als zufällig in einem vagen Sinne betrachtet. Man spezifiziert die Menge Ω aller möglichen Ergebnisse des Experiments. Diese Menge Ω nennt man auch *Grundmenge* oder *Ereignisraum*. Ein Element ω von Ω nennt man *Elementarereignis*. Nun betrachten wir verschiedene Teilmengen A von Ω, sogenannte *Ereignisse*. Jedem Ereignis $A \subset \Omega$ ordnen wir eine *Wahrscheinlichkeit* $P(A) \in [0,1]$ zu. Hier sind zwei Interpretationen dieser Zahl $P(A)$:

Deutung 1: Wahrscheinlichkeiten als Wetteinsätze

$P(A)$ ist ein Maß dafür, wie sicher man ist, dass das Ergebnis ω des Experiments in der Menge A liegen wird. Im Extremfall, wenn $P(A) = 1$, ist man sich dessen absolut sicher. Umgekehrt geht man im Falle $P(A) = 0$ davon aus, dass ω sicher nicht in A liegen wird. Allgemein kann man $P(A)$ als Wetteinsatz deuten: Wenn im Falle von $\omega \in A$ ein Gewinn G (in irgendeiner Einheit) ausgezahlt wird, dann ist man bereit, den Betrag $P(A) \cdot G$ zu setzen.

Dies ist Bruno de Finettis *subjektivistische* Deutung von Wahrscheinlichkeiten.

Deutung 2: Wahrscheinlichkeiten als Grenzwerte

Angenommen, man könnte das Experiment beliebig oft wiederholen, wobei die einzelnen Durchläufe "voneinander unabhängig" sind. Sei ω_i das Ergebnis bei der i-ten Wiederholung. Wir postulieren, dass die relativen Häufigkeiten

$$\widehat{P}_n(A) \ := \ \frac{\#\{i \le n : \omega_i \in A\}}{n}$$

für $n \to \infty$ gegen eine feste Zahl $P(A)$ konvergieren, die bei allen solchen Versuchsreihen identisch ist. Dabei bezeichnet $\#\mathcal{S}$ die Anzahl der Elemente einer Menge $\mathcal{S}$. Mit dem Hut über $P_n(A)$ deuten wir an, dass diese relative Häufigkeit nicht nur von n und A, sondern auch von der konkreten Versuchsreihe abhängt.

Dies ist Richard von Mises' *frequentistische* Deutung von Wahrscheinlichkeiten.

Beispiel 1.1 (Ein Würfel) Mit einem Würfel ermittelt man eine Zufallszahl aus $\Omega = \{1, 2, \dots, 6\}$. Eine naheliegende Definition der Wahrscheinlichkeit $P(A)$ eines Ereignisses $A \subset \Omega$ ist

$$P(A) \ := \ \frac{\#(A)}{6}. \tag{1.1}$$

Jedem Elementarereignis ordnet man also die Wahrscheinlichkeit $1/6 = 0.16\overline{6}$ zu, und das Ereignis $A = [\text{würfle eine gerade Zahl}] = \{2, 4, 6\}$ hat beispielsweise Wahrscheinlichkeit $1/2$.

Um die frequentistische Deutung zu illustrieren, warf eine Tochter des Autors einen bestimmten Würfel 200–mal. Die Abbildungen 1.1 und 1.2 zeigen Stabdiagramme der empirischen Häufigkeiten $\widehat{P}_n(A)$ für die Ereignisse $A = \{2\}, \{6\}, \{2, 4, 6\}$. Augenscheinlich stabilisieren sich diese Werte mit wachsendem n.

Der Zusammenhang zwischen beiden Deutungen

Gehen wir von obigem Postulat über $\widehat{P}_n(A)$ aus, so ist der Limes $P(A)$ gleichzeitig der "richtige" Wetteinsatz. Angenommen, vor jeder Wiederholung des Experiments setzt man den Betrag E und gewinnt den Betrag G, falls das Ereignis A eintritt. Dann hat man nach n Durchgängen den Nettogewinn

$$\#\{i \le n : \omega_i \in A\}G - nE \ = \ nG\left(\widehat{P}_n(A) - E/G\right).$$

Ist also $E/G > P(A)$, dann macht man beliebig große Verluste, wenn $n \to \infty$ und $\widehat{P}_n(A) \to P(A)$. Bei $E/G < P(A)$ macht man beliebig große Gewinne.

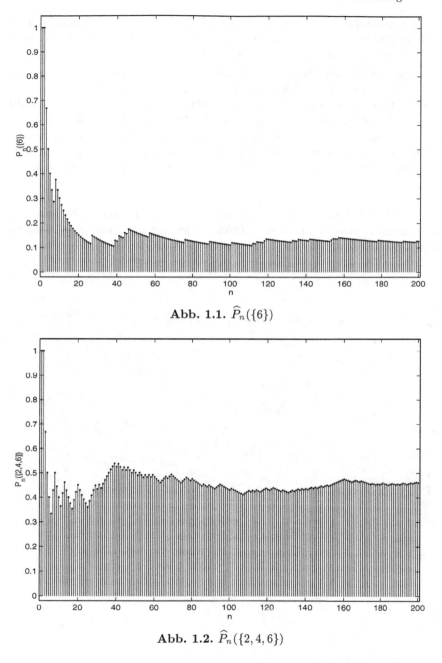

Abb. 1.1. $\widehat{P}_n(\{6\})$

Abb. 1.2. $\widehat{P}_n(\{2,4,6\})$

Beispiel 1.2 (Spiel mit drei Bechern) Auf Basaren wird mitunter folgendes Spiel angeboten: Unter einen von drei gleichartigen Bechern wird eine weiche Kugel gelegt. Nun beginnt der Anbieter, die Becher vor den Augen des Spielers zu vertauschen. Der Spieler muss nach einer gewissen Zeit sagen, unter welchem Becher die Kugel liegt. Zuvor setzt er einen Betrag E. Wenn er die Kugel findet, gewinnt er den doppelten Einsatz, also $G = 2E$.

Naive Spieler trauen sich zu, den Becher mit der Kugel nicht aus den Augen zu lassen. Ihre subjektive Wahrscheinlichkeit des Ereignisses $A =$ [Kugel gefunden] ist also nahe an Eins. Da sie größer ist als das Verhältnis $E/G = 1/2$, lassen sie sich gerne auf das Spiel ein. Tatsächlich gelingt es einem geschulten Anbieter, den Spieler derart zu verwirren, dass er am Ende nur noch raten kann. Die tatsächliche Wahrscheinlichkeit von A ist dann bestenfalls gleich 1/3, und der Anbieter macht auf lange Sicht große Gewinne.

Im Verlaufe dieses Buches wird ein Kalkül für Wahrscheinlichkeiten und daraus abgeleitete Größen erarbeitet. Desweiteren werden verschiedene Anwendungen beschrieben.

2

Laplace-Verteilungen und diskrete Modelle

Wir betrachten zunächst eine endliche Grundmenge Ω. Für ein Ereignis $A \subset \Omega$ definiert man die *Laplace-Wahrscheinlichkeit von A* als die Zahl

$$P(A) := \frac{\#A}{\#\Omega}.$$

Die entsprechende Abbildung $P : \mathcal{P}(\Omega) \to [0,1]$ nennt man die *Laplace-Verteilung*, *Gleichverteilung* oder *uniforme Verteilung* auf Ω. Dabei ist $\mathcal{P}(\Omega)$ die Potenzmenge von Ω, die Menge aller Teilmengen von Ω.

Die Laplace-Verteilung auf Ω ordnet also jedem Elementarereignis $\{\omega\}$ die Wahrscheinlichkeit $1/\#\Omega$ zu. Sie beschreibt das "rein zufällige" Auswählen eines Elementes von Ω. Anstelle des Vielzweckbuchstaben P schreibt man mitunter $\mathcal{U}(\Omega)$ für die uniforme Verteilung auf Ω.

In Beispiel 1.1 betrachteten wir bereits die Gleichverteilung auf der Menge $\Omega := \{1, 2, \ldots, 6\}$. Hier ein weiteres Beispiel:

Beispiel 2.1 (Zwei Würfel) Würfelt man zweimal hintereinander (oder einmal mit zwei Würfeln), so erhält man ein Paar $\omega = (\omega_1, \omega_2) \in \Omega = \{1, 2, \ldots, 6\}^2$. Hier ist $P(\{\omega\}) = 1/36 = 0.027\overline{7}$, und beispielsweise ist

$$P(\text{Pasch}) = P(\{(1,1), (2,2), \ldots, (6,6)\}) = \frac{6}{36} = 0.16\overline{6}.$$

Für $2 \le k \le 12$ sei

$$A_k := [\text{Augensumme ist } k] = \{\omega \in \Omega : \omega_1 + \omega_2 = k\}.$$

Dann ist

$$P(A_2) = P(\{(1,1)\}) = 1/36,$$
$$P(A_3) = P(\{(1,2), (2,1)\}) = 2/36,$$

$$\vdots$$

$$P(A_7) = P(\{(1,6),(2,5),(3,4),(4,3),(5,2),(6,1)\}) = 6/36,$$
$$P(A_8) = P(\{(2,6),(3,5),(4,4),(5,3),(6,2)\}) = 5/36,$$
$$\vdots$$
$$P(A_{12}) = P(\{(6,6)\}) = 1/36.$$

Hier eine kompakte Formel:

$$P(A_k) = \frac{6 - |k - 7|}{36}.$$

Die Definition von Laplace-Verteilungen ist zwar sehr elementar, aber die konkrete Bestimmung von Wahrscheinlichkeiten ist oft erstaunlich anspruchsvoll. Im folgenden Abschnitt betrachten wir Grundmengen Ω, die von besonderem Interesse sind.

2.1 Stichproben und Permutationen

Sei $\mathcal{M}$ eine N–elementige Menge, genannt *Grundgesamtheit* oder *Population*. Nun werden nacheinander n Elemente der Grundgesamtheit "rein zufällig" ausgewählt. Dies ergibt eine *Stichprobe aus $\mathcal{M}$ vom Umfang n*, also ein Tupel

$$\omega = (\omega_1, \omega_2, \ldots, \omega_n) \in \mathcal{M}^n$$

von Punkten $\omega_i \in \mathcal{M}$. In manchen Anwendungen, die wir später behandeln, möchte man mit Hilfe dieser Stichprobe Rückschlüsse auf die Grundgesamtheit $\mathcal{M}$ ziehen.

Man kann sich die Grundgesamtheit als eine Menge von Kugeln in einer Urne vorstellen, und aus dieser Urne zieht man zufällig n Kugeln. Man unterscheidet zwei Arten des Stichprobenziehens, die zu unterschiedlichen Grundmengen Ω führen.

2.1.1 Ziehen mit Zurücklegen

Unabhängig von $\omega_1, \ldots, \omega_i$ kann ω_{i+1} jedes Element von $\mathcal{M}$ sein. Im obigen Urnenmodell bedeutet dies, dass man nach jeder Ziehung die Kugel notiert und wieder zurücklegt. Hier ist

$$\Omega = \mathcal{M}^n \quad \text{und} \quad \#\Omega = N^n.$$

Beispiel 2.2 (*n*–faches Würfeln) Beim Würfeln ist $\mathcal{M} = \{1, 2, \ldots, 6\}$. Für dreifaches Würfeln ($n = 3$) gilt beispielsweise:

$$P(\text{keine Sechs gewürfelt}) = \frac{\#(\{1,2,\ldots,5\}^3)}{\#(\{1,2,\ldots,6\}^3)} = \left(\frac{5}{6}\right)^3 = \frac{125}{216} \approx 0.579.$$

Beispiel 2.3 (Roulette) Beim Roulettespiel ist $\mathcal{M} = \{0, 1, 2, \ldots, 36\}$. Wenn die Kugel auf die Zahl Null fällt, so gewinnt die Bank alle Einsätze. Bei n Spielen ist

$$P(\text{Bank gewinnt mindestens einmal})$$
$$= 1 - P(\text{Bank gewinnt nie}) = 1 - (36/37)^n.$$

Abbildung 2.1 zeigt diese Gewinnwahrscheinlichkeiten $1 - (36/37)^n$ in Abhängigkeit von n.

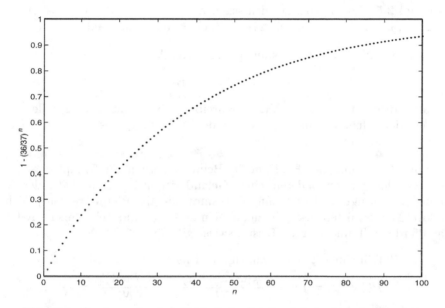

Abb. 2.1. Gewinnwahrscheinlichkeit der Spielbank bei n Runden Roulette

2.1.2 Ziehen ohne Zurücklegen

Bei der Ziehung von ω_{i+1} kommen nur noch Elemente aus $\mathcal{M} \setminus \{\omega_1, \ldots, \omega_i\}$ in Frage. Hier ist also der Grundraum Ω gleich

$$\mathcal{S}_n(\mathcal{M}) := \Big\{ (\omega_i)_{i=1}^n \in \mathcal{M}^n : \omega_i \neq \omega_j \text{ falls } i \neq j \Big\}.$$

Diese Stichprobenmenge $\mathcal{S}_n(\mathcal{M})$ besteht aus

$$\#\mathcal{S}_n(\mathcal{M}) = N(N-1)(N-2)\cdots(N-n+1)$$

Elementen. Denn bei der Auswahl von ω_1 hat man N Möglichkeiten, danach noch $N-1$ Möglichkeiten für die Wahl von ω_2. Dann stehen noch $N-2$ Elemente für ω_3 zur Verfügung, und so weiter. Mit dem *k-ten Faktoriell*

$$[a]_k \; := \; \begin{cases} 1 & \text{für } k = 0, \\ \prod_{i=0}^{k-1}(a - i) & \text{für } k \in \mathbf{N}, \end{cases}$$

einer Zahl $a \in \mathbf{R}$ ist also

$$\#\mathcal{S}_n(\mathcal{M}) \; = \; [N]_n.$$

Beispiel 2.4 (Wahlumfragen) Bei Wahlumfragen ist $\mathcal{M}$ eine bestimmte Gruppe von Wahlberechtigten, und man möchte mithilfe einer Stichprobe Vorhersagen über ein zukünftiges Wahlergebnis machen.

Beispiel 2.5 (Lotto) Bei der deutschen Ziehung der Lottozahlen ist $\mathcal{M} = \{1, 2, \ldots, 49\}$ und $n = 7$, nämlich sechs Zahlen plus Zusatzzahl.

Im Falle $n = N$ ist ω eine vollständige Liste von $\mathcal{M}$, und

$$\#\Omega \; = \; [N]_N \; = \; N!.$$

Ist außerdem $\mathcal{M} = \{1, \ldots, N\}$, so schreiben wir einfach $\mathcal{S}_N$ anstelle von $\mathcal{S}_n(\mathcal{M})$. Identifiziert man $\omega \in \mathcal{S}_N$ mit der Abbildung $i \mapsto \omega_i$, dann ist ω eine Permutation von $\{1, \ldots, N\}$.

Beispiel 2.6 (moderner Fünfkampf) Beim modernen Fünfkampf muss jeder Teilnehmer unter anderem einen Geländeritt absolvieren. Jeder der N Teilnehmer bringt ein Pferd zum Wettkampf mit, die Pferde werden jedoch verlost. Man ermittelt also rein zufällig ein $\omega \in \mathcal{S}_N$, und Teilnehmer i reitet das Pferd von Teilnehmer ω_i. Beispielsweise gilt für $1 \leq j \leq N$:

$$P(\text{Teilnehmer } j \text{ reitet sein eigenes Pferd})$$
$$= P(\{\omega : \omega_j = j\}) \; = \; \frac{\#\{\omega : \omega_j = j\}}{N!} \; = \; \frac{(N - 1)!}{N!} \; = \; \frac{1}{N}.$$

Die Berechnung von

$$P(\text{mindestens ein Teilnehmer reitet sein eigenes Pferd})$$

ist um einiges schwieriger und wird im nächsten Kapitel behandelt.

Beispiel 2.7 (Skat) Beim Skatspiel werden 32 verschiedenen Karten, darunter vier Buben, an drei Spieler verteilt. Jeder Spieler erhält 10 Karten, und zwei Karten liegen im "Skat". Wie groß ist nun die Wahrscheinlichkeit der Ereignisse

$$A_1 := [\text{Spieler 1 erhält alle Buben}] \quad \text{und}$$
$$A_2 := [\text{Jeder Spieler erhält genau einen Buben}]\,?$$

Um dies zu berechnen, verständigen wir uns zunächst auf den Grundraum Ω. Die Menge der 32 Karten sei $\mathcal{M}$, und wir identifizieren das Mischen und Austeilen der 32 Karten mit einem Element $\omega \in \mathcal{S}_{32}(\mathcal{M})$ wie folgt:

$$\omega = \Big(\underbrace{\omega_1, \omega_2, \ldots, \omega_{10}}_{\text{Karten für Sp. 1}} , \underbrace{\omega_{11}, \omega_{12}, \ldots, \omega_{20}}_{\text{Karten für Sp. 2}}, \underbrace{\omega_{21}, \omega_{22}, \ldots, \omega_{30}}_{\text{Karten für Sp. 3}}, \underbrace{\omega_{31}, \omega_{32}}_{\text{Skat}} \Big).$$

Nun berechnen wir die Anzahl von A_1, indem wir uns überlegen, auf wieviele verschiedene Weisen man *nacheinander* die vier Buben setzen kann. Danach sind noch die 28 übrigen Karten auf die verbleibenden 28 Plätze zu verteilen.

$\#A_1 =$	10	(wo ist der ♣–Bube)
	$\cdot\ 9$	(wo ist dann der ♠–Bube)
	$\cdot\ 8$	(wo ist dann der ♡–Bube)
	$\cdot\ 7$	(wo ist dann der ♢–Bube)
	$\cdot\ 28!$	(wo sind dann die übrigen 28 Karten).

Für die Berechnung der Anzahl von A_2 gehen wir etwas anders vor. Zunächst überlegen wir, wieviele Möglichkeiten es gibt, die vier Positionen für *irgendeinen* Buben zu wählen. Danach muss man noch festlegen, welcher Bube an welcher der vier gewählten Positionen sitzt, und schließlich werden die übrigen 28 Karten verteilt.

$\#A_2 = $	$10^3 \cdot 2$	(wo ist irgendein Bube)
	$\cdot\ 4!$	(verteile die Buben auf vier feste Positionen)
	$\cdot\ 28!$	(wo sind dann die übrigen 28 Karten).

Daraus ergeben sich die Laplace-Wahrscheinlichkeiten

$$P(A_1) = \frac{[10]_4 \cdot 28!}{32!} = \frac{[10]_4}{[32]_4} = \frac{21}{3596} \approx 0.0058,$$

$$P(A_2) = \frac{10^3 \cdot 2 \cdot 4! \cdot 28!}{32!} = \frac{10^3 \cdot 2 \cdot 4!}{[32]_4} = \frac{50}{899} \approx 0.0556.$$

Teilmengen und Binomialkoeffizienten

Mitunter ist es irrelevant, in welcher Reihenfolge die Punkte ω_i in der Stichprobe auftauchen. Man interessiert sich also nur für die Menge $\{\omega_1, \ldots, \omega_n\}$. Für jede n–elementige Menge $\mathcal{T} \subset \mathcal{M}$ gibt es genau $\#\mathcal{S}_n(\mathcal{T}) = n!$ Stichproben ω mit $\{\omega_1, \ldots, \omega_n\} = \mathcal{T}$. Dies zeigt, dass es insgesamt

$$\frac{[N]_n}{n!} = \frac{N!}{n!(N-n)!} = \binom{N}{n}$$

n–elementige Teilmengen von $\mathcal{M}$ gibt. Ferner gilt für jede solche Menge $\mathcal{T}$:

$$P\Big(\big\{\omega \in \Omega : \{\omega_1, \ldots, \omega_n\} = \mathcal{T}\big\}\Big) = \frac{n!}{[N]_n} = 1 \Big/ \binom{N}{n}.$$

Wählt man also rein zufällig eine Stichprobe $\omega \in \mathcal{S}_n(\mathcal{M})$, notiert aber nur die Menge $\{\omega_1, \ldots, \omega_n\}$, dann ist dies gleichbedeutend mit der rein zufälligen Auswahl einer n–elementigen Teilmenge von $\mathcal{M}$.

2.2 Diskrete Wahrscheinlichkeitsräume

Laplace-Verteilungen sind für viele Zwecke zu speziell. Beispielsweise möchten wir auch reale Würfel beschreiben, bei welchen gewisse Zahlen bevorzugt auftreten. Nun beschreiben wir eine Verallgemeinerung von Laplace-Verteilungen, die für viele praktische Anwendungen adäquat ist.

Definition 2.8. *Ein diskreter Wahrscheinlichkeitsraum ist ein Paar (Ω, P) bestehend aus einer Grundmenge Ω und einem diskreten Wahrscheinlichkeitsmaß P auf Ω. Das bedeutet, es gibt eine abzählbare [1] Teilmenge Ω_o von Ω sowie eine Funktion $f : \Omega_o \to [0,1]$ mit*

$$\sum_{\omega \in \Omega_o} f(\omega) = 1.$$

Für beliebige Ereignisse $A \subset \Omega$ ist dann die Wahrscheinlichkeit von A gleich

$$P(A) = \sum_{\omega \in A \cap \Omega_o} f(\omega).$$

Setzt man in dieser Definition noch $f(\omega) := 0$ für $\omega \in \Omega \setminus \Omega_o$, dann ist stets

$$f(\omega) = P(\{\omega\}).$$

Man kann dann auch etwas leger schreiben: $P(A) = \sum_{\omega \in A} f(\omega)$. Die Wahrscheinlichkeit eines Ereignisses A ist also gleich der Summe der Wahrscheinlichkeiten aller Elementarereignisse in A.

Die Funktion f ist die sogenannte *Gewichtsfunktion* von P. Manche Autoren verwenden auch den Ausdruck 'Zähldichte' oder 'Dichtefunktion'.

Beispiel 2.9 (Unsymmetrischer Würfel) Sei $\Omega = \{1, 2, \ldots, 6\}$ und

$$f(\omega) := \begin{cases} 0.2 & \text{für } \omega = 1, 2, \\ 0.15 & \text{für } \omega = 3, 4, 5, 6. \end{cases}$$

Das Wahrscheinlichkeitsmaß P mit dieser Gewichtsfunktion beschreibt einen Würfel, bei dem auf lange Sicht die Zahlen Eins oder Zwei häufiger als die übrigen Zahlen gewürfelt werden.

Beispiel 2.10 (Laplace-Verteilungen) Sei Ω eine endliche Menge, versehen mit der Laplace-Verteilung $P = \mathcal{U}(\Omega)$. Hier ist

$$f(\omega) = \frac{1}{\#\Omega} \quad \text{für alle } \omega \in \Omega.$$

---

[1] $\Omega_o = \{\omega_1, \omega_2, \omega_3, \omega_3, \ldots\}$

Beispiel 2.11 (Augensumme zweier Würfel) Sei $\mathcal{X} := \{2, 3, \ldots, 12\}$ und

$$f(x) := \frac{6 - |x - 7|}{36}.$$

Dann ist $f : \mathcal{X} \to [0, 1]$ die Gewichtsfunktion einer diskreten Wahrscheinlichkeitsverteilung P auf $\mathcal{X}$. Letztere beschreibt die Augensumme nach zweimaligem Würfeln; siehe Beispiel 2.1.

Beispiel 2.12 Für $\omega \in \mathbf{N}$ sei $f(\omega) := 1/(\omega(\omega + 1))$. Durch vollständige Induktion nach $k \in \mathbf{N}$ kann man zeigen, dass $\sum_{\omega=1}^{k} f(\omega) = k/(k + 1)$, also $\sum_{\omega \in \mathbf{N}} f(\omega) = 1$. Also ist f die Gewichtsfunktion eines diskreten Wahrscheinlichkeitsmaßes auf $\mathbf{N}$.

2.3 Übungsaufgaben

Aufgabe 2.1 Sieben Jugendliche fahren mit dem Zug zu einem Vergnügungspark.

(a) Auf der Hinfahrt sind in einem Zugwagen noch genau sieben Plätze frei. Auf wieviele Weisen können sich die Jugendlichen auf die freien Plätze verteilen?

(b) Im Park gelangen sie zur Achterbahn, und für die nächste Fahrt ist noch ein Wagen mit vier Plätzen frei. Wieviele Möglichkeiten gibt es für die Besetzung dieser vier Plätze?

(c) Betrachten Sie Teil (b) unter einem anderen Blickwinkel: Es ist festzulegen, welche drei Jugendlichen bei der ersten Fahrt nicht dabei sein können. Wieviele solcher Festlegungen gibt es?

(d) Auf der Rückfahrt am Abend sind in einem Zugwagen genau 16 Plätze frei. Auf wieviele Weisen können sich die Jugendlichen auf die freien Plätze verteilen?

Aufgabe 2.2 Für ganze Zahlen $0 \leq k \leq n$ mit $n \geq 1$ sei $b(n, k)$ die Anzahl aller k–elementigen Teilmengen von $\{1, \ldots, n\}$.

(a) Geben Sie eine einfache Erklärung für die Gleichung

$$b(n + 1, k) = b(n, k) + b(n, k - 1) \quad (0 < k \leq n + 1).$$

(b) Geben Sie eine einfache Erklärung für die Gleichung

$$b(n + 1, k) = \sum_{m=k}^{n+1} b(m - 1, k - 1) \quad (0 < k \leq n + 1).$$

Hinweis: Verwenden Sie in beiden Teilen *nicht* die Tatsache, dass

$$b(n, k) = \binom{n}{k}.$$

Überlegen Sie vielmehr, wie man die Menge aller k–elementigen Teilmengen von $\{1, \ldots, n+1\}$ geeignet unterteilen kann.

Aufgabe 2.3 Ein Würfel wird dreimal geworfen und zeigt die Augenzahlen ω_1, ω_2, ω_3.

(a) Wie groß ist die Laplace-Wahrscheinlichkeit, dass $\omega_1 \geq \max\{\omega_2, \omega_3\}$?

(b) Wie groß ist die Laplace-Wahrscheinlichkeit, dass $\omega_1 \leq \omega_2 \leq \omega_3$?

Zusatzfrage: Wie könnte man die analogen Fragen bei n–maligem Würfeln beantworten?

Aufgabe 2.4 Ein Kind greift in eine Tüte mit zehn roten, acht gelben und fünf grünen Gummibärchen und nimmt sich drei Stück. Wie groß ist die Laplace-Wahrscheinlichkeit, dass diese drei die gleiche Farbe haben?

Aufgabe 2.5 Wie groß ist die Laplace-Wahrscheinlichkeit, dass beim Austeilen von Skatkarten jeder Spieler mindestens einen Buben erhält?

Aufgabe 2.6 Beim Kartenspiel 'Doppelkopf' wird ein doppeltes Blatt mit den Karten 9, 10, Bube, Dame, König und Ass und den Farben Kreuz, Pik, Herz und Karo auf vier Spieler verteilt; jeder Spieler erhält 12 Karten.

(a) Wie groß ist die Wahrscheinlichkeit, dass ein Spieler beide Kreuz-Damen erhält?

(b) Wie groß ist die Wahrscheinlichkeit, dass jeder Spieler mindestens eine der Karten Herz-9, Herz-König oder Herz-Ass erhält?

(Fragen Sie Doppelkopfspieler, warum diese Fragen interessant sind.)

Aufgabe 2.7 Wie groß ist die Wahrscheinlichkeit, dass die Mitglieder einer Gruppe von 17 Personen an unterschiedlichen Tagen Geburtstag haben? (Betrachten Sie das Tupel der 17 Geburtstage als rein zufällige Stichprobe mit Zurücklegen aus einer 365-elementigen Menge.)

Anmerkung/Zusatzfrage: Formulieren Sie ein allgemeines Resultat zum Stichprobenziehen mit Zurücklegen.

Aufgabe 2.8 Sie können zwischen den beiden folgenden Alternativen wählen: Entweder Sie würfeln sechsmal und gewinnen DM 10, wenn mindestens eine Sechs auftritt, oder Sie würfeln 12–mal und gewinnen DM 10, wenn mindestens zwei Sechsen auftreten. Für welches Spiel entscheiden Sie sich?

Aufgabe 2.9 Drei Freundinnen wurden zu einem Festessen eingeladen, bei dem N Gäste rein zufällig um einen ovalen Tisch gesetzt werden.

(a) Wie groß ist die Wahrscheinlichkeit, dass die drei Freundinnen nebeneinander sitzen?

(b) Wie groß ist die Wahrscheinlichkeit, dass mindestens zwei der drei Freundinnen nebeneinander sitzen?

Aufgabe 2.10 Wie groß ist die Wahrscheinlichkeit, dass bei der Ziehung der sechs Lottozahlen (ohne Zusatzzahl), nachdem sie geordnet wurden, vier oder mehr aufeinanderfolgende Zahlen auftreten?
(Hier gibt es eine ziemlich kurze Lösung!)

Aufgabe 2.11 In einer bestimmten Bevölkerung betrage der relative Anteil von Familien mit einem Kind 38 Prozent, von Familien mit zwei Kindern 32 Prozent, mit drei Kindern 14 Prozent, mit vier Kindern 10 Prozent, mit fünf Kindern 5 Prozent und mit sechs Kindern 1 Prozent. Wie groß ist die Wahrscheinlichkeit, dass ein rein zufällig herausgegriffenes Kind genau k Geschwister hat?

Bedingte Wahrscheinlichkeiten und stochastische Unabhängigkeit

Im ersten Abschnitt dieses Kapitels formulieren wir minimale Anforderungen an Wahrscheinlichkeitsverteilungen und leiten hieraus diverse Rechenregeln ab. Danach beschäftigen wir uns mit bedingten Wahrscheinlichkeiten und führen den zentralen Begriff der stochastischen Unabhängigkeit ein.

3.1 Kolmogorovs Axiome für Wahrscheinlichkeiten

Wie in der Einleitung betrachten wir eine beliebige Grundmenge Ω und eine Funktion P auf der Potenzmenge $\mathcal{P}(\Omega)$, die jedem Ereignis $A \subset \Omega$ eine Wahrscheinlichkeit zuordnet. Wir nennen P eine *Wahrscheinlichkeitsverteilung* auf Ω, wenn sie folgende Eigenschaften erfüllt:

(A1) $P(A) \geq 0$ für beliebige Ereignisse $A \subset \Omega$,

(A2) $P(\Omega) = 1$,

(A3) $P(A \cup B) = P(A) + P(B)$ für *disjunkte* [1] Ereignisse $A, B \subset \Omega$.

Dies sind die von dem russischen Mathematiker A.N. Kolmogorov (1903-1987) aufgestellten Axiome für Wahrscheinlichkeitsverteilungen P. Denkt man an die frequentistische Betrachtungsweise aus der Einleitung oder an diskrete Wahrscheinlichkeitsmaße, dann sind diese Anforderungen einleuchtend.

Diskrete Wahrscheinlichkeitsmaße P erfüllen die Kolmogorovschen Axiome. Hier gilt sogar für Folgen $(A_i)_{i=1}^{\infty}$ von paarweise disjunkten Ereignissen $A_i \subset \Omega$ die Gleichung

$$P\left(\bigcup_{i=1}^{\infty} A_i\right) = \sum_{i=1}^{\infty} P(A_i).$$

Auf diese Tatsache kommen wir noch in Kapitel 9 zurück.

---

[1] $A \cap B = \emptyset$

Nun überlegen wir, welche Implikationen die Axiome (A1–3) haben. Zum Beispiel folgt induktiv aus Axiom (A3), dass

$$P\Big(\bigcup_{i=1}^{n} A_i\Big) = \sum_{i=1}^{n} P(A_i) \quad \begin{array}{l} \text{für paarweise disjunkte} \\ \text{Ereignisse } A_1, A_2, \dots, A_n \subset \Omega. \end{array}$$

Aus den Axiomen (A1) und (A3) folgt ferner, dass

$$P(A) \leq P(B) \quad \text{falls } A \subset B.$$

Denn B ist die Vereinigung der disjunkten Mengen A und $B \setminus A$, so dass $P(B) = P(A) + P(B \setminus A) \geq P(A)$. Aus den Axiomen (A2) und (A3) folgt außerdem, dass für ein beliebiges Ereignis A und sein Komplement $A^c := \Omega \setminus A$ gilt:

$$P(A^c) = 1 - P(A).$$

Denn $\Omega = A \cup A^c$ mit den disjunkten Mengen A, A^c.

Beliebige Vereinigungsmengen. Für zwei beliebige, also nicht unbedingt disjunkte Ereignisse $A, B \subset \Omega$ ist

$$P(A) = P(A \cap B) + P(A \setminus B),$$
$$P(B) = P(A \cap B) + P(B \setminus A),$$
$$P(A \cup B) = P(A \setminus B) + P(A \cap B) + P(B \setminus A).$$

Addiert man die ersten beiden Gleichungen und setzt die dritte Gleichung ein, dann ergibt sich die Formel $P(A) + P(B) = P(A \cup B) + P(A \cap B)$, also

$$P(A \cup B) = P(A) + P(B) - P(A \cap B).$$

Ein naheliegende Frage ist, ob es eine ähnliche Formel für die Vereinigung beliebig vieler Ereignisse gibt. Betrachten wir zunächst den Fall dreier Ereignisse A, B, C. Nach obiger Formel für zwei Ereignisse ist

$$\begin{aligned} P(A \cup B \cup C) &= P(A \cup (B \cup C)) \\ &= P(A) + P(B \cup C) - P(A \cap (B \cup C)) \\ &= P(A) + P(B \cup C) - P((A \cap B) \cup (A \cap C)), \end{aligned}$$

und

$$P(B \cup C) = P(B) + P(C) - P(B \cap C),$$
$$P((A \cap B) \cup (A \cap C)) = P(A \cap B) + P(A \cap C) - P((A \cap B) \cap (A \cap C))$$
$$= P(A \cap B) + P(A \cap C) - P(A \cap B \cap C).$$

Dies ergibt insgesamt die Formel

$$P(A \cup B \cup C) = P(A) + P(B) + P(C)$$
$$- P(A \cap B) - P(B \cap C) - P(A \cap C)$$
$$+ P(A \cap B \cap C).$$

Diese Formeln sind Spezialfälle des folgenden Resultates.

Theorem 3.1. *(Siebformel von Sylvester–Poincaré)   Für beliebige $n \in \mathbf{N}$ und Ereignisse $A_1, A_2, \ldots, A_n \subset \Omega$ ist*

$$P(A_1 \cup A_2 \cup \cdots \cup A_n)$$
$$= \sum_i P(A_i) - \sum_{i<j} P(A_i \cap A_j) + \sum_{i<j<k} P(A_i \cap A_j \cap A_k)$$
$$\mp \cdots + (-1)^n P(A_1 \cap A_2 \cap \cdots \cap A_n).$$

Der gleiche Sachverhalt, etwas formaler geschrieben:

$$P\Big(\bigcup_{i=1}^n A_i\Big) \;=\; \sum_{k=1}^n (-1)^{k-1} \Sigma_k \qquad (3.1)$$

mit

$$\Sigma_k \;:=\; \sum_{J \subset \{1,\ldots,n\}\,:\,\#J=k} P\Big(\bigcap_{i \in J} A_i\Big).$$

Man kann die Siebformel durch vollständige Induktion nach n beweisen. Stattdessen werden wir in einem späteren Kapitel über Erwartungswerte einen viel eleganteren Beweis führen.

Beispiel 3.2 (moderner Fünfkampf, Bspl. 2.6) Sei P die Laplace-Verteilung auf der Menge $\mathcal{S}_N$ aller Permutationen von $\{1, \ldots, N\}$. Nach Wahl einer rein zufälligen Permutation $\omega \in \mathcal{S}_N$ reitet Teilnehmer i auf dem Pferd von Teilnehmer ω_i. Es ist

$$P(\text{mindestens ein Teilnehmer reitet sein eigenes Pferd}) \;=\; P\Big(\bigcup_{i=1}^N A_i\Big)$$

mit

$$A_i \;:=\; [\text{Teilnehmer } i \text{ reitet sein eigenes Pferd}] = \{\omega : \omega_i = i\}.$$

Für eine beliebige Menge $J \subset \{1, \ldots, N\}$ mit k Elementen ist

$$\#\Big(\bigcap_{i \in J} A_i\Big) \;=\; \#\big\{\omega : \omega_i = i \text{ für alle } i \in J\big\} \;=\; (N-k)!.$$

Denn man fixiert alle k Elemente der Menge J und kann die verbleibenden $N - k$ Elemente von $\{1, \ldots, N\} \setminus J$ beliebig permutieren. Also ist

$$P\Big(\bigcap_{i \in J} A_i\Big) = \frac{(N-k)!}{N!} = \frac{1}{[N]_k}.$$

Der Summand Σ_k in der Siebformel (3.1) ist also gleich

$$\Sigma_k = \#\Big\{J \subset \{1, \ldots, N\} : \#J = k\Big\}\frac{1}{[N]_k} = \binom{N}{k}\frac{1}{[N]_k} = \frac{1}{k!}.$$

Dies ergibt die Gleichung

$$P(\text{mindestens ein Teilnehmer reitet sein eigenes Pferd})$$

$$= \sum_{k=1}^{N}(-1)^{k-1}\frac{1}{k!} = 1 - \sum_{k=0}^{N}\frac{(-1)^k}{k!},$$

und für $N \to \infty$ konvergiert diese Wahrscheinlichkeit gegen $1 - e^{-1} \approx 0.6321$.

Bonferroni-Ungleichungen. Anstelle der Siebformel verwendet man häufig auch Ungleichungen. Für beliebige Ereignisse $A_1, A_2, \ldots, A_n$ ist

$$P\Big(\bigcup_{i=1}^{n} A_i\Big) \begin{cases} \leq \sum_i P(A_i), \\[2ex] \geq \sum_i P(A_i) - \sum_{i<j} P(A_i \cap A_j); \end{cases}$$

siehe Übungen.

3.2 Bedingte Wahrscheinlichkeiten

Sei P eine Wahrscheinlichkeitsverteilung auf Ω. Für Ereignisse $A, B \subset \Omega$ mit $P(B) > 0$ definiert man die *bedingte Wahrscheinlichkeit von A, gegeben B*, als die Zahl

$$P(A \,|\, B) := \frac{P(A \cap B)}{P(B)}.$$

Deutet man $P(A)$ wie in Kapitel 1 beschrieben als (relativen) Wetteinsatz auf das Eintreten von Ereignis A, dann kann man $P(A \,|\, B)$ als modifizierten Wetteinsatz unter der Zusatzinformation, dass B eingetreten ist, betrachten.

Beispiel 3.3 (Spiel mit drei Bechern, Bspl. 1.2) Angenommen ein aufmerksamer Beobachter entdeckt, dass einer der drei Becher eine kleine Kerbe hat. Nun sei B das Ereignis, dass der Spielanbieter die Kugel unter diesen besonderen Becher legt. Aus Sicht des (realistischen) Beobachters gilt dann für das Ereignis A, dass er die Kugel lokalisieren kann:

$$P(A \,|\, B) = 1 \quad \text{und} \quad P(A \,|\, B^c) = 1/2.$$

Allgemein ist
$$P(B \mid B) = 1 \quad \text{und} \quad P(B^c \mid B) = 0,$$
und es gilt die Gleichung

$$P(A \cap B) = P(B)P(A \mid B).$$

Als Funktion von $A \subset \Omega$ ist $P(A \mid B)$ eine Wahrscheinlichkeitsverteilung auf Ω. Man kann sie auch als Wahrscheinlichkeitsverteilung auf B betrachten. Speziell sei P die Laplaceverteilung auf einer endlichen Menge Ω. Dann ist

$$P(A \mid B) = \frac{\#(A \cap B)}{\#B}.$$

Insofern ist $P(\cdot \mid B)$ einfach die Laplaceverteilung auf der Menge B.

Beispiel 3.4 (Skat, Bspl. 2.7)   Angenommen beim Austeilen der Karten erhält Spieler 1 keine der 8 Karo-Karten. Nun fragt er sich, mit welcher Wahrscheinlichkeit der Skat mindestens eine Karo-Karte enthält. Letzteres Ereignis bezeichnen wir mit A. Allgemein sollte Spieler 1 mit bedingten Wahrscheinlichkeiten, gegeben sein eigenes Blatt, rechnen. Das bedeutet, er betrachtet seine eigenen 10 Karten als fest und stellt sich vor, dass die übrigen 22 Karten rein zufällig auf 22 Plätze verteilt wurden. Wenn er selbst also keine Karo-Karte erhielt, dann ist

$$P(A \mid \text{Blatt von Sp. 1}) = 1 - P(A^c \mid \text{Blatt von Sp. 1})$$
$$= 1 - \frac{[20]_8 \cdot 14!}{[22]_8 \cdot 14!} = 1 - \frac{[20]_8}{[22]_8} = \frac{20}{33} = 0.\overline{60}.$$

Beim Berechnen von unbedingten und bedingten Wahrscheinlichkeiten verwendet man oftmals folgende Formeln:

Theorem 3.5. (Bayessche Formel)   Seien $B_1, B_2, \ldots, B_n$ paarweise disjunkte Ereignisse mit $P(B_i) > 0$ und $\Omega = \bigcup_{i=1}^{n} B_i$. Dann gilt für beliebige Ereignisse $A \subset \Omega$ und Indizes $\kappa \in \{1, 2, \ldots, n\}$:

$$P(A) = \sum_{i=1}^{n} P(B_i)P(A \mid B_i),$$
$$P(B_\kappa \mid A) = \frac{P(B_\kappa)P(A \mid B_\kappa)}{\sum_{i=1}^{n} P(B_i)P(A \mid B_i)} \quad \text{falls } P(A) > 0.$$

Beweis von Theorem 3.5. Aus der Gleichung $P(A \cap B) = P(B)P(A \mid B)$ und den Voraussetzungen an die Mengen B_i folgt einerseits, dass

$$P(A) = P\left(\bigcup_{i=1}^{n}(A \cap B_i)\right) = \sum_{i=1}^{n} P(A \cap B_i) = \sum_{i=1}^{n} P(B_i)P(A \mid B_i).$$

Dann ergibt sich auch die zweite behauptete Gleichung:

$$P(B_\kappa \mid A) \;=\; \frac{P(B_\kappa \cap A)}{P(A)} \;=\; \frac{P(B_\kappa)P(A \mid B_\kappa)}{\sum_{i=1}^{n} P(B_i)P(A \mid B_i)}. \qquad \square$$

Beispiel 3.6 (Nachrichtenübertragung) Angenommen ein Sender überträgt einzelne "Wörter" aus einer Menge $\mathcal{W}$ an einen Empfänger, wobei bei der Übertragung Fehler auftreten können. Für zwei Worte $v, w \in \mathcal{W}$ definieren wir die Ereignisse $S_v := [v$ wird gesendet$]$ und $E_w := [w$ wird empfangen$]$. Angenommen man kennt die Wahrscheinlichkeiten $P(S_v)$ sowie die Wahrscheinlichkeiten $P(E_w \mid S_v)$ aus Erfahrung beziehungsweise Testserien. Empfängt man nun das Wort w, so ist die (bedingte) Wahrscheinlichkeit, dass das Wort v gemeint war, gleich

$$P(S_v \mid E_w) \;=\; \frac{P(S_v)P(E_w \mid S_v)}{\sum_{x \in \mathcal{W}} P(S_x)P(E_w \mid S_x)}.$$

Beispiel 3.7 (Sensitivität und Spezifität medizinischer Tests) Sei Ω eine bestimmte Bevölkerungsgruppe, und sei K die Teilmenge aller Personen, welche an einer bestimmten Krankheit leiden. Für ein medizinisches Diagnoseverfahren, beispielsweise einen Bluttest, sei T die Menge der Personen, bei denen dieser Test positiv ausfällt.

$$K := \{\text{Personen mit besagter Krankheit}\},$$
$$T := \{\text{Personen mit positivem Testergebnis}\}.$$

Die Frage ist nun, inwieweit man vom Ausgang des Testergebnisses auf das Vorliegen oder Nichtvorliegen der Krankheit schliessen kann. In Formeln: Mit der Gleichverteilung P auf Ω interessieren uns die bedingten Wahrscheinlichkeiten

$$P(K \mid T) = \text{relativer Anteil von "Kranken" unter allen Personen}$$
$$\text{mit positivem Testergebnis,}$$
$$P(K^c \mid T^c) = \text{relativer Anteil von "Gesunden" unter allen Personen}$$
$$\text{mit negativem Testergebnis.}$$

Oftmals kennt man mit hinreichend großer Genauigkeit die 'Prävalenz' $P(K)$ sowie folgende Kenngrößen des Tests:

$$\text{Sensitivität} := P(T \mid K) \quad \text{und} \quad \text{Spezifität} := P(T^c \mid K^c).$$

Die Sensitivität ist die (bedingte) Wahrscheinlichkeit, dass das Testergebnis bei einer kranken Person positiv ist, und die Spezifität ist die Wahrscheinlichkeit für ein negatives Testergebnis bei einer gesunden Person. Die für die Praxis relevanten Größen $P(K \mid T)$ und $P(K^c \mid T^c)$ kann man mithilfe der Bayesschen Formel hieraus ableiten. Dazu setzen wir in Theorem 3.5 $n = 2$ und $B_1 = K, B_2 = K^c$ sowie $A = T$. Dann ist

$$P(K \mid T) = \frac{P(K)P(T \mid K)}{P(K)P(T \mid K) + P(K^c)P(T \mid K^c)}$$

$$= \frac{P(K)P(T \mid K)}{P(K)P(T \mid K) + (1 - P(K))(1 - P(T^c \mid K^c))},$$

also

$$P(K \mid T) = \frac{P(K)\,\mathrm{Sens.}}{P(K)\,\mathrm{Sens.} + (1 - P(K))(1 - \mathrm{Spez.})}.$$

Eine analoge Rechnung oder eine Symmetrieüberlegung ergibt die Formel

$$P(K^c \mid T^c) = \frac{(1 - P(K))\,\mathrm{Spez.}}{(1 - P(K))\,\mathrm{Spez.} + P(K)(1 - \mathrm{Sens.})}.$$

Ein Zahlenbeispiel. Sei K die Menge aller Personen aus Ω mit Diabetes. Eine exakte Diagnose dieser Stoffwechselerkrankung mithilfe eines Glukosetoleranztests ist relativ aufwändig und für die Patienten recht unangenehm. Ein vergleichsweise einfacher Test besteht darin, eine erhöhte Glukosekonzentration im Harn nachzuweisen. In einer Studie ergaben sich (unter Vernachlässigung der Schätzfehler) folgende Werte für Sensitivität und Spezifität:

$$\mathrm{Sens.} = P(T \mid K) = 0.222,$$
$$\mathrm{Spez.} = P(T^c \mid K^c) = 0.993.$$

Für die Population Ω sei $P(K) = 0.0264$. Dann ist

$$P(K \mid T) = \frac{0.0264 \times 0.222}{0.0264 \times 0.222 + 0.9736 \times 0.007} \approx 0.462,$$

$$P(K^c \mid T^c) = \frac{0.9736 \times 0.993}{0.9736 \times 0.993 + 0.0264 \times 0.778} \approx 0.979,$$

also $P(K \mid T^c) \approx 0.021$. Die bedingte Wahrscheinlichkeit $P(K \mid T)$ für das Vorliegen der Krankheit, gegeben ein positiver Testbefund, ist also deutlich höher als die a–priori–Wahrscheinlichkeit $P(K)$, wenngleich kleiner als fünfzig Prozent.

3.3 Stochastische Unabhängigkeit

Nun präzisieren wir die vage Aussage, dass Ereignisse "unabhängig" sind. Gemeint ist die *stochastische Unabhängigkeit*, welche in der Wahrscheinlichkeitstheorie eine ganz zentrale Rolle spielt.

Betrachten wir zunächst zwei Ereignisse A, B mit $P(B) > 0$ und deuten $P(A)$ und $P(A \mid B)$ als Wetteinsatz auf das Eintreten von A ohne bzw. mit der zusätzlichen Information, dass B eingetreten ist. Im Falle von $P(A \mid B) = P(A)$ ist diese Zusatzinformation nutzlos, und letztere Gleichung ist äquivalent zu $P(A \cap B) = P(A)P(B)$.

Definition 3.8. *(Unabhängigkeit zweier Ereignisse)   Zwei Ereignisse A, B heißen stochastisch unabhängig, falls*

$$P(A \cap B) = P(A)P(B).$$

Die stochastische Unabhängigkeit von A und B bleibt erhalten, wenn man eines oder beide Ereignisse durch ihr Komplement ersetzt. Denn aus der Gleichung $P(A \cap B) = P(A)P(B)$ folgt beispielsweise, dass

$$P(A \cap B^c) = P(A) - P(A \cap B) = P(A)(1 - P(B)) = P(A)P(B^c).$$

Aufgabe 3.12 behandelt einen weiteren Aspekt von Definition 3.8.

Nun betrachten wir $n \geq 2$ Ereignisse $A_1, \ldots, A_n$. Um zu einer sinnvollen Definition von stochastischer Unabhängigkeit zu gelangen, kann man beispielsweise induktiv vorgehen: Für $1 \leq i \leq n$ sei A_i^* ein beliebiges Ereignis aus $\{A_i, A_i^c\}$. Dann sollten für $1 \leq k < n$ die zwei Ereignisse $A_1^* \cap \cdots \cap A_k^*$ und A_{k+1}^* stochastisch unabhängig sein, also

$$P(A_1^* \cap \cdots \cap A_k^* \cap A_{k+1}^*) = P(A_1^* \cap \cdots \cap A_k^*)P(A_{k+1}^*).$$

Kombiniert man diese $n - 1$ Formeln, so ergibt sich die Forderung, dass

$$P\Big(\bigcap_{i=1}^{n} A_i^*\Big) = \prod_{i=1}^{n} P(A_i^*).$$

Dies liefert eine mögliche Definition von stochastischer Unabhängigkeit. Das folgende Theorem beinhaltet andere Möglichkeiten.

Lemma 3.9. *Die folgenden drei Bedingungen an die Ereignisse $A_1, \ldots, A_n$ sind äquivalent:*

(a) Für beliebige Ereignisse $A_i^* \in \{A_i, A_i^c\}$ ist

$$P\Big(\bigcap_{i=1}^{n} A_i^*\Big) = \prod_{i=1}^{n} P(A_i^*).$$

(b) Für beliebige nichtleere Indexmengen $J \subset \{1, \ldots, n\}$ ist

$$P\Big(\bigcap_{i \in J} A_i\Big) = \prod_{i \in J} P(A_i).$$

(c) Für beliebige Ereignisse $A_i^* \in \{A_i, A_i^c\}$ und nichtleere Indexmengen $J \subset \{1, \ldots, n\}$ ist

$$P\Big(\bigcap_{i \in J} A_i^*\Big) = \prod_{i \in J} P(A_i^*).$$

Definition 3.10. *(Unabhängigkeit endlich vieler Ereignisse)   Die Ereignisse* $A_1, \ldots, A_n$ *heißen stochastisch unabhängig, falls sie Bedingung (a), (b) oder (c) aus Lemma 3.9 erfüllen.*

Die Bedingungen (a) und (c) von Lemma 3.9 zeigen, dass stochastische Unabhängigkeit von Ereignissen erhalten bleibt, wenn manche von ihnen durch ihre Komplemente ersetzt werden. Die Bedingungen (b) und (c) zeigen, dass sich die Unabhängigkeit einer Familie von Ereignissen auch auf Teilfamilien überträgt.

Anmerkung 3.11 (paarweise Unabhängigkeit)   Angenommen, für $1 \le i < j \le n$ sind A_i und A_j stochastisch unabhängig. Daraus folgt noch nicht die stochastische Unabhängigkeit der Ereignisse $A_1, \ldots, A_n$. Als Gegenbeispiel betrachten wir $\Omega = \{0, 1, 2, 3\}$, $P = \mathcal{U}(\Omega)$ und die Ereignisse $A_i = \{0, i\}$ für $i = 1, 2, 3$. Einerseits ist $P(A_i) = 1/2$ und $P(A_i \cap A_j) = 1/4 = P(A_i) P(A_j)$ falls $i \ne j$. Doch $P(A_1 \cap A_2 \cap A_3) = 1/4 \ne P(A_1) P(A_2) P(A_3)$.

Beweis von Lemma 3.9. Offensichtlich beinhaltet Bedingung (c) die beiden anderen.

Angenommen die Ereignisse A_i erfüllen Bedingung (a). Für beliebige Ereignisse $A_i^* \in \{A_i, A_i^c\}$ und irgendeinen Index $j \in \{1, \ldots, n\}$ ist dann

$$P\Big(\bigcap_{i \ne j} A_i^* \cap A_j \Big) = \prod_{i \ne j} P(A_i^*) \, P(A_j),$$

$$P\Big(\bigcap_{i \ne j} A_i^* \cap A_j^c \Big) = \prod_{i \ne j} P(A_i^*) \, P(A_j^c).$$

Addition dieser beiden Gleichungen liefert

$$P\Big(\bigcap_{i \in K} A_i^* \Big) = \prod_{i \in K} P(A_i^*)$$

mit $K := \{1, \ldots, n\} \setminus \{j\}$. Nun kann man diese Überlegung mit K anstelle von $\{1, \ldots, n\}$ wiederholen. Auf diese Weise ergibt sich induktiv Bedingung (c).

Angenommen die Ereignisse A_i erfüllen Bedingung (b). Es genügt zu zeigen, dass diese Bedingung gültig bleibt, wenn man *eines* der Ereignisse, sagen wir A_ℓ, durch sein Komplement ersetzt. Denn dieses Argument kann man beliebig oft anwenden und erhält schließlich Aussage (c). Sei also $A_i^* := A_i$ falls $i \ne \ell$, und $A_\ell^* := A_\ell^c$. Zu zeigen ist, dass

$$P\Big(\bigcap_{i \in J} A_i^* \Big) = \prod_{i \in J} P(A_i^*).$$

für eine beliebige Indexmenge $J \subset \{1, \ldots, n\}$. Im Falle von $\ell \notin J$ oder $\#J = 1$ ist nichts zu zeigen. Wenn dagegen $J = K \cup \{\ell\}$ und $\ell \notin K$, dann ist

$$P\Big(\bigcap_{i\in J} A_i^*\Big) = P\Big(\bigcap_{i\in K} A_i \cap A_\ell^c\Big)$$
$$= P\Big(\bigcap_{i\in K} A_i\Big) - P\Big(\bigcap_{i\in K} A_i \cap A_\ell\Big)$$
$$= \prod_{i\in K} P(A_i)\,(1 - P(A_\ell))$$
$$= \prod_{i\in J} P(A_i^*). \qquad \square$$

Beispiel 3.12 (Stichprobenziehen mit Zurücklegen) Aus einer Grundgesamtheit $\mathcal{M}$ mit N Elementen ziehen wir rein zufällig und mit Zurücklegen eine Stichprobe vom Umfang n. Wir betrachten also die Gleichverteilung P auf $\mathcal{M}^n$. Für $1 \le i \le n$ sei B_i eine beliebige Teilmenge von $\mathcal{M}$, und es sei

$$A_i := [\text{bei der } i\text{-ten Ziehung erhalte Element aus } B_i]$$
$$= \mathcal{M}^{i-1} \times B_i \times \mathcal{M}^{n-i}.$$

Diese Ereignisse A_i sind stochastisch unabhängig. Denn man kann leicht nachrechnen, dass

$$P\Big(\bigcap_{i\in J} A_i\Big) = \prod_{i\in J} \frac{\#B_i}{N}.$$

für $\emptyset \ne J \subset \{1,\ldots,n\}$. Insbesondere ist $P(A_i) = \#B_i/N$.

3.4 Das Hardy-Weinberg-Gesetz

Als Anwendung von bedingten Wahrscheinlichkeiten und stochasischer Unabhängigkeit behandeln wir ein bekanntes Resultat aus der Genetik. In einer Population von diploiden [2] Organismen gebe es von einem bestimmten Gen zwei Allele[3] oder zwei Gruppen von Allelen, sagen wir a und b. In Bezug auf dieses bestimmte Gen gibt es also drei Genotypen, nämlich aa, ab und bb. Die relativen Häufigkeiten dieser drei Genotypen in der Population seien gleich p_{aa}, p_{ab} beziehungsweise p_{bb} und vom Geschlecht der Organismen unabhängig.

Die Frage ist nun, wie die Zusammensetzung der nachfolgenden Generation aussieht. Dabei unterstellen wir, dass die Paarungen in Bezug auf das besagte Gen rein zufällig zustandekommen, und auch die Kinderzahl eines Paares werde davon nicht beeinflusst. Nun wählen wir rein zufällig ein Elternpaar und eines ihrer Kinder. Für einen Genotyp $x \in \{aa, ab, bb\}$ betrachten wir die

---

[2] Jede Zelle enthält einen doppelten Satz von Chromosomen; Mutter und Vater vererbten jeweils einen Chromosomensatz.
[3] Varianten

Ereignisse $M_x :=$ [Mutter vom Typ x], $V_x :=$ [Vater vom Typ x] und $K_x :=$ [Kind vom Typ x]. Aus unserer Annahme, dass der Genotyp keinen Einfluss auf die Partnerwahl hat, ergibt sich die Gleichung

$$P(M_x \cap V_y) = P(M_x)P(V_y) = p_x p_y$$

für beliebige Genotypen x, y. Desweiteren gehen wir davon aus, dass die beiden Elternteile rein zufällig jeweils eines ihrer beiden Allele an das Kind weitergeben. Tabelle 3.4 enthält die daraus resultierenden bedingten Wahrscheinlichkeiten $P(K_w \mid M_x \cap V_y)$. In jedem Tabellenfeld stehen die drei bedingten Wahrscheinlichkeiten von K_{aa}, K_{ab}, K_{bb}, gegeben $M_x \cap V_y$.

	V_{aa}	V_{ab}	V_{bb}
M_{aa}	1, 0, 0	1/2, 1/2, 0	0, 1, 0
M_{ab}	1/2, 1/2, 0	1/4, 1/2, 1/4	0, 1/2, 1/2
M_{bb}	0, 1, 0	0, 1/2, 1/2	0, 0, 1

Tabelle 3.1. Vererbungswahrscheinlichkeiten $P(K_w \mid M_x \cap V_y)$

Hieraus ergibt sich beispielsweise, dass

$$P(K_{aa}) = \sum_{x,y} p_x p_y \cdot P(K_{aa} \mid M_x \cap V_y)$$
$$= p_{aa}^2 \cdot 1 + 2p_{aa}p_{ab} \cdot 1/2 + p_{ab}^2 \cdot 1/4 = q^2$$

mit

$$q := p_{aa} + p_{ab}/2,$$

und eine Symmetrieüberlegung liefert

$$P(K_{bb}) = (p_{bb} + p_{ab}/2)^2 = (1-q)^2.$$

Doch dann ist $P(K_{ab}) = 1 - q^2 - (1-q)^2 = 2q(1-q)$. Alles in allem ist also

$$P(K_{aa}) = q^2, \ P(K_{ab}) = 2q(1-q), \ P(K_{bb}) = (1-q)^2.$$

Man erwartet daher, dass in der nächsten Generation die drei Genotypen aa, ab und bb mit den relativen Häufigkeiten $q^2, 2q(1-q), (1-q)^2$ auftreten. In der Realität gibt es zufällige Abweichungen von dieser Aufteilung. Doch mit aufwändigeren Modellen und Überlegungen kann man begründen, dass diese Abweichungen in großen Populationen verschwindend klein sind.

Interessanterweise ist diese Zusammensetzung ein Gleichgewichtszustand, das sogenannte Hardy-Weinberg-Gleichgewicht. In der darauffolgenden Generation erwartet man nämlich die Zusammensetzung $\bar{q}^2, 2\bar{q}(1-\bar{q}), (1-\bar{q})^2$, wobei

$$\bar{q} := P(K_{aa}) + P(K_{ab})/2 = q^2 + 2q(1-q)/2 = q.$$

Das Hardy-Weinberg-Gesetz ist beispielsweise hilfreich, wenn der Genotyp bb eine bestimmte Erkrankung verursacht, wohingegen die beiden anderen Genotypen aa und ab äußerlich nicht unterscheidbar sind. Wenn der sichtbare Genotyp bb mit einer relativen Häufigkeit von p_{bb} auftritt, dann kann man davon ausgehen, dass die anderen relativen Häufigkeiten gleich $p_{aa} = (1 - p_{bb}^{1/2})^2$ und $p_{ab} = 2(1 - p_{bb}^{1/2})p_{bb}^{1/2}$ sind. Speziell im Falle von $p_{bb} = 0.0001$ ist beispielsweise $p_{aa} = 0.9801$ und $p_{ab} = 0.0198$.

3.5 Produkträume

Angenommen (Ω_1, P_1), (Ω_2, P_2), ..., (Ω_n, P_n) sind diskrete Wahrscheinlichkeitsräume, die jeweils ein Zufallsexperiment beschreiben. Man kann die "unabhängige Kombination" dieser n Teilexperimente wie folgt modellieren: Als Grundraum wählen wir

$$\Omega := \Omega_1 \times \Omega_2 \times \cdots \times \Omega_n.$$

Für ein Tupel $\omega = (\omega_i)_{i=1}^n$ aus Ω ist dann ω_i das Resultat des i-ten Teilexperiments. Gesucht ist nun ein geeignetes diskretes Wahrscheinlichkeitsmaß P auf Ω. Und zwar sollte für beliebige Mengen $B_i \subset \Omega_i$ folgende Gleichung erfüllt sein:

$$P(B_1 \times B_2 \times \cdots \times B_n) = P_1(B_1)P_2(B_2)\cdots P_n(B_n). \tag{3.2}$$

Zu diesem Zweck definieren wir die Gewichtsfunktion

$$f(\omega) := \prod_{i=1}^n f_i(\omega_i),$$

wobei f_i die Gewichtsfunktion von P_i ist. Diese Definition ergibt sich aus (3.2), wenn man einpunktige Mengen B_i betrachtet. Allgemein ist

$$\sum_{\omega \in B_1 \times \cdots \times B_n} f(\omega) = \sum_{\omega_1 \in B_1} \sum_{\omega_2 \in B_2} \cdots \sum_{\omega_n \in B_n} \prod_{i=1}^n f_i(\omega_i)$$

$$= \prod_{i=1}^n \Big(\sum_{\omega_i \in B_i} f_i(\omega_i) \Big)$$

$$= \prod_{i=1}^n P_i(B_i).$$

Setzt man speziell $B_i = \Omega_i$ für alle i, dann zeigt diese Gleichung, dass $\sum_{\omega \in \Omega} f(\omega) = 1$. Also ist f die Gewichtsfunktion eines diskreten Wahrscheinlichkeitsmaßes P auf Ω, und dieses erfüllt (3.2).

Den hier konstruierten diskreten Wahrscheinlichkeitsraum (Ω, P) nennt man das *Produkt der diskreten Wahrscheinlichkeitsräume* (Ω_i, P_i). Anstelle von P schreibt man auch

$$P_1 \otimes P_2 \otimes \cdots \otimes P_n.$$

Beispiel 3.13 (*n*-facher Münzwurf)   Wir möchten folgendes Experiment modellieren: Eine Münze wird n–mal "unabhängig" geworfen, und bei jedem Wurf zeige sie mit Wahrscheinlichkeit $1 - p$ 'Kopf' und mit Wahrscheinlichkeit p 'Zahl', wobei $0 \leq p \leq 1$. Ein einzelner Münzwurf lässt sich durch den diskreten Wahrscheinlichkeitsraum $(\{0, 1\}, P_o)$ beschreiben, wobei

$$P_o(\{0\}) = 1 - p \quad \text{und} \quad P_o(\{1\}) = p.$$

Der n-fache Münzwurf wird also durch den Grundraum $\Omega = \{0, 1\}^n$ und das diskrete Wahrscheinlichkeitsmaß P mit folgender Gewichtsfunktion f beschrieben:

$$f(\omega) = \prod_{i=1}^{n} p^{\omega_i} (1 - p)^{1-\omega_i} = p^{s(\omega)} (1 - p)^{n-s(\omega)},$$

wobei $s(\omega) := \sum_{i=1}^{n} \omega_i$.

3.6 Übungsaufgaben

Aufgabe 3.1 In der amerikanischen Spiel-Show "Let's make a deal" wird ein Kandidat vor drei verschlossene Türen gestellt, hinter denen sich zwei Ziegen beziehungsweise ein Auto befinden. Wählt er die Tür mit dem Auto, so gehört dieses ihm. Der Kandidat trifft eine erste Wahl. Diese Tür bleibt noch verschlossen. Mit den Worten "Ich zeige Ihnen mal etwas..." öffnet der Moderator eine der beiden anderen Türen, und eine Ziege schaut ins Publikum. Der Kandidat hat nun die Möglichkeit, seine erste Wahl abzuändern. Wie sollte er sich entscheiden?

Aufgabe 3.2 Beweisen Sie die Siebformel mittels vollständiger Induktion.

Aufgabe 3.3 Beweisen Sie die folgenden zwei Ungleichungen für eine Wahrscheinlichkeitsverteilung P: Für beliebige Ereignisse $A_1, A_2, \ldots, A_n$ ist

$$P\left(\bigcup_{i=1}^{n} A_i\right) \begin{cases} \leq \displaystyle\sum_{1 \leq i \leq n} P(A_i), \\[2ex] \geq \displaystyle\sum_{1 \leq i \leq n} P(A_i) - \sum_{1 \leq i < j \leq n} P(A_i \cap A_j). \end{cases}$$

Aufgabe 3.4 Angenommen m Kinder setzen sich in einen Kreis und spielen "Hausdepp". Dazu verwenden sie $4m$ Karten, bestehend aus m Quartetten. Diese Karten werden rein zufällig auf die m Spieler verteilt, so dass jeder vier Karten erhält. Im Verlaufe des Spiels tauschen sie nach einem bestimmten Modus Karten aus, bis ein Spieler ein Quartett in Händen hält, und dann geht's rund! Uns interessiert aber die Wahrscheinlichkeit, dass ein Spieler schon beim Austeilen ein Quartett erhält.

(a) Wie groß ist die Wahrscheinlichkeit, dass *ein bestimmter* Spieler schon beim Austeilen ein Quartett erhält?

(b) Schätzen Sie mithilfe der Bonferroni–Ungleichung die Wahrscheinlichkeit, dass *irgendein* Spieler schon beim Austeilen ein Quartett erhält, nach oben ab. Geben Sie speziell für $m = 8$ den Zahlenwert Ihrer Schranke an.

Aufgabe 3.5 Ein (idealer) Würfel wird 7 mal geworfen. Wie groß ist die Wahrscheinlichkeit, dass jede der Zahlen $1,2,\ldots,6$ mindestens einmal auftritt?

Zusatzaufgabe: Geben Sie eine allgemeine Formel für die Wahrscheinlichkeit, dass bei n–maligem Würfeln jede der Zahlen $1,2,\ldots,6$ mindestens einmal auftritt, an. Wie groß muss n sein, damit diese Wahrscheinlichkeit mindestens 0.5 ist?

Aufgabe 3.6 In Beispiel 3.6 sei $\mathcal{W} = \{00, 01, 10, 11\}$, und $P(S_{00}) = 0.9$, $P(S_{01}) = 0.06$, $P(S_{10}) = 0.03$, $P(S_{11}) = 0.01$. Angenommen beim Übertragen von $v \in \mathcal{W}$ werden seine zwei beiden Ziffern jeweils mit Wahrscheinlichkeit 0.1 und unabhängig voneinander falsch übertragen. Das bedeutet,

$$P(E_w \mid S_v) = \begin{cases} 0.81 \text{ falls } w = v, \\ 0.09 \text{ falls } d(v,w) = 1, \\ 0.01 \text{ falls } d(v,w) = 2, \end{cases}$$

wobei $d(v,w)$ die Anzahl unterschiedlicher Ziffern von v und w ist. Berechnen Sie nun die Wahrscheinlichkeiten $P(S_v \mid E_w)$ für $v, w \in \mathcal{W}$.

Aufgabe 3.7 Betrachten Sie nochmals die in Beispiel 3.7 eingeführten Kenngrößen Sens. $:= P(T \mid K)$ und Spez. $:= P(T^c \mid K^c)$ eines medizinischen Tests.

(a) Berechnen Sie $P(K \mid T)$ und $P(K^c \mid T^c)$ im Falle von $P(K) = 0.02$, Sens. $= 0.98$ und Spez. $= 0.85$.

Stellen Sie $P(K \mid T)$ und $P(K^c \mid T^c)$ als Funktion der Prävalenz $P(K)$ bei den gegebenen Werten für Sensitivität und Spezifität graphisch dar.

(b) Unter welcher Voraussetzung an Sensitivität und Spezifität ist

$$P(K \mid T) > P(K) \quad \text{beziehungsweise} \quad P(K^c \mid T^c) > P(K^c) \,?$$

(c) Wie verhält sich der Quotient $P(K \mid T)/P(K)$ bzw. $P(K^c \mid T^c)/P(K^c)$, wenn $P(K) \to 0$ bei festen Werten für Spezifität und Sensitivität?

Aufgabe 3.8 Zeigen Sie, dass für beliebige Ereignisse $A_1, A_2, \ldots, A_n \subset \Omega$ gilt:

$$P(A_1 \cap A_2 \cap \cdots \cap A_n)$$
$$= P(A_1)P(A_2 \mid A_1)P(A_3 \mid A_1 \cap A_2) \cdots P(A_n \mid A_1 \cap \cdots \cap A_{n-1}).$$

Aufgabe 3.9 Drei zum Tode verurteilte Gefangene A, B, C erfahren am Abend vor der Exekution, dass einer von ihnen per Los begnadigt wurde, diese Auswahl aber erst am nächsten Morgen bekannt gegeben wird. Gefangener A bittet den Wärter, welcher die Entscheidung kennt aber nicht verraten darf, wenigstens den Namen eines zu exekutierenden Mitgefangenen zu nennen. Daraufhin antwortet der Wärter: "C". Nun ist Gefangener A etwas zuversichtlicher, da er seine Überlebenschance wie folgt einschätzt:

$$P(\text{A wird begn.} \mid \text{A oder B werden begn.}) \; = \; 1/2.$$

Was halten Sie von dieser Überlegung?

Aufgabe 3.10 Sei P die Laplaceverteilung auf der Menge $\mathcal{S}_n$ aller Permutationen von $\{1, 2, \ldots, n\}$, und sei A_i das Ereignis $\{\omega \in \mathcal{S}_n : \omega_i = i\}$. Berechnen Sie $P(A_i \mid A_j)$ und $P(A_i \mid A_j^c)$ für $i \neq j$. Welche dieser bedingten Wahrscheinlichkeiten ist größer?

Aufgabe 3.11 Ein (idealer) Würfel wird dreimal geworfen und zeigt die Augenzahlen $\omega_1, \omega_2, \omega_3$. Berechnen Sie für $k = 1, 2, \ldots, 6$ die bedingte Wahrscheinlichkeit, dass $\omega_1 = k$, gegeben $\omega_1 + \omega_2 + \omega_3 = 9$.

Aufgabe 3.12 Seien A, B zwei Ereignisse mit $0 < P(B) < 1$. Zeigen Sie, dass A und B stochastisch unabhängig sind, falls $P(A \mid B) = P(A \mid B^c)$.

Aufgabe 3.13 Beweisen oder widerlegen Sie folgende Behauptung: Drei Ereignisse A_1, A_2, A_3 sind stochastisch unabhängig, falls

$$P(A_1 \cap A_2) = P(A_1)P(A_2) \quad \text{und}$$
$$P(A_1 \cap A_2 \cap A_3) = P(A_1)P(A_2)P(A_3).$$

Aufgabe 3.14 In einer Umkleidekabine befinden sich fünf Duschen, die unabhängig voneinander jeweils mit Wahrscheinlichkeit p funktionieren. Angenommen, ein paar Minuten vor Ihrer Ankunft gingen vier Personen in die Kabine und benutzen nun jeweils eine der Duschen. Wie groß ist die (bedingte) Wahrscheinlichkeit, dass die letzte freie Dusche ebenfalls funktioniert?

Aufgabe 3.15 In einem Netzwerk mit vier Knoten gibt es eine Leitung zwischen den Knoten 2 und 3, und diese beiden Knoten sind jeweils mit den Knoten 1 und 4 verbunden; siehe Abbildung 3.1. Angenommen jede dieser fünf Leitungen fällt mit Wahrscheinlichkeit $p \in \,]0, 1[$ aus, und diese fünf Ereignisse seien stochastisch unabhängig.

(a) Mit welcher Wahrscheinlichkeit gibt es keine Verbindung zwischen Knoten 1 und Knoten 4?

(b) Welchen Effekt hat die Leitung zwischen den Knoten 2 und 3 auf diese Wahrscheinlichkeit?

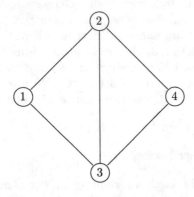

Abb. 3.1. Netzwerk für Aufgabe 3.15

4

Zufallsvariablen und spezielle Verteilungen

Beispiel 2.11 beschreibt eine typische Situation: Man betrachtet einen Zufalls-vorgang, der durch eine Wahrscheinlichkeitsverteilung P auf einem Grund-raum Ω beschrieben wird. Nun interessiert man sich aber nur für einen Tei-laspekt hiervon, beispielsweise die Augensumme bei zweimaligem Würfeln. Einen solchen Teilaspekt kann man durch eine Abbildung $X : \Omega \to \mathcal{X}$ be-schreiben. Diese Abbildung X nennen wir eine *Zufallsvariable mit Werten in* $\mathcal{X}$ oder einfach eine *Zufallsvariable*. Die Bezeichnung 'Zufallsvariable' anstelle von 'Abbildung' bringt zum Ausdruck, dass der Definitionsbereich Ω von X mit einer Wahrscheinlichkeitsverteilung P versehen ist.

Für eine beliebige Menge $B \subset \mathcal{X}$ ist die Wahrscheinlichkeit, dass X einen Wert in B annimmt, gleich

$$P(X \in B) \ := \ P(\{\omega \in \Omega : X(\omega) \in B\}).$$

Als Funktion von B definiert dies eine Wahrscheinlichkeitsverteilung auf $\mathcal{X}$, welche wir mit P^X bezeichnen, also

$$P^X(B) \ := \ P(X \in B);$$

siehe auch Abbildung 4.1. Man nennt P^X die *Verteilung der Zufallsvariable* X. Sie wird durch die Abbildung X und die Wahrscheinlichkeitsverteilung P induziert.

Ist (Ω, P) ein diskreter Wahrcheinlichkeitsraum, dann ist auch P^X ein diskre-tes Wahrscheinlichkeitsmaß auf $X(\Omega) \subset \mathcal{X}$ mit Gewichtsfunktion

$$f(x) \ := \ P(X = x) = P(\{\omega \in \Omega : X(\omega) = x\}).$$

Beispiel 4.1 (Augensumme zweier Würfel, Bspl. 2.11) Sei $\Omega = \{1, 2, \ldots, 6\}^2$, $P = \mathcal{U}(\Omega)$ und $X(\omega) = \omega_1 + \omega_2$. Dann ist P^X die in Beispiel 2.11 beschriebene Verteilung auf $\{2, \ldots, 12\}$.

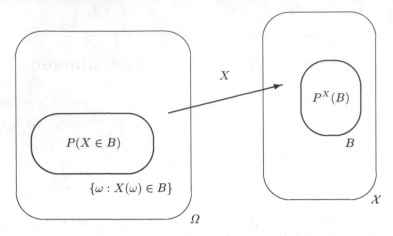

Abb. 4.1. Eine Zufallsvariable X und ihre Verteilung

Ist der Wertebereich $\mathcal{X}$ von X endlich und $P(X = x) = 1/\#\mathcal{X}$ für alle $x \in \mathcal{X}$, dann nennt man X *gleichverteilt* oder *uniform verteilt* auf $\mathcal{X}$.

Beispiel 4.2 (Lotto, Bspl. 2.5) Bei der deutschen Ziehung der Lottozahlen ermittelt man rein zufällig ein Tupel ω aus $\Omega := \mathcal{S}_7(\{1, 2, \ldots, 49\})$. Doch letztendlich werden die ersten sechs Zahlen $\omega_1, \omega_2, \ldots, \omega_6$ der Größe nach geordnet, während ω_7 die Zusatzzahl darstellt. Dies entspricht der Zufallsvariable

$$\omega \mapsto X(\omega) := (\{\omega_1, \omega_2, \ldots, \omega_6\}, \omega_7).$$

Ihr Wertebereich $\mathcal{X}$ besteht aus allen Paaren $(\mathcal{T}, z)$ von Mengen $\mathcal{T} \subset \{1, 2, \ldots, 49\}$ mit sechs Elementen und Zahlen $z \in \{1, 2, \ldots, 49\} \backslash \mathcal{T}$. Zu jedem solchen $(\mathcal{T}, z)$ gibt es genau 6! verschiedene $\omega \in \Omega$ mit $X(\omega) = (\mathcal{T}, z)$. Daher ist X uniform verteilt auf der Menge $\mathcal{X}$.

Zufallsvariablen spielen eine zentrale Rolle in der Wahrscheinlichkeitstheorie. Wir werden später Beispiele von unterschiedlichen Zufallsexperimenten (Ω_1, P_1), (Ω, P_2), (Ω_3, P_3), … sehen, für welche jeweils eine $\mathcal{X}$–wertige Zufallsvariable X_i definiert ist, die in allen Fällen ein und dieselbe Verteilung hat. Indem wir uns auf die Verteilung der Zufallsvariablen konzentrieren, erhalten wir Aussagen über Wahrscheinlichkeiten in allen Experiment.

4.1 Stochastische Unabhängigkeit

Die stochastische Unabhängigkeit von Zufallsvariablen definiert man ähnlich wie diejenige von Ereignissen.

Definition 4.3. *(Unabhängigkeit von Zufallsvariablen)* Seien X_1, X_2, ..., X_n Zufallsvariablen auf (Ω, P), wobei $X_i : \Omega \to \mathcal{X}_i$. Diese nennt man stochastisch unabhängig, falls

$$P(X_i \in B_i \text{ für } 1 \le i \le n) \; = \; \prod_{i=1}^{n} P(X_i \in B_i)$$

für beliebige Mengen $B_i \subset \mathcal{X}_i$.

Der Zusammenhang mit Definition 3.10 ist wie folgt: Für Ereignisse A_1, A_2, ..., A_n in Ω definieren wir Zufallsvariablen $X_i(\omega) := 1\{\omega \in A_i\}$. Dabei schreiben wir allgemein

$$1\{\text{'Aussage'}\} \; := \; \begin{cases} 1 \text{ falls 'Aussage' zutrifft,} \\ 0 \text{ sonst.} \end{cases}$$

Dann sind die Ereignisse A_i unabhängig im Sinne von Definition 3.10 genau dann, wenn die $\{0,1\}$–wertigen Zufallsvariablen X_i unabhängig sind im Sinne von Definition 4.3.

Beispiel 4.4 Sei $\Omega = \Omega_1 \times \cdots \times \Omega_n$ und $P = P_1 \otimes \cdots \otimes P_n$ wie in Abschnitt 3.5. Die Zufallsvariable $X_i(\omega) := \omega_i$ beschreibt den Ausgang des i-ten Teilexperiments, und nach (3.2) sind die Zufallsvariablen $X_1, \ldots, X_n$ stochastisch unabhängig.

Anmerkung 4.5 Seien $X_1, X_2, \ldots, X_n$ stochastisch unabhängige Zufallsvariablen auf einem diskreten Wahrscheinlichkeitsraum (Ω, P), und für ein $k \in \{2, \ldots, n-1\}$ sei Y eine Zufallsvariable der Form $Y = g(X_1, \ldots, X_k)$ für irgendeine Abbildung g. Dann sind auch die Zufallsvariablen $Y, X_{k+1}, \ldots, X_n$ stochastisch unabhängig. Denn

$$P(Y \in C, \ X_j \in B_j \text{ für alle } j > k)$$
$$= \sum_{(x_1,\ldots,x_k) \in g^{-1}(C)} P(X_i = x_i \text{ für } i \le k, \ X_j \in B_j \text{ für } j > k)$$
$$= \sum_{(x_1,\ldots,x_k) \in g^{-1}(C)} P(X_i = x_i \text{ für } i \le k) \prod_{j=k+1}^{n} P(X_j \in B_j)$$
$$= P(Y \in C) \prod_{j=k+1}^{n} P(X_j \in B_j).$$

Stochastische Unabhängigkeit von Zufallsvariablen kann man mit folgendem Kriterium nachweisen.

Lemma 4.6. *(Kriterium für stochastische Unabhängigkeit)* Seien X_1, ..., X_n Zufallsvariablen auf einem diskreten Wahrscheinlichkeitsraum (Ω, P) mit abzählbaren Wertebereichen $\mathcal{X}_1, \ldots, \mathcal{X}_n$. Diese Zufallsvariablen sind stochastisch unabhängig genau dann, wenn für jedes $i \leq n$ eine Funktion $h_i : \mathcal{X}_i \to [0, \infty[$ existiert, so dass

$$P(X_i = x_i \text{ für alle } i \leq n) = \prod_{i=1}^{n} h_i(x_i)$$

für beliebige $x_1 \in \mathcal{X}_1, \ldots, x_n \in \mathcal{X}_n$. In diesem Falle ist $P(X_i \in B) = \sum_{x \in B} f_i(x)$ für $B \subset \mathcal{X}_i$, wobei

$$f_i(x) := h_i(x) / \sum_{y \in \mathcal{X}_i} h_i(y).$$

Beweis von Lemma 4.6. Angenommen die Variablen X_i sind stochastisch unabhängig. Mit den Gewichtsfunktionen $f_i(\cdot) := P(X_i = \cdot)$ gilt dann für beliebige Punkte $x_i \in \mathcal{X}_i$:

$$P(X_i = x_i \text{ für alle } i \leq n) = \prod_{i=1}^{n} f_i(x_i).$$

Dies folgt aus der Definition der stochastischen Unabhängigkeit, angewandt auf die einpunktigen Mengen $B_i = \{x_i\}$.

Angenommen, die Zufallsvariablen X_i erfüllen die genannte Bedingung mit den Funktionen h_i. Für beliebige Mengen $B_i \subset \mathcal{X}_i$ ist dann

$$P(X_i \in B_i \text{ für alle } i \leq n) = \sum_{x_1 \in B_1, \ldots, x_n \in B_n} \prod_{i=1}^{n} h_i(x_i) = \prod_{i=1}^{n} \Big(\sum_{x_i \in B_i} h_i(x_i) \Big).$$

Speziell für $B_i := \mathcal{X}_i$ ergibt sich, dass

$$\prod_{i=1}^{n} \Big(\sum_{x_i \in \mathcal{X}_i} h_i(x_i) \Big) = 1.$$

Definiert man also $P_i(B) := \sum_{x \in B} h_i(x) \Big/ \sum_{y \in \mathcal{X}_i} h_i(y)$ für $B \subset \mathcal{X}_i$, dann ist

$$P(X_i \in B_i \text{ für alle } i \leq n) = \prod_{i=1}^{n} P_i(B_i).$$

Auf der rechten Seite steht nun ein Produkt von n Wahrscheinlichkeiten. Setzt man speziell $B_i = \mathcal{X}_i$ für alle bis auf einen Index i, dann zeigt sich, dass P_i die Verteilung von X_i ist, also $P_i(B_i) = P(X_i \in B_i)$. $\square$

Anmerkung 4.7 (Kodierung durch kartesische Produkte) Lemma 4.6 beinhaltet ein Kriterium, das wir im Zusammenhang mit Zufallspermutationen mehrfach anwenden werden. Sei P die Laplace–Verteilung auf einer endlichen Menge Ω. Für $i \in \{1, 2, \ldots, n\}$ sei X_i eine Abbildung von Ω nach $\mathcal{X}_i$, so dass

$$\omega \mapsto X(\omega) := (X_1(\omega), X_2(\omega), \ldots, X_n(\omega))$$

eine *bijektive* Abbildung von Ω nach $\mathcal{X}_1 \times \mathcal{X}_2 \times \cdots \times \mathcal{X}_n$ definiert. Dann sind die Zufallsvariablen $X_1, X_2, \ldots, X_n$ stochastisch unabhängig, und X_i ist gleichverteilt auf $\mathcal{X}_i$.

Beweis. Wegen der Bijektivität von X ist

$$\#\Omega = \#(\mathcal{X}_1 \times \mathcal{X}_2 \times \cdots \times \mathcal{X}_n) = (\#\mathcal{X}_1)(\#\mathcal{X}_2) \cdots (\#\mathcal{X}_n),$$

und für beliebige Punkte $x_i \in \mathcal{X}_i$ ist

$$P(X_i = x_i \text{ für alle } i \leq n) = P(X = (x_1, \ldots, x_n)) = \frac{1}{\#\Omega} = \prod_{i=1}^{n} f_i(x_i)$$

mit den konstanten Funktionen $f_i := 1/\#\mathcal{X}_i$. □

4.2 Spezielle Verteilungen

Nun beschreiben wir eine Reihe von Standardverteilungen, die in verschiedenen Anwendungen von Nutzen sind.

4.2.1 Bernoulli-Folgen und Binomialverteilungen

Definition 4.8. *(Bernoulli-Folge)* *Seien $X_1, X_2, \ldots, X_n$ stochastisch unabhängige Zufallsvariablen auf (Ω, P) mit Werten in $\{0, 1\}$, wobei $P(X_i = 1) = p = 1 - P(X_i = 0)$ für ein $p \in [0, 1]$. Dann nennt man $X := (X_i)_{i=1}^{n}$ eine Bernoulli-Folge der Länge n mit Parameter p.*

Bernoulli-Folgen treten in vielen Anwendungen auf. Hier einige Beispiele:

Beispiel 4.9 *(n-facher Münzwurf, Bspl. 3.13)* Eine Münze wird n-mal unabhängig geworfen, und wir notieren

$$X_i := 1\{\text{beim } i\text{-ten Wurf 'Zahl'}\}.$$

Beispiel 4.10 (Qualitätskontrolle) Bei der Produktion eines Massenartikels treten ab und zu fehlerhafte Exemplare auf. Betrachten wir eine Serie von n nacheinander produzierten Artikeln und definieren

$$X_i := 1\{i\text{-ter Artikel fehlerhaft}\}.$$

Geht man davon aus, dass jeder einzelne Artikel mit (kleiner) Wahrscheinlichkeit p fehlerhaft ist, und dass diese Ereignisse stochastisch unabhängig sind, so liefert dies eine Bernoullifolge.

Beispiel 4.11 (Stichprobenziehen mit Zurücklegen, Bspl. 3.12) Aus einer Grundgesamtheit $\mathcal{M}$ ziehen wir rein zufällig eine Stichprobe vom Umfang n mit Zurücklegen. Für eine spezielle Teilmenge $\mathcal{M}_*$ von $\mathcal{M}$ sei

$$X_i := 1\{\text{bei der } i\text{-ten Ziehung ein Element von } \mathcal{M}_*\}.$$

Auch dies ergibt eine Bernoullifolge mit Parameter $p := \#\mathcal{M}_*/\#\mathcal{M}$.

Beispiel 4.12 (Atomarer Zerfall) Wir betrachten n Atome eines schwach radioaktiven Elements wie beispielsweise C^{14}. Angenommen in einem bestimmten Zeitintervall zerfällt jedes einzelne Atom mit Wahrscheinlichkeit $p \in [0,1]$, unabhängig von den übrigen Atomen. Dies liefert uns eine Bernoullifolge X mit Komponenten

$$X_i := 1\{i\text{-tes Atom zerfällt im betrachteten Zeitraum}\}.$$

Beispiel 4.13 (Zellkonzentrationen) In einer Flüssigkeit mit Volumen V befindet sich eine unbekannte Zahl n von Zellen, beispielsweise Bakterien oder Tumorzellen, die in vitro gezüchtet wurden. Um die unbekannte Zellkonzentration $c = n/V$ zu schätzen, füllt man eine kleine Probe der Flüssigkeit in eine Zählkammer mit Volumen v und bestimmt unter dem Mikroskop die Zahl S der darin enthaltenen Zellen. Mit den Zufallsgrößen

$$X_i := 1\{i\text{-te Zelle befindet sich in Zählkammer}\}$$

ist $S = \sum_{i=1}^{n} X_i$. Wie man von S zu Aussagen über c gelangt, werden wir später noch sehen. Auf jeden Fall betrachten wir $X = (X_i)_{i=1}^{n}$ als Bernoullifolge mit (unbekannter) Länge n und Parameter $p = v/V$. Dahinter steckt die Vorstellung, dass sich die Zellen unabhängig voneinander in der Flüssigkeit bewegen und jeweils mit Wahrscheinlichkeit p in der Zählkammer landen.

Eine praktische Überlegung: Streng genommen können sich die Zellen nicht unabhängig voneinander bewegen. Einerseits kann es passieren, dass sie aneinanderhaften. Dies kann man oft durch Rühren der Flüssigkeit vermeiden. Andererseits unterschlägt man, dass die Zellen ein gewisses Eigenvolumen haben und sich gegenseitig den Platz wegnehmen. Dies führt dazu, dass sie sich tendenziell gleichmäßiger verteilen als im idealisierten Modell.

In den hier genannten Beispielen einer Bernoulli-Folge $X = (X_i)_{i=1}^{n}$ interessiert man sich insbesondere für die Zufallsgröße

$$S := \sum_{i=1}^{n} X_i$$

mit Werten in $\{0, 1, \ldots, n\}$. Aus der stochastischen Unabhängigkeit der Variablen X_i folgt, dass

$$P(X = x) = \prod_{i=1}^{n} p^{x_i}(1-p)^{1-x_i} = p^{s(x)}(1-p)^{n-s(x)}$$

für beliebige Tupel $x \in \{0,1\}^n$ und $s(x) := \sum_{i=1}^n x_i$. Da es genau $\binom{n}{k}$ Tupel $x \in \{0,1\}^n$ mit $s(x) = k$ gibt, ist

$$P(S = k) = \sum_{x \in \{0,1\}^n \,:\, s(x)=k} P(X = x) = \binom{n}{k} p^k (1 - p)^{n-k}.$$

Also ist S binomialverteilt im Sinne der folgenden Definition.

Definition 4.14. *Die Binomialverteilung mit Parametern $n \in \mathbb{N}$ und $p \in [0,1]$ ist das diskrete Wahrscheinlichkeitsmaß auf $\{0,1,\ldots,n\}$ mit Gewichtsfunktion*

$$f(k) = f_{n,p}(k) = \binom{n}{k} p^k (1 - p)^{n-k}.$$

Als Symbol für diese Verteilung verwenden wir $\mathrm{Bin}(n,p)$. Eine Zufallsvariable mit dieser Verteilung nennt man binomialverteilt (mit Parametern n und p).

Dass sich die Gewichte von $\mathrm{Bin}(n,p)$ zu Eins summieren, folgt einerseits aus obiger Konstruktion von $\mathrm{Bin}(n,p)$ als Verteilung einer speziellen Zufallsvariable. Man kann diese Tatsache aber auch direkt aus der binomischen Formel ableiten:

$$\sum_{k=0}^n \binom{n}{k} p^k (1 - p)^{n-k} = (p + (1 - p))^n = 1.$$

Abbildung 4.2 zeigt für $p = 0.1, 0.3, 0.5, 0.8$ jeweils ein Stabdiagramm der Gewichtsfunktion von $\mathrm{Bin}(20,p)$.

4.2.2 Hypergeometrische Verteilungen

Wir greifen noch einmal Beispiel 4.11 auf. Angenommen wir ziehen rein zufällig eine Stichprobe aus $\mathcal{M}$ vom Umfang n, diesmal aber *ohne* Zurücklegen. Für eine Stichprobe $\omega \in \mathcal{S}_n(\mathcal{M})$ sei $S(\omega)$ die Anzahl ihrer Komponenten, die in einer bestimmten Teilmenge $\mathcal{M}_*$ von $\mathcal{M}$ liegen, also

$$S(\omega) = \#(\mathcal{M}_* \cap \{\omega_1, \ldots, \omega_n\}).$$

Wie schon in Kapitel 2 angemerkt wurde, ist

$$P(\{\omega : \{\omega_1, \omega_2, \ldots, \omega_n\} = \mathcal{T}\}) = 1 \Big/ \binom{N}{n}$$

für jede n-elementige Teilmenge $\mathcal{T}$ von $\mathcal{M}$. Daher ist

$$P(S = k) = \#\{\mathcal{T} \subset \mathcal{M} : \#\mathcal{T} = n, \#(\mathcal{T} \cap \mathcal{M}_*) = k\} \Big/ \binom{N}{n}$$

$$= \#\{\mathcal{T} \subset \mathcal{M} : \#(\mathcal{T} \cap \mathcal{M}_*) = k, \#(\mathcal{T} \setminus \mathcal{M}_*) = n - k\} \Big/ \binom{N}{n}$$

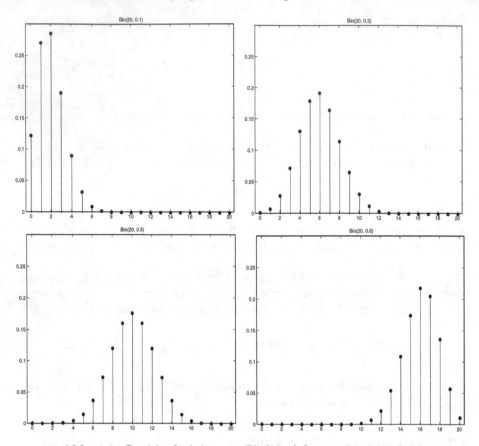

Abb. 4.2. Gewichtsfunktion von $\mathrm{Bin}(20, p)$ für $p = 0.1, 0.3, 0.5, 0.8$

$$= \#\{\mathcal{I} \subset \mathcal{M}_* : \#\mathcal{I} = k\}\,\#\{\mathcal{J} \subset \mathcal{M} \setminus \mathcal{M}_* : \#\mathcal{J} = n - k\}/\binom{N}{n}$$

$$= \binom{L}{k}\binom{N-L}{n-k}/\binom{N}{n} \quad \text{mit } L := \#\mathcal{M}_*.$$

Definition 4.15. *Die hypergeometrische Verteilung mit Parametern* $N, L, n \in \mathbf{N}_0$, *wobei* $\max(n, L) \leq N$, *ist das diskrete Wahrscheinlichkeitsmaß auf* $\{0, 1, 2, \ldots, \min(L, n)\}$ *mit Gewichtsfunktion*

$$f(k) = f_{N,L,n}(k) = \binom{L}{k}\binom{N-L}{n-k}/\binom{N}{n}.$$

Als Symbol für diese Verteilung verwenden wir $\mathrm{Hyp}(N, L, n)$. *Eine Zufallsvariable mit dieser Verteilung heißt hypergeometrisch verteilt (mit Parametern* N, L, n).

Abbildung 4.3 zeigt die Gewichtsfunktion von $\text{Hyp}(N, L, n)$ für $n = 20$, $N = 100$ und $L = 10, 30, 50, 80$. Der Quotient L/N nimmt also die Werte $0.1, 0.3, 0.5, 0.8$ an. Vergleicht man dies mit Abbildung 4.2, so sieht man, dass die Gewichtsfunktionen von $\text{Hyp}(N, L, n)$ und $\text{Bin}(n, L/N)$ recht ähnlich sind. Bei genauer Betrachtung erkennt man, dass die hypergeometrischen Gewichte etwas stärker um den Punkt nL/N "konzentriert" sind. Diesen Sachverhalt werden wir später im Zusammenhang mit Varianzen noch präzisieren.

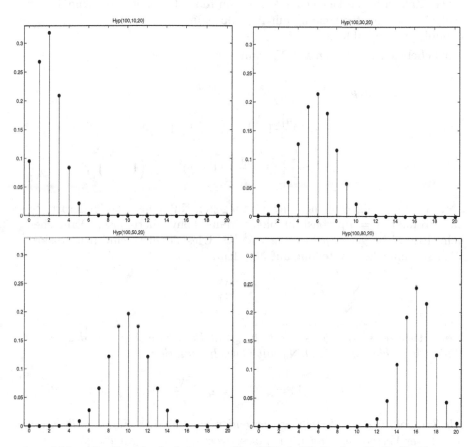

Abb. 4.3. Gewichtsfunktion von $\text{Hyp}(100, L, 20)$ für $L = 10, 30, 50, 80$

Anmerkung. Der Unterschied zwischen Stichprobenziehen mit und ohne Zurücklegen, und damit auch der Unterschied zwischen $\text{Hyp}(N, L, n)$ und $\text{Bin}(n, L/N)$, wird beliebig klein, wenn der Quotient n^2/N gegen Null konvergiert; siehe Aufgabe 4.8. Mit aufwändigeren Überlegungen kann man sogar zeigen, dass es nur auf den Quotienten n/N ankommt. Die Ähnlichkeit zwischen $\text{Hyp}(N, L, n)$ und $\text{Bin}(n, L/N)$ wird auch deutlich, wenn man die Gewichtsfunktion f von $\text{Hyp}(N, L, n)$ wie folgt schreibt:

$$f(k) = \binom{L}{k}\binom{N-L}{n-k}\Big/\binom{N}{n} = \binom{n}{k}\frac{[L]_k[N-L]_{n-k}}{[N]_n}.$$

4.2.3 Poissonverteilungen

Wir betrachten nochmals die Binomialverteilung $\mathrm{Bin}(n,p)$, deuten sie aber als Wahrscheinlichkeitsmaß auf der Menge $\mathbf{N}_0 = \{0,1,2,\ldots\}$. Für den Fall großer Zahlen n und kleiner Zahlen p kann man $\mathrm{Bin}(n,p)$ durch eine diskrete Wahrscheinlichkeitsverteilung auf $\mathbf{N}_0$ approximieren, die nur noch von dem Produkt $\lambda := np$ abhängt.

Für beliebige feste Zahlen $k \in \mathbf{N}_0$ kann man schreiben

$$\mathrm{Bin}(n,p)(\{k\}) = \binom{n}{k}p^k(1-p)^{n-k}$$

$$= \frac{[n]_k}{k!}\left(\frac{\lambda}{n}\right)^k\left(1-\frac{\lambda}{n}\right)^n(1-p)^{-k}$$

$$= \prod_{i=0}^{k-1}\left(1-\frac{i}{n}\right)(1-p)^{-k}\frac{\lambda^k}{k!}\left(1-\frac{\lambda}{n}\right)^n.$$

Lässt man nun n gegen Unendlich und p gegen Null konvergieren derart, dass das Produkt $\lambda = np$ konstant bleibt, dann konvergiert unser Wahrscheinlichkeitsgewicht gegen $g(k) := e^{-\lambda}\lambda^k/k!$. Dies definiert eine neue diskrete Wahrscheinlichkeitsverteilung auf $\mathbf{N}_0$, denn

$$\sum_{k\in\mathbf{N}_0} g(k) = e^{-\lambda}\sum_{k\in\mathbf{N}_0}\frac{\lambda^k}{k!} = e^{-\lambda}e^{\lambda} = 1.$$

Definition 4.16. *Die Poissonverteilung mit Parameter $\lambda \geq 0$ ist das diskrete Wahrscheinlichkeitsmaß auf $\mathbf{N}_0$ mit Gewichtsfunktion*

$$g(k) = g_\lambda(k) = e^{-\lambda}\frac{\lambda^k}{k!}.$$

Als Symbol für diese Verteilung verwenden wir $\mathrm{Poiss}(\lambda)$. Eine Zufallsvariable mit dieser Verteilung nennen wir poissonverteilt (mit Parameter λ).

Zur Illustration des Grenzübergangs von der Binomial- zur Poissonverteilung zeigt Abbildung 4.4 die Gewichtsfunktionen von $\mathrm{Bin}(n,4/n)$ für $n = 8, 16, 40$ und von $\mathrm{Poiss}(4)$ im Bereich $\{0,1,2,\ldots,20\}$.

Forts. von Beispiel 4.12 (atomarer Zerfall) Registriert man (mit einem Geigerzähler) die Zahl $S(X)$ aller Zerfälle im betrachteten Zeitintervall, dann ist diese Zufallsvariable binomialverteilt mit Parametern n und p. Im Falle einer sehr großen Anzahl n und eines sehr kleinen Parameters p können wir

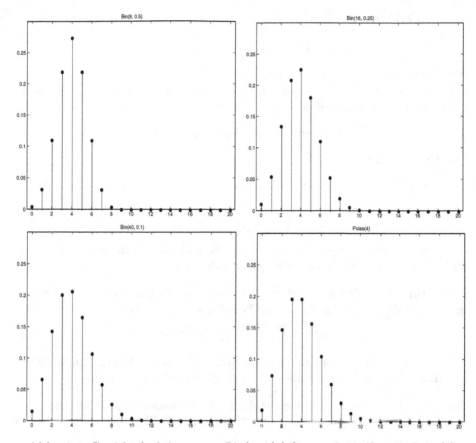

Abb. 4.4. Gewichtsfunktionen von $\mathrm{Bin}(n, 4/n)$ für $n = 8, 16, 40$ sowie $\mathrm{Poiss}(4)$

diese Verteilung durch eine Poissonverteilung $\mathrm{Poiss}(\lambda)$ mit Parameter $\lambda = np$ approximieren.

Forts. von Beispiel 4.13 (Zellkonzentrationen) Die Zufallsvariable S ist binomialverteilt mit Parametern N und v/V. Typischerweise ist v/V sehr klein, so dass man ohne Bedenken mit der Poissonverteilung

$$\mathrm{Poiss}(Nv/V) \;=\; \mathrm{Poiss}(cv)$$

anstelle von $\mathrm{Bin}(N, v/V)$ rechnen kann. In den Übungen zum nächsten Kapitel werden wir von diesem Modell ausgehend sogenannte Konfidenzschranken für c behandeln.

4.2.4 Wartezeiten und geometrische Verteilungen

Eine typische Frage beim Würfeln ist, wie lange es dauert, bis endlich eine Sechs fällt. Die (Laplace-) Wahrscheinlichkeit, bei einmaligem Würfeln eine

Sechs zu erzielen, ist gleich $1/6$. Wenn wir insgesamt n-mal würfeln, dann definiert

$$X_i := 1\{\text{beim } i\text{-ten Wurf eine Sechs}\}$$

eine Bernoullifolge der Länge n mit Parameter $p = 1/6$.

Allgemein sei $X = (X_i)_{i=1}^n$ eine Bernoullifolge mit Parameter $p > 0$. Nun interessiert uns die Verteilung der *Wartezeit*

$$T_n := \min(\{k \le n : X_k = 1\} \cup \{n+1\}).$$

Für $1 \le k \le n$ ist

$$P(T_n = k) = P(X_i = 0 \text{ für alle } i < k, \, X_k = 1) = (1-p)^{k-1}p$$

und

$$P(T_n > k) = P(X_i = 0 \text{ für alle } i \le k) = (1-p)^k.$$

Interessanterweise hängen beide Wahrscheinlichkeiten nicht von n ab, und $P(T_n > n) = (1-p)^n$ konvergiert gegen Null für $n \to \infty$.

Definition 4.17. *Die geometrische Verteilung mit Parameter $p \in\,]0,1]$ ist das diskrete Wahrscheinlichkeitsmaß auf $\mathbf{N}$ mit Gewichtsfunktion*

$$g(k) = g_p(k) = (1-p)^{k-1}p.$$

Für diese Verteilung verwenden wir das Symbol Geom(p)*. Eine Zufallsvariable mit dieser Verteilung nennt man geometrisch verteilt (mit Parameter p).*

Dass sich die Gewichte von Geom(p) zu Eins summieren, folgt aus der bekannten Formel $\sum_{k \in \mathbf{N}} a^{k-1} = (1-a)^{-1}$ für $-1 < a < 1$.

Man könnte sich den obigen Grenzübergang ($n \to \infty$) sparen, indem man eine *unendliche* Bernoullifolge $(X_i)_{i=1}^\infty$ mit Parameter $p > 0$ betrachtet. Das heißt, für beliebige $m \in \mathbf{N}$ sind $X_1, \dots, X_m$ stochastisch unabhängig mit $P(X_i = 1) = p = 1 - P(X_i = 0)$. Definiert man nun

$$T := \inf\{k \in \mathbf{N} : X_k = 1\}$$

mit der Konvention $\inf(\emptyset) := \infty$, dann ist T geometrisch verteilt mit Parameter p.

Leider gibt es keinen diskreten Wahrscheinlichkeitsraum (Ω, P), auf welchem eine unendliche Bernoullifolge mit Parameter $p \in\,]0,1[$ definiert ist. In einem späteren Kapitel werden wir diese Lücke schließen.

4.3 Kodierungen von Permutationen

In diesem Abschnitt betrachten wir die Menge $\mathcal{S}_n$ aller Permutationen $\omega = (\omega_1, \dots, \omega_n)$ von $\{1, \dots, n\}$, versehen mit der Laplaceverteilung P.

4.3.1 Das "Sekretärinnenproblem"

Hier sind zwei "politisch korrekte" Beispiele für das sogenannte Sekretärinnenproblem:

(a) Eine Touristin nimmt an einer Rheinfahrt teil und möchte die n Schlösser beziehungsweise Burgen photographieren. Kurz nach der Abfahrt stellt sie mit Bestürzung fest, dass nur noch ein Bild auf ihrem Film frei ist. Nun möchte sie das schönste Motiv auf diesem Bild festhalten.

(b) Sie laufen über einen Marktplatz mit n Obstständen und möchten eine möglichst "gute" Ananasfrucht erstehen. Da Sie in Eile sind, möchten Sie keinen Stand mehrfach aufsuchen. Außerdem könnten Ihnen andere Leute besonders gute Exemplare wegschnappen.

In beiden Fällen betrachtet man nacheinander $n \geq 2$ Objekte und muss sich irgendwann für eines entscheiden, in der Hoffnung, es sei das beste. Angenommen für die n Objekte gibt es eine eindeutige Rangfolge. Das beste Objekt erhält Rang n, das zweitbeste Rang $n-1$, das drittbeste Rang $n-2$ und so weiter. Sei ω_k der Rang des Objektes, das zum Zeitpunkt k betrachtet wird. Das Problem ist, dass man zum Zeitpunkt k nicht den Rang ω_k selbst, sondern nur den *sequentiellen Rang*

$$X_k(\omega) := \#\{i \leq k : \omega_i \leq \omega_k\} \in \mathcal{X}_k := \{1, 2, \ldots, k\}$$

beobachtet. Man weiß also nur, wie gut das k-te Objekt im Vergleich zu den $k-1$ Vorgängern ist. Nun muss man aufgrund von $X_1(\omega), \ldots, X_k(\omega)$ entscheiden, ob man das k-te Objekt wählt oder nicht. Hier ein Zahlenbeispiel: Für $n = 9$ und

$$\omega = (3, 5, 4, 9, 2, 8, 1, 7, 6)$$

ist

$$(X_1(\omega), \ldots, X_9(\omega)) = (1, 2, 2, 4, 1, 5, 1, 6, 6).$$

Beispielsweise weiß man zum Zeitpunkt 3, dass das dritte Objekt das zweitschlechteste unter den ersten drei Objekten ist. Zum Zeitpunkt 4 stellt man fest, dass Objekt 4 besser als alle Vorgänger ist. Zum Zeitpunkt 5 taucht ein Objekt auf, welches schlechter als alle Vorgänger ist.

Genau gesagt sucht man eine geeignete *Stoppregel* $\tau : \mathcal{S}_n \to \{1, 2, \ldots, n\}$. Das heißt, für beliebige $k \in \{1, 2, \ldots, n\}$ ist

$$\tau = k \quad \text{genau dann, wenn} \quad (X_1, \ldots, X_k) \in C_k$$

mit einer Menge $C_k \subset \mathcal{X}_1 \times \cdots \times \mathcal{X}_k$. Diese Zufallsvariable τ gibt an, zu welchem Zeitpunkt man "zugreift". Sei $M(\omega)$ der zunächst unbekannte Zeitpunkt, an welchem das beste Objekt auftaucht, also $\omega_{M(\omega)} = n$. Das Ziel ist nun, eine Stoppregel τ zu finden, so dass

$$P(\tau = M)$$

möglichst groß wird. Der Leser sollte vor dem Weiterlesen mutmaßen, wie sich diese Wahrscheinlichkeit für $n \to \infty$ verhält.

Bei der Lösung unseres Optimierungsproblems stützen wir uns auf die folgenden zwei Tatsachen:

- Die Zufallsvariablen $X_1, X_2, \ldots, X_n$ sind stochastisch unabhängig, und X_k ist gleichverteilt auf $\mathcal{X}_k$. Dies ergibt sich aus Anmerkung 4.7. Denn die Abbildung $(X_1, X_2, \ldots, X_n) : \mathcal{S}_n \to \mathcal{X}_1 \times \mathcal{X}_2 \times \cdots \times \mathcal{X}_n$ ist bijektiv; siehe Aufgabe 4.16.

- $M = k$ genau dann, wenn $X_k = k$ und $X_j < j$ für $j > k$.

Zum "Aufwärmen" zeigen wir, dass für beliebige Zeitpunkte $k < n$ und Tupel $(x_1, \ldots, x_k)$ aus $\mathcal{X}_1 \times \cdots \times \mathcal{X}_k$ gilt:

$$P(M = k \mid X_i = x_i \text{ für alle } i \le k) \;=\; 1\{x_k = k\} \frac{k}{n}. \tag{4.1}$$

Denn wegen der stochastischen Unabhängigkeit der Variablen X_i ist

$$
\begin{aligned}
&P(M = k \mid X_i = x_i \text{ für alle } i \le k)\\
&= \frac{P(X_i = x_i \text{ für alle } i \le k,\ X_k = k,\ X_j < j \text{ für alle } j > k)}{P(X_i = x_i \text{ für alle } i \le k)}\\
&= \frac{1\{x_k = k\} P(X_i = x_i \text{ für alle } i \le k,\ X_j < j \text{ für alle } j > k)}{P(X_i = x_i \text{ für alle } i \le k)}\\
&= 1\{x_k = k\} \prod_{j=k+1}^{n} P(X_j < j)\\
&= 1\{x_k = k\} \prod_{j=k+1}^{n} \frac{j-1}{j}\\
&= 1\{x_k = k\} \frac{k}{n}.
\end{aligned}
$$

Aus Gleichung (4.1) kann man bereits folgende Regel ableiten: Angenommen man hat keines der ersten $k-1$ Objekte gewählt, und zum Zeitpunkt k ist $X_k = k$. Im Falle von $k/n \ge 1/2$ sollte man auf jeden Fall zugreifen, denn die bedingte Wahrscheinlichkeit, dass das beste Objekt noch später auftaucht, gegeben was bisher passierte, ist kleiner oder gleich $1/2$. Im Falle von $k < n/2$ ist noch nicht klar, wie man sich verhalten sollte. Die Chancen, dass das beste Objekt erst später auftaucht, sind zwar größer als 50 Prozent, aber wie groß sind die Chancen, dieses Objekt auch zu finden?

Theorem 4.18. *Für $m \in \{1, 2, \ldots, n-1\}$ sei*

$$\tau_m := \min(\{k > m : X_k = k\} \cup \{n\}).$$

Unter diesen speziellen $n-1$ Stoppregeln gibt es eine Lösung unseres Optimierungsproblems, das heißt,

$$\max_{m=1,2,\ldots,n-1} P(\tau_m = M) = \max_{\text{Stoppregeln } \tau} P(\tau = M).$$

Dieses Theorem beschreibt eine naheliegende Klasse von Verfahren. Man betrachtet zunächst m Objekte, um einen ersten Eindruck von der "typischen Qualität" aller Objekte zu bekommen. Danach wartet man auf das erste "herausragende" Objekt. Diese speziellen Stoppregeln τ_m kann man explizit bewerten:

Theorem 4.19. *Für $m \in \{1, 2, \ldots, n-1\}$ sei τ_m wie in Theorem 4.18 definiert. Dann ist*

$$P(\tau_m = M) = \frac{m}{n} (H(n-1) - H(m-1)),$$

wobei $H(0) := 0$ und $H(s) := \sum_{i=1}^{s} 1/i$ für natürliche Zahlen s. Desweiteren ist

$$\frac{m}{n} \log\left(\frac{n}{m}\right) \leq \frac{m}{n} (H(n-1) - H(m-1)) \leq \frac{m}{n} \log\left(\frac{n}{m}\right) + \frac{1}{n}.$$

Die Funktion $]0,1] \ni x \mapsto x \log(1/x)$ hat an der Stelle $x = e^{-1} \approx 0.3679$ ein eindeutiges Maximum, nämlich $e^{-1} \log(1/e^{-1}) = e^{-1}$. Verwendet man also die Stoppregel τ_m mit $m/n \approx e^{-1}$, dann ist $P(\tau_m = M)$ näherungsweise gleich e^{-1}. Tabelle 4.1 enthält für verschiedene Zahlen n die kleinste Zahl $m(n)$, so dass die Wahrscheinlichkeit $P(\tau_{m(n)} = M)$ maximal ist.

n	$m(n)$	$m(n)/n$	$P(\tau_{m(n)} = M)$
2	1	0.5000	0.5000
3	1	0.3333	0.5000
4	1	0.2500	0.4583
5	2	0.4000	0.4333
10	3	0.3000	0.3987
20	7	0.3500	0.3842
30	11	0.3667	0.3787
40	15	0.3750	0.3757
50	18	0.3600	0.3743
100	37	0.3700	0.3710
200	73	0.3650	0.3695
500	184	0.3680	0.3685

Tabelle 4.1. Optimale Parameter für das Sekretärinnenproblem

Beweis von Theorem 4.19. Für $m < k \leq n$ ist $\tau_m = k = M$ genau dann, wenn

$$X_i < i \ \text{ für } m < i < k, \quad X_k = k \quad \text{und} \quad X_j < j \ \text{ für } k < j \leq n.$$

Folglich ist $P(\tau_m = k = M)$ gleich

$$P(X_i < i \text{ für } m < i < k, \ X_k = k, \ X_j < j \text{ für } j > k)$$

$$= \underbrace{\prod_{i=m+1}^{k-1} \frac{i-1}{i}}_{= \, m/(k-1)} \frac{1}{k} \ \underbrace{\prod_{j=k+1}^{n} \frac{j-1}{j}}_{= \, k/n} \ = \ \frac{m}{n} \frac{1}{k-1},$$

so dass

$$P(\tau_m = M) = \sum_{k=m+1}^{n} P(\tau_m = k = M) \ = \ \frac{m}{n} \sum_{k=m+1}^{n} \frac{1}{k-1} \ = \ \frac{m}{n} \sum_{i=m}^{n-1} \frac{1}{i}$$

$$= \frac{m}{n} \left(H(n-1) - H(m-1) \right).$$

Aus der Monotonie von $x \mapsto 1/x$ folgt, dass

$$\int_{i-1}^{i} \frac{1}{x} \, dx \ \geq \ \frac{1}{i} \ \geq \ \int_{i}^{i+1} \frac{1}{x} \, dx$$

für $i \geq 1$. Hieraus folgt einerseits, dass

$$H(n-1) - H(m-1) \ \geq \ \sum_{i=m}^{n-1} \int_{i}^{i+1} \frac{1}{x} \, dx \ = \ \int_{m}^{n} \frac{1}{x} \, dx \ = \ \log\left(\frac{n}{m}\right).$$

Andererseits ist $H(n-1) - H(m-1)$ gleich

$$\frac{1}{m} + \sum_{i=m+1}^{n-1} \frac{1}{i} \ \leq \ \frac{1}{m} + \int_{m}^{n-1} \frac{1}{x} \, dx \ \leq \ \frac{1}{m} + \log\left(\frac{n}{m}\right). \qquad \square$$

Beweis von Theorem 4.18. Der Beweis beruht auf *dynamischer Programmierung*. Für $m \in \{0, 1, \ldots, n-1\}$ sei $\mathcal{T}_m$ die Menge aller Stoppregeln τ mit Werten in $\{m+1, \ldots, n\}$, die man als Funktion der Zufallsvariablen $X_{m+1}, \ldots, X_n$ schreiben kann. Die spezielle Stoppregel τ_m ist ein Element von $\mathcal{T}_m$, wobei $\tau_0 := 1$. Es ist $\mathcal{T}_{n-1} \subset \mathcal{T}_{n-2} \subset \cdots \subset \mathcal{T}_0$, wobei $\mathcal{T}_{n-1}$ nur aus der konstanten Stoppregel $\tau = n$ besteht, und $\mathcal{T}_0$ ist die Menge aller Stoppregeln. Angenommen, für ein $m \in \{1, \ldots, n-1\}$ kennen wir bereits eine Stoppregel $\rho_m \in \mathcal{T}_m$ mit

$$P(\rho_m = M) \ = \ \psi(m) := \max_{\tau \in \mathcal{T}_m} P(\tau = M).$$

Nun konstruieren wir eine optimale Stoppregel in $\mathcal{T}_{m-1}$. Für ein beliebiges $\tau \in \mathcal{T}_{m-1}$ und ein beliebiges Tupel $(x_1, \ldots, x_m) \in \mathcal{X}_1 \times \cdots \times \mathcal{X}_m$ gibt es im Falle von $(X_1, \ldots, X_m) = (x_1, \ldots, x_m)$ zwei Möglichkeiten: Entweder ist $\tau = m$ und

$$P(\tau = M \mid X_i = x_i \text{ für alle } i \leq m) \ = \ 1\{x_m = m\} \frac{m}{n};$$

siehe (4.1). Im Falle von $\tau > m$ können wir τ wie ein Element von $\mathcal{T}_m$ behandeln, da wir auf die ersten m sequentiellen Ränge bedingen, sie also als feste Zahlen betrachten. Wegen der stochastischen Unabhängigkeit von $(X_1, \ldots, X_m)$ und $(X_{m+1}, \ldots, X_n)$ ist hier

$$P(\tau = M \mid X_i = x_i \text{ für alle } i \leq m)$$
$$\leq \max_{\rho \in \mathcal{T}_m} P(\rho = M \mid X_i = x_i \text{ für alle } i \leq m) \;=\; \max_{\rho \in \mathcal{T}_m} P(\rho = M) \;=\; \psi(m).$$

Diese Überlegungen zeigen, dass folgende Stoppregel ρ_{m-1} optimal ist in $\mathcal{T}_{m-1}$:

$$\rho_{m-1} := \begin{cases} \rho_m & \text{falls } X_m < m, \\ m & \text{falls } X_m = m \text{ und } m/n \geq \psi(m), \\ \rho_m & \text{falls } X_m = m \text{ und } m/n < \psi(m). \end{cases}$$

Wegen der Inklusionen $\mathcal{T}_0 \supset \mathcal{T}_1 \supset \cdots \supset \mathcal{T}_{n-1}$ ist $\psi(0) \geq \psi(1) \geq \cdots \geq \psi(n-1)$. Startet man also mit der konstanten Stoppregel $\rho_{n-1} := n$, dann erhält man induktiv die optimale Stoppregel

$$\rho_0 \;=\; \min(\{k > m_* : X_k = k\} \cup \{n\}).$$

Dabei ist m_* die kleinste Zahl aus $\{1, \ldots, n-1\}$, so dass $m_*/n \geq \psi(m_*)$. $\quad\square$

4.3.2 Simulation von Zufallspermutationen

Nun beschreiben wir eine andere Kodierung von Permutationen, die zu einem effizienten Simulationsalgorithmus für Zufallspermutationen führt. Für $\omega \in \mathcal{S}_n$ definieren wir

$$X_n(\omega) := \text{derjenige Index } i \text{ mit } \omega_i = n,$$
$$\omega^{(n-1)} := (\omega_1, \omega_2, \ldots, \omega_{n-1}) \quad \text{nach Vertauschen der}$$
$$\text{Komponenten Nr. } n \text{ und } X_n(\omega) \text{ von } \omega.$$

Die Abbildung $\omega \mapsto (\omega^{(n-1)}, X_n(\omega))$ ist bijektiv von $\mathcal{S}_n$ nach $\mathcal{S}_{n-1} \times \{1, \ldots, n\}$. Vertauscht man nämlich die Komponenten Nr. n und $X_n(\omega)$ von

$$\left(\omega^{(n-1)}, n\right) \;=\; \left(\omega_1^{(n-1)}, \omega_2^{(n-1)}, \ldots, \omega_{n-1}^{(n-1)}, n\right),$$

dann erhält man wieder ω. Mit der neuen Permutation $\omega^{(n-1)}$ verfährt man genauso wie mit ω und erhält eine Zahl $X_{n-1}(\omega) \in \{1, \ldots, n-1\}$ sowie eine Permutation $\omega^{(n-2)} \in \mathcal{S}_{n-2}$. Dies wird fortgesetzt bis wir bei $\omega^{(1)} = (1)$ gelandet sind, und der Vollständigkeit halber definieren wir $X_1(\omega) := 1$. Auf diese Weise erhalten wir eine Bijektion

$$\omega \mapsto X(\omega) := (X_1(\omega), X_2(\omega), \ldots, X_n(\omega))$$

von $\mathcal{S}_n$ nach $\{1\} \times \{1, 2\} \times \cdots \times \{1, \ldots, n\}$.

Wir illustrieren diese Methode an einem Beispiel ω aus $\mathcal{S}_{10}$:

$$
\begin{aligned}
\omega &= (1, \; 6, \; 7, \; 5, \; \mathbf{10}, \; 2, \; 9, \; 4, \; 8, \; 3), & X_{10}(\omega) &= 5, \\
\omega^{(9)} &= (1, \; 6, \; 7, \; 5, \; 3, \; 2, \; \mathbf{9}, \; 4, \; 8), & X_9(\omega) &= 7, \\
\omega^{(8)} &= (1, \; 6, \; 7, \; 5, \; 3, \; 2, \; \mathbf{8}, \; 4), & X_8(\omega) &= 7, \\
\omega^{(7)} &= (1, \; 6, \; \mathbf{7}, \; 5, \; 3, \; 2, \; 4), & X_7(\omega) &= 3, \\
\omega^{(6)} &= (1, \; \mathbf{6}, \; 4, \; 5, \; 3, \; 2), & X_6(\omega) &= 2, \\
\omega^{(5)} &= (1, \; 2, \; 4, \; \mathbf{5}, \; 3), & X_5(\omega) &= 4, \\
\omega^{(4)} &= (1, \; 2, \; \mathbf{4}, \; 3), & X_4(\omega) &= 3, \\
\omega^{(3)} &= (1, \; 2, \; \mathbf{3}), & X_3(\omega) &= 3, \\
\omega^{(2)} &= (1, \; \mathbf{2}), & X_2(\omega) &= 2, \\
\omega^{(1)} &= (\mathbf{1}), & X_1(\omega) &= 1.
\end{aligned}
$$

Die Umkehrabbildung X^{-1} von $\{1\} \times \{1, 2\} \times \cdots \times \{1, \ldots, n\}$ nach $\mathcal{S}_n$ machen wir uns nun zunutze, um ein gegebenes Tupel $z = (z_1, z_2, \ldots, z_n)$ mit beliebigen Einträgen z_i durch eine rein zufällige Permutation $\tilde{z}$ desselben zu ersetzen. Das heißt,

$$
\tilde{z} = (z_{\omega_1}, z_{\omega_2}, \ldots, z_{\omega_n})
$$

für eine rein zufällig gewählte Permutation $\omega \in \mathcal{S}_n$. Tabelle 4.2 enthält Pseudocode eines entsprechenden Programms. Dieses verwendet eine Routine 'rand', die bei jedem Aufruf eine (Pseudo–) Zufallszahl aus $[0, 1]$ übergibt, was in einem späteren Kapitel noch genauer beschrieben wird.

```
Algorithmus z̃ ← RPermute(z)
z̃ ← z
for k ← 2 to n do
      % Erzeuge Zufallszahl aus {1, 2, ..., k}:
      X ← ⌈k · rand⌉
      % Vertausche Komponenten Nr. X und k von z̃:
      (z̃_X, z̃_k) ← (z̃_k, z̃_X)
end for.
```

Tabelle 4.2. Simulation einer Zufallspermutation

4.4 Faltungen

Seien X und Y zwei stochastisch unabhängige Zufallsvariablen auf einem diskreten Wahrscheinlichkeitsraum (Ω, P) mit Werten in $\mathbf{Z}$. Mit $f(x) := P(X = x)$ und $g(y) := P(Y = y)$ für $x, y \in \mathbf{Z}$ gilt für die Summe $X + Y$:

$$P(X + Y = z) = \sum_{x \in \mathbf{Z}} P(X = x, X + Y = z)$$

$$= \sum_{x \in \mathbf{Z}} P(X = x, Y = z - x)$$

$$= \sum_{x \in \mathbf{Z}} P(X = x)P(Y = z - x)$$

$$= \sum_{x \in \mathbf{Z}} f(x)g(z - x)$$

wegen der stochastischen Unabhängigkeit von X und Y. Die Verteilung von $X + Y$ ist also eine Faltung im Sinne der folgenden Definition:

Definition 4.20. *(Faltung diskreter Wahrscheinlichkeitsmaße) Seien Q_1 und Q_2 zwei diskrete Wahrscheinlichkeitsmaße auf $\mathbf{Z}$ mit Gewichtsfunktionen g_1 und g_2, also $g_i(x) = Q_i(\{x\})$. Die Faltung von Q_1 und Q_2 ist definiert als das diskrete Wahrscheinlichkeitsmaß $Q_1 * Q_2$ auf $\mathbf{Z}$ mit Gewichtsfunktion $g_1 * g_2$, wobei*

$$g_1 * g_2 \, (z) \; := \; \sum_{x \in \mathbf{Z}} g_1(x) g_2(z - x).$$

Die Gewichtsfunktion $g_1 * g_2$ selbst nennt man die Faltung von g_1 und g_2.

Beispiel 4.21 (Faltung von Poissonverteilungen) In Definition 4.20 sei $Q_i = \mathrm{Poiss}(\lambda_i)$, also $g_i(x) = \exp(-\lambda_i)\lambda_i^x/x!$ für $x \in \mathbf{N}_0$ und $g_i(x) = 0$ sonst. Dann gilt für $z \in \mathbf{N}_0$:

$$g_1 * g_2 \, (z) = \sum_{x=0}^{z} g_1(x) g_2(z - x)$$

$$= \sum_{x=0}^{z} \exp(-\lambda_1) \frac{\lambda_1^x}{x!} \, \exp(-\lambda_2) \frac{\lambda_2^{z-x}}{(z-x)!}$$

$$= \exp(-(\lambda_1 + \lambda_2)) \frac{1}{z!} \sum_{x=0}^{z} \binom{z}{x} \lambda_1^x \lambda_2^{z-x}$$

$$= \exp(-(\lambda_1 + \lambda_2)) \frac{(\lambda_1 + \lambda_2)^z}{z!}$$

nach der binomischen Formel. Also ist

$$\mathrm{Poiss}(\lambda_1) * \mathrm{Poiss}(\lambda_2) \; = \; \mathrm{Poiss}(\lambda_1 + \lambda_2).$$

In Worten: Die Summe zweier stochastisch unabhängiger, poissonverteilter Zufallsvariablen ist ebenfalls poissonverteilt, und der neue Parameter ist die Summe der beiden Ausgangsparameter.

4.5 Die Laufzeit von 'QuickSort'

Gegeben sei eine Liste $z = (z_1, z_2, \ldots, z_n)$ von reellen Zahlen, die der Größe nach geordnet werden sollen. Der naive Algorithmus 'BubbleSort' berechnet zunächst das Minimum $z_{(1)}$ der Einträge von z. Hierfür benötigt man $n - 1$ Paarvergleiche. Im nächsten Schritt bestimmt man das Minimum $z_{(2)}$ der verbleibenden $n-1$ Einträge mithilfe von $n-2$ Paarvergleichen, und so weiter. Insgesamt stellt man $(n - 1) + (n - 2) + \cdots + 1 = n(n - 1)/2$ Paarvergleiche an.

'QuickSort' ist ein Divide–and–Conquer–Algorithmus zum Sortieren der Liste z. Wir beschreiben hier die Originalversion, die von C.A.R. Hoare (1962) entwickelt wurde. Dabei handelt es sich um einen *randomisierten* Algorithmus. Das heißt, während seines Ablaufs werden zufällige Entscheidungen getroffen. Zunächst wählt man rein zufällig einen Index $J \in \{1, 2, \ldots, n\}$. Dann ersetzt man z durch

$$(z^{(L)}, z_J, z^{(R)}).$$

Dabei ist

$z^{(L)}$: eine Liste mit den Einträgen z_i von z, so dass $z_i < z_J$,

$z^{(R)}$: eine Liste mit den Einträgen z_i von z, so dass $z_i \geq z_J$ und $i \neq J$.

Die Reihenfolge der Einträge in $z^{(L)}$ und $z^{(R)}$ hängt von der speziellen Implementierung dieser Umordnung zusammen. Es kann auch passieren, dass eine der beiden Teillisten keine Einträge hat. Bei der Umordnung werden $n-1$ Einträge z_i $(i \neq J)$ mit dem *Pivotelement* z_J verglichen. Danach steht die Zahl z_J bereits an einer passenden Stelle, und man muss nur noch die Teillisten $z^{(L)}$ und $z^{(R)}$ separat sortieren, sofern sie mehr als ein Element enthalten. Man spart also sämtliche Vergleiche zwischen Zahlen in $z^{(L)}$ mit Zahlen in $z^{(R)}$. Auf diese Weise ergibt sich der in Tabelle 4.3 angegebene rekursive Algorithmus.

Algorithmus $z \leftarrow$ **QuickSort**(z)
$J \leftarrow \lceil \texttt{length}(z) \cdot \texttt{rand} \rceil$
$z \leftarrow (z^{(L)}, z_J, z^{(R)})$
if $\texttt{length}(z^{(L)}) > 1$ **then**
    $z^{(L)} \leftarrow$ **QuickSort**$(z^{(L)})$
end if
if $\texttt{length}(z^{(R)}) > 1$ **then**
    $z^{(R)} \leftarrow$ **QuickSort**$(z^{(R)})$
end if.

Tabelle 4.3. Der Sortieralgorithmus 'QuickSort'

Als Maß für die Laufzeit von QuickSort betrachten wir nun die Anzahl $V(z) = V(z, \omega)$ aller Paarvergleiche, die QuickSort zum Sortieren von z benötigt.

Dies ist eine Zufallsgröße, die einerseits von der zu sortierenden Folge z und andererseits von der zufälligen Auswahl der Pivotelemente bei den einzelnen Umordnungen abhängt. Letztere symbolisieren wir durch ω. Zwei Einträge von z werden höchstens einmal miteinander verglichen, weshalb stets $V(z) \leq n(n-1)/2$.

Als konkretes Beispiel betrachten wir das Tupel

$$z = (17, 6, 23, 4, 19, 56, 58, 28, 14, 43, 62, 32, 46, 11, 36, 41, 33, 51, 26, 50)$$

mit $n = 20$ paarweise verschiedenen Komponenten. Die Abbildungen 4.5 und 4.6 illustrieren zwei Durchläufe von QuickSort, angewandt auf dieses Tupel z. Im oberen Teil werden die notwendigen Umordnungen und verschiedene Zwischenstadien gezeigt. Die entsprechenden Pivotelemente (im ersten Schritt ist das z_J) werden umkringelt. Zahlen, die bereits an ihrer endgültigen Position stehen, werden grau hinterlegt. Im unteren Teil wird die Menge aller Zahlenpaare (z_i, z_j) mit $z_i < z_j$ gezeigt, so dass z_i und z_j irgendwann miteinander verglichen wurden. Insgesamt wurden 70 beziehungsweise 92 Vergleiche angestellt, wohingegen BubbleSort $20 \cdot 19/2 = 190$ Vergleiche benötigt hätte.

Worst–Case–Laufzeit. Schlimmstenfalls ist $V(z) = n(n-1)/2$. Dies passiert, wenn bei jeder Umordnung einer Teilliste ihr kleinstes oder ihr (eindeutig) größtes Element als Pivotelement gewählt wird.

Average–Case–Laufzeit. Nun untersuchen wir die Laufzeit von QuickSort unter der Annahme, dass die Komponenten von z paarweise verschieden sind. Was den Zufallsmechanismus bei den Umordnungen anbelangt, so setzen wir voraus, dass bei jeder Umordnung einer Teilliste $\tilde{z} = (\tilde{z}_1, \ldots, \tilde{z}_{\tilde{n}})$ in $(\tilde{z}^{(L)}, \tilde{z}_{\tilde{J}}, \tilde{z}^{(R)})$ gilt: Für alle $k \subset \{1, \ldots, \tilde{n}\}$ ist

$$P(\tilde{J} = k \mid \text{was bisher geschah}) = \frac{1}{\tilde{n}}.$$

Unter diesen Annahmen hängt die Verteilung von V nicht von der speziellen Folge z sondern nur von ihrer Länge n ab. Das heißt, es gibt universelle Wahrscheinlichkeitsgewichtsfunktionen $f_0, f_1, f_2, \ldots$ auf $\mathbf{Z}$, so dass

$$P(V(z) = x) = f_n(x)$$

für beliebige $x \in \mathbf{Z}$. Dabei ist offensichtlich $f_0(x) = f_1(x) = 1\{x = 0\}$. Um genauere Informationen über f_n zu gewinnen, schreiben wir

$$V(z) = n - 1 + V(z^{(L)}) + V(z^{(R)}).$$

Sind $z_{(1)} < z_{(2)} < \cdots < z_{(n)}$ die der Größe nach geordneten Komponenten von z, dann ist $P(z_J = z_{(k)}) = 1/n$ und

$$P\big(V(z^{(L)}) = x, V(z^{(R)}) = y \mid z_J = z_{(k)}\big) = f_{k-1}(x)f_{n-k}(y)$$

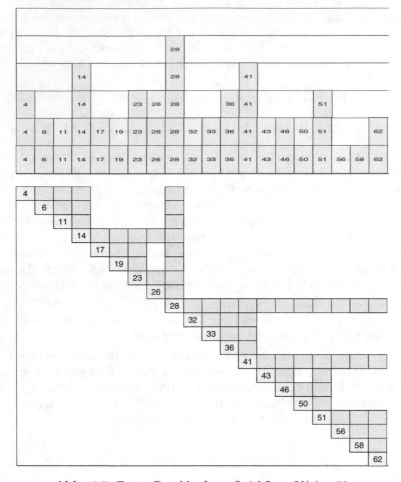

Abb. 4.5. Erster Durchlauf von QuickSort: $V(z) = 70$

für beliebige Zahlen $x, y, \in \mathbf{Z}$ und $1 \le k \le n$. Denn J ist uniform verteilt auf $\{1, \ldots, n\}$, und nach dieser ersten Umordnung werden die beiden Teillisten $z^{(L)}$ und $z^{(R)}$ unabhängig voneinander sortiert. Folglich ist

$$
\begin{aligned}
f_n(x) &= P\big(n - 1 + V(z^{(L)}) + V^{(R)} = x\big) \\
&= \sum_{k=1}^{n} P(z_J = z_{(k)}) P\big(V(z^{(L)}) + V^{(R)} = x - n + 1 \,\big|\, z_J = z_{(k)}\big) \\
&= \frac{1}{n} \sum_{k=1}^{n} f_{k-1} * f_{n-k} \, (x - n + 1).
\end{aligned}
$$

Wir haben also folgendes Resultat hergeleitet:

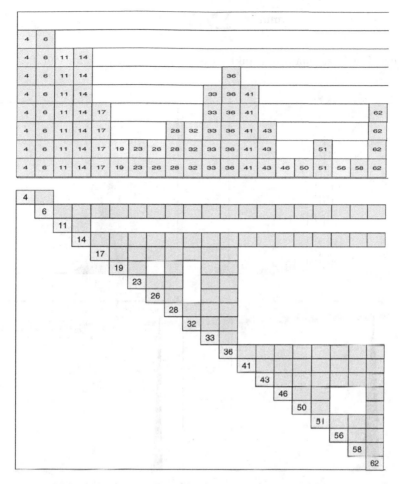

Abb. 4.6. Zweiter Durchlauf von QuickSort: $V(z) = 92$

Theorem 4.22. *Für beliebige Zahlen $x \in \mathbf{Z}$ und natürliche Zahlen $n \geq 2$ ist*

$$f_n(x) \;=\; \frac{1}{n} \sum_{k=1}^{n} f_{k-1} * f_{n-k} \, (x - n + 1),$$

wobei $f_0(x) := f_1(x) = 1\{x = 0\}$.

Mithilfe von Theorem 4.22 kann man die Gewichtsfunktionen $f_2, f_3, f_4, \dots$ induktiv berechnen. Außerhalb der Menge $\{0, 1, \dots, n(n-1)/2\}$ ist f_n gleich Null. Abbildung 4.7 zeigt Stabdiagramme von f_n für $n = 10, 20, 40, 80$. In horizontaler Richtung sind jeweils die Punkte $\min\{x : f_n(x) > 0\}$ und $\max\{x : f_n(x) > 0\} = n(n-1)/2$ sowie

$$\min\Big\{x : \sum_{j \le x} f_n(j) \ge 1/2\Big\}$$

markiert. Der letztgenannte Punkt ist ein sogenannter Median von f_n.

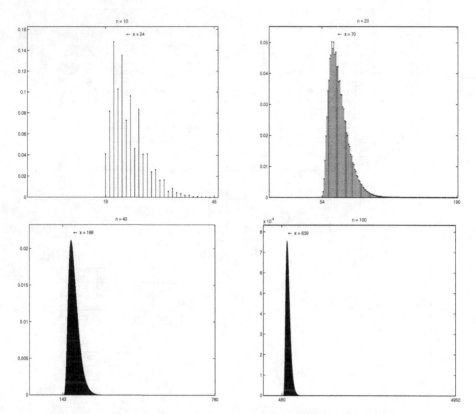

Abb. 4.7. Gewichtsfunktionen f_n für die Laufzeit von QuickSort

Es deutet sich schon an, dass das Hauptgewicht der Verteilung mit Gewichtsfunktion f_n weit links von der Maximalstelle $n(n-1)/2$ liegt. Später werden wir sehen, dass diese Verteilung in der Nähe des Punktes $2n \log n$ konzentriert ist. Ein wichtiges Hilfsmittel wird dabei folgende Gleichung sein:

Theorem 4.23. *Beim Sortieren von z mit QuickSort gilt für beliebige Indizes $1 \le i < j \le n$:*

$$P(z_{(i)} \text{ und } z_{(j)} \text{ werden verglichen}) = \frac{2}{j - i + 1}.$$

Theorem 4.23 macht deutlich, dass bei QuickSort viele Paarvergleiche mit großer Wahrscheinlichkeit vermieden werden. Zwei direkt benachbarte Zahlen

$z_{(i)}$ und $z_{(i+1)}$ werden stets miteinander verglichen. Zwei Zahlen $z_{(i)}$ und $z_{(i+2)}$ werden mit Wahrscheinlichkeit 2/3 verglichen, zwei Zahlen $z_{(i)}$ und $z_{(i+3)}$ nur noch mit Wahrscheinlichkeit $2/4 = 1/2$, und so weiter.

Beweis von Theorem 4.23. Bei der Umordnung von z in $(z^{(L)}, z_J, z^{(R)})$ unterscheiden wir drei Fälle:

(a) $z_J \in \{z_{(i)}, z_{(j)}\}$: Bei der Umordnung werden $z_{(i)}$ und $z_{(j)}$ miteinander verglichen.

(b) $z_{(i)} < z_J < z_{(j)}$: Die Zahl $z_{(i)}$ landet in $z^{(L)}$, die Zahl $z_{(j)}$ landet in $z^{(R)}$, und es findet kein Vergleich zwischen ihnen statt.

(c) $z_J \notin [z_{(i)}, z_{(j)}]$: Die Zahlen $z_{(i)}, \ldots, z_{(j)}$ landen in einer gemeinsamen Teilliste von z. Ein Vergleich zwischen $z_{(i)}$ und $z_{(j)}$ fand noch nicht statt.

In den Fällen (a) und (b) entscheidet sich definitiv, ob i und j jemals verglichen werden. In Fall (c) kann ein Vergleich von $z_{(i)}$ und $z_{(j)}$ noch zu einem späteren Zeitpunkt erfolgen.

In dem Spezialfall, dass $i = 1$ und $j = n$, zeigen diese Überlegungen, dass

$$P(\text{Vergleich von } z_{(i)} \text{ und } z_{(j)}) \;=\; P(z_J \in \{z_{(1)}, z_{(n)}\}) \;=\; \frac{2}{n} \;=\; \frac{2}{j-i+1}.$$

Insbesondere ist die Behauptung im Falle von $n = 2$ wahr.

Angenommen, die Behauptung wurde für Listen mit $\tilde{n} < n$ paarweise verschiedenen Komponenten schon bewiesen. Dann ist

$$P(\text{Vergleich von } z_{(i)} \text{ und } z_{(j)} \mid z_J = z_{(k)}) \;=\; \begin{cases} 1 & \text{falls } k \in \{i, j\}, \\ 0 & \text{falls } i < k < j, \\ \dfrac{2}{j-i+1} & \text{falls } k \notin [i, j]. \end{cases}$$

Folglich ist dann

$$P(\text{Vergleich von } z_{(i)} \text{ und } z_{(j)})$$

$$= \sum_{k=1}^{n} P(z_J = z_{(k)}) P(\text{Vergleich von } z_{(i)} \text{ und } z_{(j)} \mid z_J = z_{(k)})$$

$$= \frac{1}{n} \sum_{k=1}^{n} P(\text{Vergleich von } z_{(i)} \text{ und } z_{(j)} \mid z_J = z_{(k)})$$

$$= \frac{i-1}{n} \cdot \frac{2}{j-i+1} + \frac{2}{n} \cdot 1 + \frac{n-j}{n} \cdot \frac{2}{j-i+1}$$

$$= \frac{n-(j-i+1)}{n} \cdot \frac{2}{j-i+1} + \frac{2}{n}$$

$$= \frac{2}{j-i+1}. \qquad \square$$

Anmerkung 4.24 (deterministische Versionen von QuickSort) Vielfach wird nicht die randomisierte, sondern eine deterministische Variante von Quick-Sort verwendet. Anstelle der zufälligen Komponente z_J wählt man eine feste Komponente $z_{m(n)}$ als Pivotelement. Beispiele für $m(n)$ sind $m(n) = 1$ oder $m(n) = \lfloor (n+1)/2 \rfloor$. In diesen Fällen ist die Laufzeit $\bar{V}(z)$ des Algorithmus bei einer gegebenen Liste z nicht mehr zufällig. Man kann aber nun überlegen, wie sich die Laufzeit $\bar{V}(Z)$ verhält, wenn Z eine rein zufällige Permutation von z ist. Wenn z paarweise verschiedene Komponenten hat, dann ist auch $\bar{V}(Z)$ nach f_n verteilt, und Theorem 4.23 bleibt gültig.

4.6 Übungsaufgaben

Aufgabe 4.1 Sei $\Omega = \{1, 2, 3\}^2$, und die Wahrscheinlichkeiten $P(\{\omega\})$ für $\omega = (\omega_1, \omega_2) \in \Omega$ seien wie folgt:

	$\omega_2 = 1$	$\omega_2 = 2$	$\omega_2 = 3$
$\omega_1 = 1$	0.13	0.16	0.12
$\omega_1 = 2$	0.11	0.16	0.12
$\omega_1 = 3$	0.07	0.08	0.05

Geben Sie nun einen Wertebereich $\mathcal{X}$ und die Gewichtsfunktion $\mathcal{X} \ni x \mapsto P(X = x)$ für folgende Zufallsvariablen X an:

(a) $X(\omega) := \omega_2$

(b) $X(\omega) := \max\{\omega_1, \omega_2\} - \min\{\omega_1, \omega_2\}$

(c) $X(\omega) := \{\omega_1, \omega_2\}$

(d) $X(\omega) := \#\{\omega_1, \omega_2\}$

Aufgabe 4.2 Sei P ein Wahrscheinlichkeitsmaß auf $\Omega = \{1, 2, 3\} \times \{1, 2, 3\}$ mit Gewichtsfunktion f. Nachfolgend werden zwei Beispiele für f in Form einer Matrix $(f(\omega_1, \omega_2))_{\omega_1, \omega_2}$ angegeben. In welchen Fällen sind die Zufallsvariablen $X(\omega) := \omega_1$ und $Y(\omega) := \omega_2$ stochastisch unabhängig?

(a)	1	2	3
1	0.031	0.039	0.030
2	0.093	0.117	0.090
3	0.186	0.234	0.180

(b)	1	2	3
1	0.064	0.080	0.056
2	0.156	0.200	0.144
3	0.096	0.120	0.084

Aufgabe 4.3 Seien X und Y stochastisch unabhängige Zufallsvariablen auf (Ω, P) mit Werten in $\{1, 2, 3, 4\}$ und folgenden Verteilungen:

z	1	2	3	4
$P(X = z)$	0.20	0.36	0.26	0.18
$P(Y = z)$	0.15	0.26	0.37	0.22

Wie groß sind $P(X = Y)$ und $P(X \leq Y)$?

Aufgabe 4.4 Ein idealer Würfel wird dreimal geworfen und zeigt die Augenzahlen ω_1, ω_2, ω_3. Diese drei Zahlen werden der Größe nach geordnet, und man erhält so das Tupel $Y(\omega_1, \omega_2, \omega_3)$. Bestimmen Sie Wertebereich und Verteilung dieser Zufallsvariable Y.

Hinweis: Man kann den Wertebereich von Y in drei Teilmengen unterteilen, innerhalb derer alle Tripel die gleiche Wahrscheinlichkeit haben.

Aufgabe 4.5 Sei P die Laplace-Verteilung auf der Menge $\Omega = \{1, 2, \ldots, 6\}^2$. Berechnen und zeichnen Sie die *Verteilungsfunktion*

$$\mathbf{R} \ni r \;\mapsto\; F(r) := P(X \leq r)$$

für die Zufallsvariable $X : \Omega \to \mathbf{R}$ mit $X(\omega) := \omega_1 - \omega_2$.

Aufgabe 4.6 Sei P die uniforme Verteilung auf $\mathcal{S}_n(\{1, 2, \ldots, N\})$. Für $\omega = (\omega_1, \omega_2, \ldots, \omega_n)$ sei $T(\omega) := \max\{\omega_1, \omega_2, \ldots, \omega_n\}$. Berechnen Sie

$$P(T \leq m) \quad \text{und} \quad P(T = m)$$

für $m \in \{1, 2, \ldots, N\}$. Stellen Sie diese Wahrscheinlichkeiten graphisch dar für $n = 3$ und $N = 10$.

Aufgabe 4.7 Zeigen Sie, dass

$$\mathrm{Hyp}(N, L, n) \;=\; \mathrm{Hyp}(N, n, L).$$

Hinweis: Man kann hier elementar mit Binomialkoeffizienten rechnen. Es gibt aber auch interessante kombinatorische Argumente ...

Aufgabe 4.8 Es wurde bereits angemerkt, dass zwischen Stichprobenziehen mit und ohne Zurücklegen kein großer Unterschied besteht, wenn der Stichprobenumfang n klein ist im Vergleich zur Populationsgröße $N = \#\mathcal{M}$. Dies soll nun präzisiert werden. Beim Stichprobenziehen *mit* Zurücklegen ist

$$\frac{[N]_n}{N^n}$$

die Wahrscheinlichkeit dafür, dass alle n Stichprobenelemente verschieden sind; siehe Aufgabe 2.7. Zeigen Sie nun, dass

$$\max\left(1 - \frac{n(n-1)}{2N}, 0\right) \;\leq\; \frac{[N]_n}{N^n} \;\leq\; \exp\left(-\frac{n(n-1)}{2N}\right).$$

Hinweis: Für $x > -1$ ist $\log(1 + x) \leq x$.

Stellen Sie die besagte Wahrscheinlichkeit und die beiden Schranken für $n = 50$ und $N \in \{50, 51, \ldots, 5000\}$ graphisch dar.

Aufgabe 4.9 Bei einer Klausur werden 18 Multiple-Choice-Fragen mit jeweils vier angebotenen Antworten gestellt, von denen genau eine richtig ist. Zum Bestehen der Klausur benötigt man mindestens 11 richtige Antworten. Mit welcher Wahrscheinlichkeit besteht ein Student, welcher

(a) bei jeder Frage rein zufällig eine der vier Antworten ankreuzt ?

(b) bei jeder Frage einen der vier Vorschläge als falsch erkennt und rein zufällig eine der übrigen Antworten auswählt ?

(c) bei jeder Frage zwei der vier Vorschläge als falsch erkennt und rein zufällig eine der übrigen Antworten auswählt ?

Aufgabe 4.10 Sei f die Gewichtsfunktion von $\mathrm{Bin}(n,p)$, also

$$f(k) \;=\; \binom{n}{k} p^k (1-p)^{n-k} \quad \text{für } k \in \{0,1,\dots,n\}$$

für $0 \le k \le n$. Zeigen Sie, dass es eine Zahl $x_o \in \{0,1,\dots,n\}$ gibt, so dass f monoton wachsend auf $\{0,\dots,x_o\}$ und monoton fallend auf $\{x_o,\dots,n\}$ ist. Bestimmen Sie alle Maximalstellen von f.

Aufgabe 4.11 ("Runs") In manchen Anwendungen möchte man testen, ob eine Bitfolge $\omega = (\omega_1,\dots,\omega_n) \in \{0,1\}^n$ "rein zufällig" zustandekam oder nicht. Eine Kenngröße, mit der man quantifizieren kann, ob die Nullen und Einsen sehr gleichmässig verteilt sind oder eher in wenigen Gruppen (runs) vorkommen, ist die Zahl

$$T(\omega) \;:=\; \#\{i \in \{2,\dots,n\} : \omega_{i-1} \neq \omega_i\}.$$

Beispielsweise ist $T((1,1,1,1,0,0,0,0)) = 1$ und $T((1,0,1,0,1,0,1,0)) = 7$.

(a) Nun sei P die Laplace-Verteilung auf $\{0,1\}^n$. Zeigen Sie, dass

$$P(T = \ell) \;=\; 2^{1-n} \binom{n-1}{\ell}.$$

(b) Erzeugen Sie selbst auf einem Zettel eine "rein zufällige" 0-1-Folge ω der Länge $n = 50$. Berechnen Sie hierfür den Wert $T(\omega)$.

(c) Ein kritischer Betrachter einer Folge ω könnte den sogenannten P-Wert

$$\pi(\omega) \;:=\; \sum_{\ell=T(\omega)}^{n-1} 2^{1-n} \binom{n-1}{\ell}$$

ausrechnen. Im Falle von $\pi(\omega) \le 0.1$ würde er mit einer Sicherheit von 90% behaupten, dass die Folge ω nicht zufällig zustande kam. Anderenfalls würde er keine Aussage über ω wagen. Zu welchem Ergebnis käme er bei Ihrer Folge ω?

Aufgabe 4.12 (mehr über Runs)

(a) Begründen Sie, warum es genau $\binom{s-1}{\ell-1}$ Tupel $(m_1, m_2, \dots, m_\ell)$ von natürlichen Zahlen m_i mit $m_1 + m_2 + \dots + m_\ell = s$ gibt.

(b) Wir betrachten das gleiche Problem wie in Aufgabe 4.11, doch diesmal mit der Laplace-Verteilung P auf

$$\Big\{\omega \in \{0,1\} : \sum_{i=1}^{n} \omega_i = k\Big\},$$

wobei $1 \le k < n$. Berechnen Sie $P(T = \ell)$. (Für gerades und ungerades ℓ erhält man unterschiedliche Formeln.)

Aufgabe 4.13 (Faltungen). Seien X_1, X_2, X_3 stochastisch unabhängige Zufallsvariablen mit folgender Verteilung:

x	0	1	2
$P(X_i = x)$	0.3	0.5	0.2

Bestimmen Sie die Verteilung (Gewichtsfunktion) von $X_1 + X_2 + X_3$.

Aufgabe 4.14 Seien T_1 und T_2 stochastisch unabhängige Zufallsvariablen mit Verteilung Geom(p), wobei $0 < p \le 1$.
(a) Berechnen Sie die Wahrscheinlichkeit, dass $T_1 > \ell T_2$, wobei $\ell \in \mathbf{N}$. Welchen Grenzwert hat diese Wahrscheinlichkeit für $p \downarrow 0$?
(b) Berechnen Sie $P(T_1 = k \,|\, T_1 + T_2 = s)$ für $k, s \in \mathbf{N}$.
(c) Zeigen Sie, dass auch $\widetilde{T} := \min\{T_1, T_2\}$ geometrisch verteilt ist mit Parameter

$$\widetilde{p} := 2p - p^2.$$

(d) Verallgemeinern Sie die Ergebnisse von Teil (a–c) auf den Fall, dass T_i nach Geom(p_i) verteilt ist.

Aufgabe 4.15 (Negative Binomialverteilungen)   Die geometrische Verteilung beschreibt eine zufällige Wartezeit. Dies wird nun verallgemeinert: Sei $(X_i)_{i=1}^{\infty}$ eine unendliche Bernoullifolge mit Parameter $p = P(X_i = 1) = 1 - P(X_i = 0)$. Für $m \in \mathbf{N}$ sei

$$T_m := \min\Big\{k \in \mathbf{N} : \sum_{i=1}^{k} X_i = m\Big\},$$

also derjenige Zeitpunkt k an welchem zum m-ten Male X_k gleich Eins ist. Zeigen Sie, dass

$$P(X_m = k) = \binom{k-1}{m-1}(1-p)^{k-m}p^m \quad \text{für } k \in \mathbf{N}, k \ge m.$$

Die Verteilung von X_m ist die *Negative Binomialverteilung mit Parametern* m und p.

Aufgabe 4.16 In Abschnitt 4.3.1 betrachteten wir die Abbildung $\omega \mapsto X(\omega) = (X_1(\omega), X_2(\omega), \ldots, X_n(\omega))$ von $\mathcal{S}_n$ in die Menge $\{1\} \times \{1,2\} \times \cdots \times \{1, \ldots, n\}$, wobei

$$X_k(\omega) := \#\{i \le k : \omega_i \le \omega_k\}.$$

(a) Berechnen Sie $X(\omega)$ jeweils für

$$\omega = (9, 2, 16, 8, 11, 7, 17, 12, 10, 3, 13, 15, 14, 4, 1, 5, 18, 6),$$
$$\omega = (6, 5, 9, 18, 16, 3, 15, 1, 2, 14, 7, 8, 10, 12, 13, 11, 4, 17).$$

(b) Beschreiben Sie einen Algorithmus, mit dessen Hilfe man ω aus $X(\omega)$ rekonstruieren kann. (Die Existenz eines solchen Algorithmus beweist die Bijektivität von X.) Rekonstruieren Sie ω in folgenden Fällen:

$$X(\omega) = (1, 1, 2, 1, 4, 3, 7, 7, 6, 5, 10, 10, 9, 12, 10, 6, 5, 7),$$
$$X(\omega) = (1, 2, 3, 3, 4, 2, 3, 7, 7, 5, 7, 10, 1, 9, 1, 7, 6, 16).$$

Aufgabe 4.17 Betrachten Sie das "Sekretärinnen-Problem" mit $n = 4$ Objekten. Geben Sie eine Stoppregel τ bez. der sequentiellen Ränge X_1, X_2, X_3, X_4 an, so dass man mit einer Wahrscheinlichkeit von mehr als 50 % das beste *oder zweitbeste* Objekt wählt.

Aufgabe 4.18 Angenommen Sie wählen rein zufällig eine Menge $M \subset \{1, 2, \ldots, N\}$ mit genau n Elementen ($1 \le n < N$). Für $1 \le i \le N$ sei

$$X_i := \begin{cases} 1 \text{ falls } i \in M, \\ 0 \text{ falls } i \notin M. \end{cases}$$

(a) Wie groß ist die Wahrscheinlichkeit, dass $X_i = 1$.

(b) Wie groß ist für $k < N$ und $x_1, \ldots, x_k \in \{0, 1\}$ die bedingte Wahrscheinlichkeit

$$P\big(X_{k+1} = 1 \,\big|\, X_i = x_i \text{ für alle } i \le k\big)?$$

(Diese bedingte Wahrscheinlichkeit hängt nur von N, n, k und $\sum_{i=1}^{k} x_i$ ab.)

Aufgabe 4.19 (a) Seien $Y_1, Y_2, \ldots, Y_n$ stochastisch unabhängige Zufallsvariablen mit

$$P(Y_i = 1) = 1 - P(Y_i = 0) = \frac{1}{i}.$$

Schreiben Sie ein Programm, welches induktiv für $k = 1, 2, \ldots, n$ die Gewichtsfunktion $f_k : \{0, 1, \ldots, k\} \to [0, 1]$ der Zufallsvariable $Z_k := \sum_{i=1}^{k} Y_i$ berechnet. ($f_k(z) = P(Z_k = z)$.) Stellen Sie die Gewichtsfunktionen f_{10}, f_{30}, f_{90} graphisch dar.

Hinweis: Man kann schreiben $Z_{k+1} = Z_k + Y_{k+1}$, und die Zufallsvariablen Z_k, Y_{k+1} sind stochastisch unabhängig.

(b) Sei P die Laplaceverteilung auf der Permutationsmenge $\mathcal{S}_n$. Für $\omega \in \mathcal{S}_n$ sei $Z(\omega)$ die Zahl aller Indizes k mit der Eigenschaft, dass $\omega_i < \omega_k$ für alle $i < k$. (Im Zusammenhang mit dem Sekretärinnenproblem ist Z die die Anzahl aller Objekte, die besser sind als all ihre Vorgänger.)

Begründen Sie, weshalb Z genauso verteilt ist wie Z_n in Teil (a).

Aufgabe 4.20 (Simulation zufälliger Teilmengen). Sei M eine rein zufällige Teilmenge von $\{1, 2, \ldots, N\}$ mit genau n Elementen. Diese kann man durch das Tupel $X = (X_1, \ldots, X_N) \in \{0, 1\}^N$ mit

$$X_j := 1\{j \in M\}$$

kodieren. Wie in Aufgabe 4.18 gezeigt wurde, ist $P(X_1 = 1) = n/N$ und

$$P\big(X_j = 1 \,\big|\, X_1 = x_1, \ldots, X_{j-1} = x_{j-1}\big) = \frac{n - \sum_{i=1}^{j-1} x_i}{N - j + 1}$$

für $1 < j \leq N$ und sinnvolle Werte $x_1, \ldots, x_{j-1} \in \{0, 1\}$.

(a) Schreiben Sie ein Programm für die Simulation der Zufallsmenge M beziehungsweise des Tupels X, worin der Computer induktiv für $j = 1, 2, \ldots, N$ durch einen "Münzwurf" entscheidet, ob X_j gleich Eins ist oder nicht. Verwenden Sie dabei eine Funktion 'rand', die bei jedem Aufruf eine Pseudozufallszahl aus $[0, 1]$ übergibt. Mit $1\{\text{'rand'} \leq p\}$ erhalten Sie für beliebige Werte $p \in [0, 1]$ eine Pseudozufallszahl, die unabhängig vom bisherigen Geschehen mit Wahrscheinlichkeit p gleich Eins und sonst gleich Null ist.

(b) Obwohl jede n–elementige Teilmenge von $\{1, 2, \ldots, N\}$ mit gleicher Wahrscheinlichkeit auftritt, empfindet man Mengen, die viele aufeinanderfolgende Zahlen enthalten, als "weniger zufällig". Diese Eigenschaft quantifizieren wir nun durch die Zahl

$$T(M) := \max\big\{k : k \text{ aufeinanderfolgende Zahlen gehören zu } M\big\}.$$

Explizite Formeln für $f(k) := P(T(M) = k)$ sind schwierig zu finden. Ein möglicher Ausweg sind *Monte–Carlo–Schätzer*: Man simuliert zufällige n–elementige Teilmengen $M^{(1)}, M^{(2)}, \ldots, M^{(s)}$ von $\{1, 2, \ldots, N\}$ und berechnet

$$\widehat{f}(k) := \frac{\#\{\ell \leq s : T(M^{(\ell)}) = k\}}{s}$$

als Schätzwert für $f(k)$.

Führen Sie dieses Programm durch für $n = 15, N = 30$ und $s = 5000$. Stellen Sie $\widehat{f}$ graphisch dar.

(Um ein Gefühl für die Präzision von Monte–Carlo–Schätzern zu bekommen, sollten Sie $\widehat{f}$ für mehrere Durchläufe betrachten. Variieren Sie auch die Zahl s der Simulationen.)

Aufgabe 4.21 Ein Tupel von 20 verschiedenen Zahlen wurde mithilfe von (Randomized) QuickSort sortiert. Dabei fanden folgende Paarvergleiche statt:

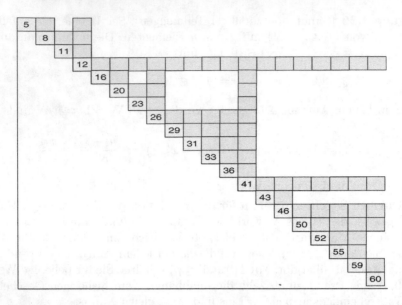

Skizzieren Sie einen *möglichen* Verlauf des Algorithmus. Wichtig ist die Abfolge der Pivotelemente.

5

Statistische Anwendungen: Konfidenzbereiche

In vielen Anwendungen ist man an einem *unbekannten Parameter* θ_* in einer vorgegebenen Menge Θ, dem sogenannten *Parameterraum*, interessiert. Um etwas über θ_* zu erfahren, ermittelt man Daten oder Messwerte $X \in \mathcal{X}$. Im Idealfall besteht zwischen dem Parameter θ_* und den Daten X ein deterministischer Zusammenhang, so dass man mithilfe von X präzise Aussagen über θ_* ableiten kann. Doch in der Regel sind die Daten fehlerbehaftet, und man kann über θ_* nur vage Aussagen machen. Bei statistischen Auswertungen betrachten wir die konkret vorhandenen Daten als Realisation $X(\omega)$ einer $\mathcal{X}$-wertigen Zufallsvariable X auf einem diskreten Wahrscheinlichkeitsraum (Ω, P). Wir nehmen an, dass die Verteilung von X in bekannter Weise von dem Parameter θ_* abhängt. Das heißt, für jeden hypothetischen Wert $\theta \in \Theta$ von θ_* und jede Menge $B \subset \mathcal{X}$ kennen wir die Wahrscheinlichkeit $P(X \in B)$. Um zu verdeutlichen, mit welchem hypothetischen Wert wir gerade rechnen, schreiben wir $P_\theta(X \in B)$.

Beispiel 5.1 (Wahlprognosen) Im Vorfeld einer Wahl möchte man wissen, wie die momentanen Aussichten der Partei ABC sind. Hierzu werden n Wahlberechtigte befragt. Sei $X \in \{0, 1, \ldots, n\}$ die Zahl der Befragten, welche angeben, Partei ABC zu wählen. Mithilfe von X möchte man Rückschlüsse auf den unbekannten relativen Anteil $p_* \in [0, 1]$ von ABC–Wählern unter allen Wahlberechtigten ziehen. Gehen wir davon aus, dass der Stichprobenumfang n klein ist im Vergleich zur Größe der Grundgesamtheit, dann können wir X als binomialverteilte Zufallsvariable mit Parametern n und p_* betrachten. Also ist

$$P_p(X = k) = \binom{n}{k} p^k (1-p)^{n-k} \tag{5.1}$$

für $k = 0, 1, \ldots, n$ und $p \in [0, 1]$. Ein naheliegender Schätzwert für p_* ist $\widehat{p} = X/n$. Wie präzise diese Schätzung ist, werden wir noch in späteren Kapiteln untersuchen. In diesem Abschnitt möchten wir den Parameter p_* mit einer gewissen Sicherheit eingrenzen.

Beispiel 5.2 (Qualitätskontrolle, Bspl. 4.10) Bei der Produktion eines Massenartikels sei p_* die unbekannte Ausschussrate. Um sicherzustellen, dass diese nicht zu hoch ist, untersucht man n kürzlich produzierte Artikel und bestimmt die Zahl X der fehlerhaften Stücke in dieser Stichprobe. Auch hier betrachten wir X als binomialverteilte Zufallsvariable mit Parametern n und p_* und verwenden (5.1).

5.1 Konfidenzbereiche

In Abhängigkeit von den Daten $X \in \mathcal{X}$ möchten wir eine Menge $C(X)$ von plausiblen Werten für θ_* angeben.

Definition 5.3. *(Konfidenzbereich)   Ein Konfidenzbereich (Vertrauensbereich) für θ_* ist eine Abbildung $C : \mathcal{X} \to \mathcal{P}(\Theta)$. Angenommen für eine Zahl $\alpha \in {]0, 1[}$ und beliebige Parameter $\theta \in \Theta$ gilt die Ungleichung*

$$P_\theta(\theta \in C(X)) \geq 1 - \alpha. \tag{5.2}$$

Dann nennt man C einen Konfidenzbereich mit Konfidenzniveau $1 - \alpha$ (kurz: $(1 - \alpha)$-Konfidenzbereich) für θ_*.

Ist C ein Konfidenzbereich für θ_* mit Konfidenzniveau $1 - \alpha$, dann kann man mit einer Sicherheit von $1 - \alpha$ behaupten, dass $\theta_* \in C(X)$. Wir sprechen hier bewusst von "Sicherheit" anstelle von "Wahrscheinlichkeit". Denn bei einer einzelnen Anwendung mit gegebenen Daten X ist die Behauptung, dass $\theta_* \in C(X)$, schlichtweg richtig oder falsch. Wenn man aber in beliebig *vielen* Anwendungen jeweils einen $(1 - \alpha)$-Konfidenzbereich für einen unbekannten Parameter angibt, dann macht man auf lange Sicht in mindestens $(1 - \alpha) \cdot 100$ Prozent aller Fälle eine korrekte Aussage. Die Zahl α ist eine obere Schranke für das Risiko einer falschen Behauptung. Als Standardwert hat sich $\alpha = 0.05$ durchgesetzt.

Konstruktion von Konfidenzbereichen allgemein

Um einen Vertrauensbereich mit Konfidenzniveau $1 - \alpha$ zu konstruieren, ändern wir vorübergehend unseren Blickwinkel und betrachten "Akzeptanzmengen". Für einen Konfidenzbereich $C : \mathcal{X} \to \mathcal{P}(\Theta)$ und $\theta \in \Theta$ sei

$$A_\theta := \{x \in \mathcal{X} : \theta \in C(x)\}.$$

Dies ist die Menge aller Beobachtungen $x \in \mathcal{X}$, so dass wir θ als Kandidaten für θ_* akzeptieren. Die Forderung (5.2) ist dann gleichbedeutend mit

$$P_\theta(X \in A_\theta) \geq 1 - \alpha. \tag{5.3}$$

Umgekehrt sei für jeden Parameter $\theta \in \Theta$ eine Akzeptanzmenge $A_\theta \subset \mathcal{X}$ gegeben, so dass (5.3) erfüllt ist. Dann definiert

$$C(x) := \{\theta \in \Theta : x \in A_\theta\}$$

einen $(1-\alpha)$–Konfidenzbereich für θ_*. Abbildung 5.1 verdeutlicht den Zusammenhang zwischen Konfidenzbereichen und Akzeptanzmengen.

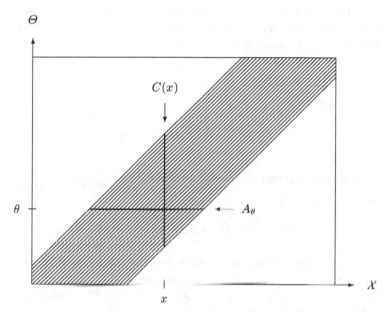

Abb. 5.1. Ein Konfidenzbereich C und seine Akzeptanzmengen A_θ

Konstruktion von Konfidenzbereichen

Wie man die Akzeptanzmengen A_θ festlegt, hängt von der konkreten Zielsetzung ab. Angenommen der Wertebereich $\mathcal{X}$ ist abzählbar. Für $\theta \in \Theta$ und $x \in \mathcal{X}$ sei

$$f_\theta(x) := P_\theta(X = x).$$

Nun könnte man versuchen, eine Menge A_θ mit möglichst wenigen Elementen zu wählen, so dass noch (5.3) erfüllt ist. Zu diesem Zweck sei $\mathcal{X} = \{x_1, x_2, x_3, \ldots\}$ mit Punkten $x_i = x_{i,\theta}$, so dass $f_\theta(x_1) \geq f_\theta(x_2) \geq f_\theta(x_3) \geq \cdots$. Ist nun $k = k_{\theta,\alpha}$ die kleinstmögliche Zahl, so dass $\sum_{i=1}^{k} f_\theta(x_i) \geq 1-\alpha$, dann ist $A_\theta := \{x_1, \ldots, x_k\}$ eine Menge mit der gewünschten Eigenschaft. Diese Konstruktionsmethode wurde im Zusammenhang mit Binomialverteilungen von Sterne (1954) vorgeschlagen. Die konkrete Berechnung des entsprechenden

Konfidenzbereichs C ist aber recht kompliziert. Im Folgenden konzentrieren wir uns auf andere Methoden.

Angenommen, der Wertebereich $\mathcal{X}$ ist eine Teilmenge von $\mathbf{Z}$ und der Parameterraum Θ eine Teilmenge von $\mathbf{R}$. Nun könnte man zu jedem $\theta \in \Theta$ eine möglichst kleine Zahl festlegen, so dass noch

$$P_\theta(X \le c_{\theta,\alpha}) \ge 1 - \alpha.$$

Dann erfüllt $A_\theta := \{x \in \mathcal{X} : x \le c_{\theta,\alpha}\}$ die Bedingung (5.3), und das Komplement von A_θ besteht aus allen Punkten, die wir bezüglich θ für "verdächtig groß" halten. Mit der Verteilungsfunktion $F_\theta : \mathbf{Z} \to [0,1]$,

$$F_\theta(c) := P_\theta(X \le c),$$

kann man schreiben

$$c_{\theta,\alpha} = \min\{c \in \mathbf{Z} : F_\theta(c) \ge 1 - \alpha\},$$

und

$$x \in A_\theta \quad \text{genau dann, wenn} \quad F_\theta(x - 1) < 1 - \alpha.$$

Dies ergibt den $(1 - \alpha)$–Konfidenzbereich C_α mit

$$C_\alpha(x) = \{\theta \in \Theta : F_\theta(x - 1) < 1 - \alpha\}.$$

Angenommen es besteht folgender Zusammenhang zwischen θ_* und X: Je größer oder kleiner θ_* ist, desto größer bzw. kleiner sind tendenziell die Werte von X. Genauer gesagt, für jede ganze Zahl c sei $\Theta \ni \theta \mapsto F_\theta(c)$ monoton fallend. Dann ist $C_\alpha(x)$ von der Form

$$\{\theta \in \Theta : \theta > a_\alpha(x)\} \quad \text{oder} \quad \{\theta \in \Theta : \theta \ge a_\alpha(x)\}$$

für eine Schranke $a_\alpha(x)$. Wir erhalten also eine sogenannte *untere* $(1 - \alpha)$–*Konfidenzschranke* für θ_*.

Analog kann mit "verdächtig kleinen" Werten arbeiten. Mit

$$\bar{F}_\theta(c) := P_\theta(X \ge c) = 1 - F_\theta(c - 1)$$

und

$$\bar{c}_{\theta,\alpha} := \max\{c : \bar{F}_\theta(c) \ge 1 - \alpha\} = \max\{c : F_\theta(c - 1) \le \alpha\}$$

betrachten wir einen Wert x als verdächtig klein bezüglich θ, falls $x < \bar{c}_{\theta,\alpha}$. Letztere Ungleichung ist äquivalent zu $F_\theta(x) \le \alpha$. Dies liefert uns den Konfidenzbereich

$$\bar{C}_\alpha(x) := \{\theta \in \Theta : F_\theta(x) > \alpha\}.$$

Unter der obigen Monotoniebedingung ist $\bar{C}_\alpha(x)$ von der Form $\{\theta \in \Theta : \theta < b_\alpha(x)\}$ oder $\{\theta \in \Theta : \theta \le b_\alpha(x)\}$, liefert also eine *obere* $(1-\alpha)$-*Konfidenzschranke für* θ_*.

Man kann auch beide Konfidenzbereiche kombinieren und $C_{\alpha/2}(x) \cap \bar{C}_{\alpha/2}(x)$ verwenden. Auch hier wird das Konfidenzniveau $1 - \alpha$ eingehalten, denn

$$P_\theta \left(\theta \notin C_{\alpha/2}(X) \cap \bar{C}_{\alpha/2}(X) \right)$$
$$\le P_\theta(\theta \notin C_{\alpha/2}(X)) + P_\theta(\theta \notin \bar{C}_{\alpha/2}(X)) \le \alpha/2 + \alpha/2 = \alpha.$$

Unter unserer Monotoniebedingung liefert dies das $(1-\alpha)$-*Konfidenzintervall*

$$[a_{\alpha/2}(X), b_{\alpha/2}(X)]$$

für θ_*. Diese Methode wurde von Clopper und Pearson (1934) eingeführt.

Wenn die Abbildung $\Theta \ni \theta \mapsto F_\theta(c)$ für jedes z monoton wachsend ist, dann ergibt sich aus C_α und $\bar{C}_\alpha$ eine obere bzw. untere Konfidenzschranke für θ_*.

5.2 Konfidenzschranken für Binomialparameter

Nun wenden wir die eben beschriebenen Rezepte auf Binomialverteilungen an. Wir betrachten also einen unbekannten Parameter $p_* \in [0,1]$, und

$$F_p(c) = F_{n,p}(c) = \sum_{k=0}^{c} \binom{n}{k} p^k (1-p)^{n-k}$$

für c aus $\mathcal{X} := \{0, 1, \ldots, n\}$. Zunächst zur Monotonie von $p \mapsto F_{n,p}(c)$:

Lemma 5.4. *Für* $c \in \{0, \ldots, n-1\}$ *ist die Funktion*

$$[0,1] \ni p \mapsto F_{n,p}(c)$$

stetig und streng monoton fallend mit $F_{n,0}(c) = 1$ *und* $F_{n,1}(c) = 0$.

Zur Illustration von Lemma 5.4 zeigen wir in Abbildung 5.2 die Funktionen $p \mapsto F_{n,p}(c)$ für $n = 20$ und $c = 0, 1, \ldots, 20$.

Beweis von Lemma 5.4. Die konkrete Formel für $F_{n,p}(c)$ zeigt, dass es ein Polynom n-ter Ordnung und somit stetig in p ist. Dass $F_{n,0}(c) = 1$ und $F_{n,1}(c) = 0$, sieht man schnell durch Einsetzen. Die strikte Monotonie von $p \mapsto F_{n,p}(c)$ beweisen wir, indem wir zeigen, dass die Ableitung $dF_{n,p}(c)/dp$ für $0 < p < 1$ strikt negativ ist:

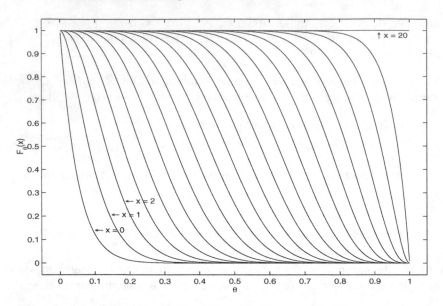

Abb. 5.2. Die Funktionen $[0,1] \ni p \mapsto F_{n,p}(c)$

$$\frac{dF_{n,p}(c)}{dp} = \sum_{k=0}^{c} \binom{n}{k} \frac{d}{dp} p^k (1-p)^{n-k}$$

$$= \sum_{k=0}^{c} \binom{n}{k} \left(kp^{k-1}(1-p)^{n-k} - p^k(n-k)(1-p)^{n-k-1} \right)$$

$$= \sum_{k=1}^{c} k\binom{n}{k} p^{k-1}(1-p)^{n-k} - \sum_{k=0}^{c}(n-k)\binom{n}{k} p^k (1-p)^{n-k-1}$$

$$= \sum_{\ell=0}^{c-1} n\binom{n-1}{\ell} p^\ell (1-p)^{n-1-\ell} - \sum_{k=0}^{c} n\binom{n-1}{k} p^k (1-p)^{n-1-k}$$

$$= -n\binom{n-1}{c} p^c (1-p)^{n-1-c}$$

$$< 0. \qquad \square$$

Aus Lemma 5.4 ergibt sich für $1 \le x \le n$ die Formel

$$C_\alpha(x) = \,]a_\alpha(x), 1].$$

Dabei ist $a_\alpha(x)$ die eindeutig bestimmte Zahl aus $]0,1[$ mit der Eigenschaft, dass $F_{n,a_\alpha(x)}(x-1) = 1 - \alpha$. Für $0 \le x < n$ ist

$$\bar{C}_\alpha(x) = [0, b_\alpha(x)[$$

mit der eindeutig bestimmten Zahl $b_\alpha(x)$ aus $]0,1[$, so dass $F_{n,b_\alpha(x)}(x) = \alpha$. Bleibt noch zu erwähnen, dass $C_\alpha(0) = \bar{C}_\alpha(n) = [0,1]$. Nun zwei Zahlenbeispiele:

Forts. von Beispiel 5.1 (Wahlprognosen) Angenommen wir befragen $n = 20$ Personen und möchten p_* mit einer Sicherheit von 90% nach unten abschätzen. Zu diesem Zweck berechnen wir $C_{0.1}(X)$. Nun seien $X = 5$ ABC–Wähler in der Stichprobe. Abbildung 5.3 zeigt die Funktion $p \mapsto F_{20,p}(4)$ und die resultierende Schranke $a_{0.1}(5) \approx 0.1269$. Mit einer Sicherheit von 90% behaupten wir also, dass der Wähleranteil von Partei ABC mindestens 0.1269 beträgt.

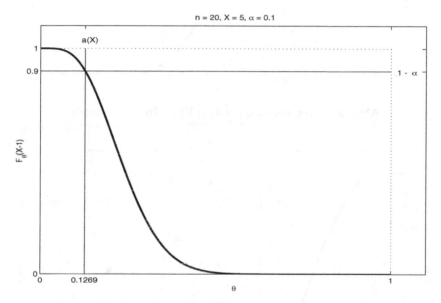

Abb. 5.3. Konstruktion von $a_{0.1}(X)$ im Binomialmodell

Im Falle von $X = 11$ ergibt sich $a(11) \approx 0.3847$; siehe Abbildung 5.4.

Angenommen, wir möchten p_* mit einer Sicherheit von 90% nach oben abschätzen. Dazu benötigen wir $\bar{C}_{0.1}(X)$, betrachten also die Funktion $p \mapsto F_{20,p}(X)$. Für $X = 5$ beziehungsweise $X = 11$ erhält man die oberen Schranken $b(5) \approx 0.4149$ und $b(11) \approx 0.7071$ für p_*; siehe Abbildung 5.5 und 5.6.

Forts. von Beispiel 5.2 (Qualitätskontrolle) Angenommen wir möchten die Ausschussrate p_* nach oben abschätzen. Wenn von den n untersuchten Artikeln keiner defekt war, ergibt sich der Konfidenzbereich

$$\bar{C}_\alpha(0) = \{p \in [0,1] : F_{n,p}(0) > \alpha\}$$
$$= \{p \in [0,1] : (1-p)^n > \alpha\}$$

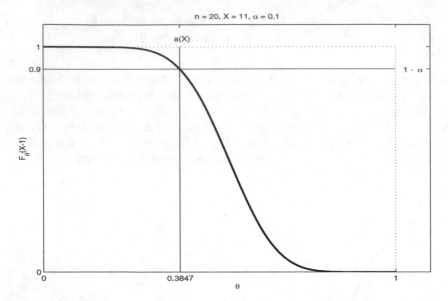

Abb. 5.4. Konstruktion von $a_{0.1}(X)$ im Binomialmodell

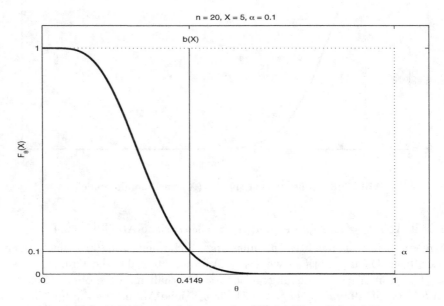

Abb. 5.5. Konstruktion von $b_{0.1}(X)$ im Binomialmodell

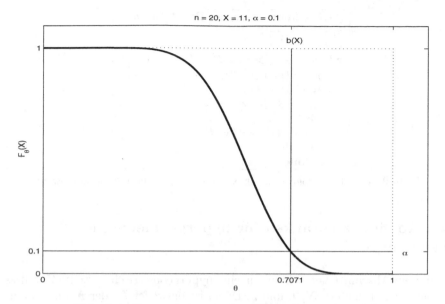

Abb. 5.6. Konstruktion von $b_{0.1}(X)$ im Binomialmodell

$$= \left[0, 1 - \alpha^{1/n}\right[.$$

Man kann also mit einer Sicherheit von $1 - \alpha$ davon ausgchen, dass p_* kleiner ist als $1 - \alpha^{1/n}$.

Konkrete Berechnung der Schranken

Für $a_\alpha(n)$ und $b_\alpha(0)$ kann man geschlosssene Formeln angeben; ansonsten muss man mit numerischen Approximationen arbeiten. Allgemein sucht man für $c \in \{0, \ldots, n-1\}$ und $0 < \gamma < 1$ eine Zahl $p = p(n, c, \gamma) \in \,]0, 1[$, so dass $F_{n,p}(c) = \gamma$. Durch eine Version von *binärer Suche* kann man zwei Zahlen p_1, p_2 mit $p_1 \leq p \leq p_2$ bestimmen, so dass für eine vorgegebene Genauigkeit $\delta > 0$ gilt:

$$p_2 - p_1 \leq \delta \quad \text{und} \quad F_{n,p_1}(c) - F_{n,p_2}(c) \leq \delta.$$

Tabelle 5.1 enthält Pseudocode für einen entsprechenden Algorithmus. Ruft man diesen Algorithmus mit $(c, n, \gamma) = (X - 1, n, 1 - \alpha)$ auf, dann ist p_1 eine untere Schranke für die untere Konfidenzschranke $a_\alpha(X)$. Bei Aufruf mit $(c, n, \gamma) = (X, n, \alpha)$ ergibt sich die obere Schranke p_2 für $b_\alpha(X)$.

Einige Programmiersprachen bieten Verteilungsfunktionen von Binomial- und anderen Verteilungen an. Man kann sie aber auch selbst implementieren; siehe z.B. Aufgabe 5.1.

```
Algorithmus (p₁, p₂) ← BinoCB(c, n, γ)
p₁ ← 0, F₁ ← 1
p₂ ← 1, F₂ ← 0
while p₂ − p₁ > δ or F₁ − F₂ > δ do
    p_o ← (p₁ + p₂)/2, F_o ← F_{n,p_o}(c)
    if F_o ≥ γ then
        p₁ ← p_o, F₁ ← F_o
    else
        p₂ ← p_o, F₂ ← F_o
    end if
end while.
```

Tabelle 5.1. Hilfsprogramm für Konfidenzschranken (Binomialmodell)

5.3 Konfidenzschranken für hypergeometrische Verteilungen

In diesem Abschnitt betrachten wir eine hypergeometrisch verteilte Zufallsvariable mit Parametern N, L und n. Dabei ist entweder L oder N unbekannt, was wir durch ein Subskript '$*$' andeuten.

Beispiel 5.5 (Qualitätskontrolle II) Ein Kunde bestellt bei einem Hersteller N Exemplare eines bestimmten Artikels. Der Kunde akzeptiert die Lieferung, wenn sich darunter höchstens L_o defekte Teile befinden. Der Hersteller selbst strebt an, dass unter N produzierten Teilen deutlich weniger als L_o fehlerhaft sind. Nun sei L_* die tatsächliche Zahl von defekten Teilen in einer bestimmten Ladung. Da die Kontrolle aller N Teile sehr aufwendig wäre, zieht man zur Qualitätsprüfung eine zufällige Stichprobe vom Umfang n aus der Ladung (ohne Zurücklegen) und ermittelt die Zahl X von defekten Teilen in der Stichprobe. Also ist X eine Zufallsvariable mit Verteilung Hyp(N, L_*, n).

Aus Sicht des Herstellers ist eine obere $(1 − \alpha)$–Konfidenzschranke für L_* von Interesse. Wenn diese kleiner oder gleich L_o ist, kann er mit einer Sicherheit von $1 − \alpha$ davon ausgehen, dass der Kunde zufrieden sein wird. Aus Sicht eines kritischen Kunden ist eine untere $(1 − \alpha)$–Konfidenzschranke nützlich. Ist diese größer als L_o, so kann er mit einer Sicherheit von $1 − \alpha$ behaupten, dass die Ladung den vereinbarten Qualitätsstandard nicht erfüllt, ohne sie komplett zu untersuchen.

Beispiel 5.6 (Capture-Recapture-Experimente) Sei $\mathcal{M}$ eine Population von Tieren, beispielsweise Fische einer bestimmten Art in einem See oder die Tauben auf dem Lübecker Koberg. Die Anzahl $N_* = \#\mathcal{M}$ aller Tiere sei unbekannt. Um etwas über N_* herauszufinden, fängt man zunächst L Tiere, markiert sie und setzt sie wieder aus. Nach einer gewissen Zeit fängt man erneut n Tiere und bestimmt die Zahl $X \in \{0, 1, \ldots, n\}$ der markierten Tiere in diesem zweiten Fang. Diese Zahl betrachten wir als Zufallsvariable mit Verteilung Hyp(N_*, L, n).

Wenn man im zweiten Teilexperiment wenige oder viele markierte Tiere findet, spricht dies für eine große bzw. kleine Population. Einen ersten Schätzwert für N_* erhält man über einen Dreisatz: Wir nehmen momentan an, dass die relativen Anteile X/n und L/N_* von markierten Tieren in der Stichprobe bzw. Population in etwa gleich sind. Dies führt zu dem Schätzwert

$$\widehat{N} := \left\lfloor \frac{nL}{X} \right\rfloor$$

für N_*, wobei $nL/0 := \infty$.

Zunächst untersuchen wir die entsprechende Verteilungsfunktion

$$F_{N,L,n}(c) := \sum_{k=0}^{c} \binom{L}{k}\binom{N-L}{n-k} \Big/ \binom{N}{n} = P_{N,L,n}(X \le c)$$

auf Monotonie in den Parametern L und N. (Im Falle von $n = 0$ oder $L = 0$ ist $\mathrm{Hyp}(N, L, n)$ auf dem Punkt Null konzentriert und $F_{N,L,n}(c) = 1$ für alle $c \ge 0$.)

Theorem 5.7. *Die hypergeometrischen Verteilungsfunktionen $F_{N,L,n}$ haben folgende Eigenschaften:*

(a) $F_{N,L,n} = F_{N,n,L}$;

(b) $F_{N,L,n}(c)$ *ist monoton fallend in* $L \in \{0, 1, \ldots, N\}$;

(c) $F_{N,L,n}(c)$ *ist monoton wachsend in* $N \ge \max(L, n)$ *mit Grenzwert* $\lim_{N \to \infty} F_{N,L,n}(c) = 1$ *für beliebige* $c \ge 0$.

Beweis. Teil (a) wird in Aufgabe 4.7 behandelt. Für Teil (b) verwenden wir ein *Kopplungsargument*, um die Monotonie in L nachzuweisen: Für $0 \le L_1 < L_2 \le N$ betrachten wir eine Urne mit N Kugeln, von denen L_2 Stück rot markiert sind. Von den rot markierten Kugeln haben L_1 Stück eine zusätzliche blaue Markierung. Nun ziehen wir rein zufällig aus dieser Urne n Kugeln ohne Zurücklegen und ermitteln die Zufallsgrößen

$$X_1 := \#\{\text{blau markierte Kugeln in der Stichprobe}\},$$
$$X_2 := \#\{\text{rot markierte Kugeln in der Stichprobe}\}.$$

Dann ist X_j nach $\mathrm{Hyp}(N, L_j, n)$ verteilt. Außerdem ist stets $X_1 \le X_2$. Daher kann man schreiben

$$
\begin{aligned}
F_{N,L_1,n}(c) &= P(X_1 \le c) \\
&= P(X_2 \le c \text{ oder } X_1 \le c < X_2) \\
&= P(X_2 \le c) + P(X_1 \le c < X_2) \\
&\ge P(X_2 \le c) \\
&= F_{N,L_2,n}(c).
\end{aligned}
$$

Die Monotonieaussage in Teil (c) führen wir auf Teil (b) zurück. Wegen $F_{N+1,L,0}(c) = F_{N,L,0}(c) = 1$ für alle $c \geq 0$ genügt es, den Fall $n \geq 1$ zu betrachten. Nun verwenden wir die bekannte Identität

$$\binom{a+1}{b} = \binom{a}{b} + \binom{a}{b-1}$$

für Binomialkoeffizienten. Demnach ist

$$F_{N+1,L,n}(c) = \sum_{k \leq c} \binom{L}{k} \binom{N+1-L}{n-k} / \binom{N+1}{n}$$

$$= \sum_{k \leq c} \left(\binom{L}{k} \binom{N-L}{n-k} + \binom{L}{k} \binom{N-L}{n-1-k} \right)$$

$$/ \left(\binom{N}{n} + \binom{N}{n-1} \right)$$

$$= \lambda \sum_{k \leq c} \binom{L}{k} \binom{N-L}{n-k} / \binom{N}{n}$$

$$+ (1-\lambda) \sum_{k \leq c} \binom{L}{k} \binom{N-L}{n-1-k} / \binom{N}{n-1}$$

$$= \lambda F_{N,L,n}(c) + (1-\lambda) F_{N,L,n-1}(c)$$

mit

$$\lambda := \binom{N}{n} / \left(\binom{N}{n} + \binom{N}{n-1} \right) \in \,]0,1[.$$

Doch nach Teil (a) und (b) ist $F_{N,L,n-1}(c) \geq F_{N,L,n}(c)$, weshalb

$$F_{N+1,L,n}(c) \geq \lambda F_{N,L,n}(c) + (1-\lambda) F_{N,L,n}(c) = F_{N,L,n}(c).$$

Für $c \geq 0$ ist

$$F_{N,L,n}(c) \geq \binom{L}{0} \binom{N-L}{n-0} / \binom{N}{n} = \frac{[N-L]_n}{[N]_n},$$

und dies konvergiert gegen Eins wenn $N \to \infty$. $\square$

Forts. von Beispiel 5.5 (Qualitätskontrolle II) Aus Theorem 5.7 folgt, dass der Konfidenzbereich $C_\alpha(x)$ für L_* gleich $\{a_\alpha(x), \ldots, N\}$ ist, wobei

$$a_\alpha(x) = \min\{L : F_{N,L,n}(x-1) < 1-\alpha\}.$$

Ferner ist $\bar{C}_\alpha(x)$ gleich $\{0, \ldots, b_\alpha(x)\}$ mit

$$b_\alpha(x) = \max\{L : F_{N,L,n}(x) > \alpha\}.$$

Forts. von Beispiel 5.6 (Capture-Recapture-Experimente)   Hier ist der Parameterraum gleich $\Theta = \{N \in \mathbf{N} : N \geq \max(L, n)\}$, und aus Theorem 5.7 ergibt sich $C_\alpha(x) = \{N \in \Theta : N \leq b_\alpha(x)\}$ mit

$$b_\alpha(x) := \begin{cases} \max\{N \in \Theta : F_{N,L,n}(x-1) < 1 - \alpha\} & \text{falls } x > 0, \\ \infty & \text{falls } x = 0. \end{cases}$$

Desweiteren ist $\bar{C}_\alpha(x) = \{a_\alpha(x), a_\alpha(x) + 1, a_\alpha(x) + 2, \ldots\}$ mit

$$a_\alpha(x) := \min\{N \in \Theta : F_{N,L,n}(x) > \alpha\}.$$

Man kann also mit einer Sicherheit von $1 - \alpha$ behaupten, dass

$$N_* \geq a_\alpha(X) \quad \text{bzw.} \quad N_* \leq b_\alpha(X) \quad \text{bzw.} \quad N_* \in [a_{\alpha/2}(X), b_{\alpha/2}(X)].$$

Vor der Auswertung muss man sich überlegen, ob man an einer unteren, oberen oder zweiseitigen Schranke für N_* interessiert ist.

Zahlenbeispiele I. Wir illustrieren diese Methoden im Fall von $L = n = 50$ und $\alpha = 0.1$. Abbildung 5.7 zeigt die Funktion $N \mapsto F_{N,50,50}(X - 1)$ und die obere Konfidenzschranke $b_\alpha(X)$ für $X = 10, 15$. Abbildung 5.8 illustriert für diese Konstellationen die Konstruktion der unteren Schranke $a_\alpha(X)$.

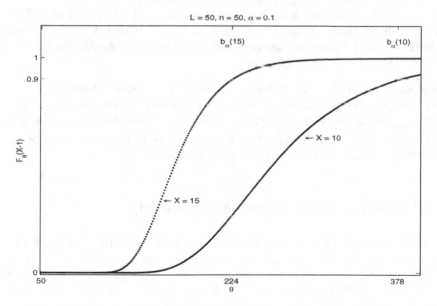

Abb. 5.7. Konstruktion von $b_{0.1}(X)$ im Capture-Recapture-Experiment

Die Kombination von unteren und oberen Konfidenzschranken für N_* ergibt das 90%–Konfidenzintervall $[a_{0.05}(X), b_{0.05}(X)]$ für N_*. Tabelle 5.2 enthält

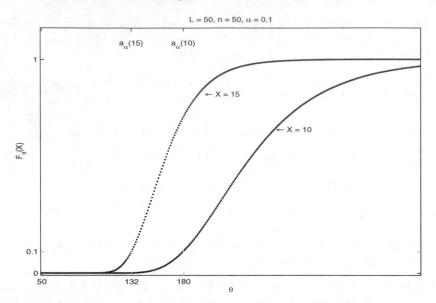

Abb. 5.8. Konstruktion von $a_{0.1}(X)$ im Capture-Recapture-Experiment

die Schranken $a_{0.05}(x)$ und $b_{0.05}(x)$ für verschiedene Werte $x \in \{0, 1, \ldots, 50\}$. Zum Vergleich werden auch die Schätzwerte $\widehat{N}(x) = \lfloor Ln/X \rfloor = \lfloor 2500/x \rfloor$ angegeben. Beispielsweise kann man im Falle von $X = 10$ oder $X = 15$ mit einer Sicherheit von 90% davon ausgehen, dass die Populationsgröße im Intervall $[168, 427]$ bzw. $[126, 244]$ liegt.

Zahlenbeispiele II. Um die Präzision dieser Schranken in Abhängigkeit von dem Parameter n zu illustrieren, listen wir in Tabelle 5.3 die Zahlen $a_{0.005}(x)$ und $b_{0.005}(x)$ für verschiedene Paare (x, n) auf, wobei stets $L = 100$ und $\widehat{N}(x) = 250$. Man sieht, dass die Konfidenzintervalle mit steigendem n kleiner werden. Das gleiche gilt für L; siehe Theorem 5.7 (a).

5.4 Vergleich zweier Binomialparameter

In einigen Anwendungen ist man nicht an einem einzelnen Binomialparameter interessiert, sondern möchte zwei unbekannte Binomialparameter miteinander vergleichen. Wir betrachten also stochastisch unabhängige Zufallsvariablen X und Y mit Verteilung $\mathrm{Bin}(m, p_*)$ bzw. $\mathrm{Bin}(n, q_*)$. Dabei sind die Parameter $m, n \in \mathbf{N}$ gegeben, und $p_*, q_* \in \,]0, 1[$ sind unbekannt.

Beispiel 5.8 (Wahlverhalten je nach Geschlecht) Im Vorfeld einer Wahl wird die Vermutung geäußert, dass Partei ABC bei Frauen höheren Zuspruch hat als bei Männern. Um diese Vermutung zu überprüfen, werden m Wählerinnen

x	$a_{0.05}(x)$	$b_{0.05}(x)$	$\widehat{N}(x)$
0	885	∞	∞
1	567	48788	2500
2	432	6943	1250
3	354	2984	833
4	302	1769	625
5	264	1216	500
6	236	910	416
7	214	719	357
8	196	589	312
9	181	496	277
10	168	427	250
15	126	244	166
20	102	166	125
25	86	124	100
30	75	98	83
35	67	80	71
40	60	67	62
45	55	58	55
50	50	50	50

Tabelle 5.2. Konfidenzintervalle (Capture-Recapture, $L = n = 50$)

n	x	$a_{0.005}(x)$	$b_{0.005}(x)$
50	20	178	419
100	40	202	338
150	60	217	306
200	80	230	285
250	100	250	260

Tabelle 5.3. Konfidenzintervalle (Capture-Recapture, $L = 100$)

und n Wähler befragt. Seien X und Y die Zahlen der ABC-Wähler(innen) unter diesen m Damen bzw. n Herren. Hier sind p_* und q_* die relativen Anteile von ABC-Wähler(inne)n unter allen wahlberechtigten Damen bzw. Herren.

Beispiel 5.9 (Vergleich zweier Behandlungen) Zwei medizinische Behandlungen, A und B, für eine bestimmte Erkrankung sollen verglichen werden. Zu diesem Zweck unterteilt man eine Gruppe von Betroffenen rein zufällig in zwei Teilgruppen der Größen m bzw. n. Personen in Gruppe 1 werden mit A und Personen in Gruppe 2 mit B behandelt. Die Anzahl von Behandlungserfolgen sei X in Gruppe 1 bzw. Y in Gruppe 2. Betrachtet man die Teilnehmer der Studie als zufällige Stichprobe aus der Grundgesamtheit aller Betroffenen, so kann man X und Y als binomialverteilte Zufallsvariablen wie oben betrachten. Dabei sind p_* und q_* die Heilungswahrscheinlichkeiten mit Behandlung A bzw. B für einen typischen Betroffenen.

Allgemein möchte man oftmals wissen, ob und wie sich p_* und q_* unterscheiden. Zu diesem Zweck könnte man für eine vorgegebene Schranke $\alpha \in {]}0,1{[}$ die Konfidenzintervalle $[a_{\beta/2}(X,m), b_{\beta/2}(X,m)]$ und $[a_{\beta/2}(Y,n), b_{\beta/2}(Y,n)]$ für p_* bzw. q_* berechnen, wobei $\beta := 1-(1-\alpha)^{1/2}$. Die Wahrscheinlichkeit, dass beide Intervalle ihren Parameter enthalten, ist mindestens gleich $(1-\beta)^2 = 1-\alpha$. Sind diese Intervalle disjunkt, dann kann man mit einer Sicherheit von $1-\alpha$ behaupten, dass p_* und q_* verschieden sind.

Eine andere, elegantere Methode beruht auf der *bedingten Verteilung von X*, *gegeben* $X+Y$. Für $s \in \mathbf{N}_0$ und $k \in \{0,1,\dots,s\}$ ist

$$P(X=k \mid X+Y=s) = \frac{P(X=k, Y=s-k)}{P(X+Y=s)}$$

$$= \frac{P(X=k)P(Y=s-k)}{\sum_{\ell=0}^{s} P(X=\ell)P(Y=s-\ell)}$$

$$= \frac{\binom{m}{k}\binom{n}{s-k}\rho_*^k}{\sum_{\ell=0}^{s} \binom{m}{\ell}\binom{n}{s-\ell}\binom{n}{s-\ell}\rho_*^\ell}$$

mit dem sogenannten *Chancenquotienten (odds ratio)*

$$\rho_* = \rho(p_*, q_*) := \frac{p_*(1-q_*)}{(1-p_*)q_*} > 0.$$

Im Spezialfall $p_* = q_*$ ist $\rho_* = 1$, und die bedingte Verteilung von X, gegeben dass $X+Y=s$, ist die hypergeometrische Verteilung mit Parametern $m+n$, m und s.

Allgemein ist die bedingte Verteilung von X, gegeben dass $X+Y=s$, auf der Menge $\{\max(0, n-s), \dots, \min(m,s)\}$ konzentriert, und

$$\rho_* \begin{cases} < 1 & \text{falls } p_* < q_*, \\ = 1 & \text{falls } p_* = q_*, \\ > 1 & \text{falls } p_* > q_*. \end{cases}$$

Wenn wir also einen $(1-\alpha)$–Vertrauensbereich für ρ_* berechnen, und dieser ist in ${]}0,1{[}$ oder ${]}1,\infty{[}$ enthalten, dann haben wir insbesondere mit einer Sicherheit von $1-\alpha$ nachgewiesen, dass $p_* < q_*$ bzw. $p_* > q_*$.

Im Folgenden schreiben wir

$$f_{m,n,s,\rho}(k) := P_\rho(X=k \mid X+Y=s) = C_{m,n,s,\rho}^{-1} \binom{m}{k}\binom{n}{s-k}\rho^k,$$

$$F_{m,n,s,\rho}(x) := P_\rho(X \le k \mid X+Y=s) = \sum_{k=0}^{x} f_{m,n,s,\rho}(k)$$

mit der Normierungskonstante $C_{m,n,s,\rho} := \sum_{\ell=0}^{s} \binom{m}{\ell}\binom{n}{s-\ell}\rho^\ell$. Angenommen für beliebige $s \in \mathbf{N}_0$ und $x \in \{0,1,\dots,s\}$ sind $a_\alpha(x,m,n,s)$ und $b_\alpha(x,m,n,s)$ gewisse Schranken, so dass

$$P_\rho\big(\rho \geq a_\alpha(X,m,n,s) \mid X+Y = s\big) \geq 1-\alpha \quad \text{und}$$
$$P_\rho\big(\rho \leq b_\alpha(X,m,n,s) \mid X+Y = s\big) \geq 1-\alpha$$

für beliebige $\rho > 0$. Dann gilt eine analoge Ungleichung für die unbedingten Wahrscheinlichkeiten:

$$P_{p,q}\big(\rho(p,q) \geq a_\alpha(X,m,n,X+Y)\big) \geq 1-\alpha \quad \text{und}$$
$$P_{p,q}\big(\rho(p,q) \leq b_\alpha(X,m,n,X+Y)\big) \geq 1-\alpha.$$

Denn beispielsweise ist $P_{p,q}\big(\rho(p,q) \leq b_\alpha(X,m,n,X+Y)\big)$ gleich

$$\sum_{s=0}^{m+n} P_{p,q}\big(X+Y = s, \rho(p,q) \leq b_\alpha(X,m,n,s)\big)$$

$$= \sum_{s=0}^{m+n} P_{p,q}(X+Y = s) P_{\rho(p,q)}\big(\rho(p,q) \leq b_\alpha(X,m,n,s) \mid X+Y = s\big)$$

$$\geq \sum_{s=0}^{m+n} P_{p,q}(X+Y = s) \cdot (1-\alpha)$$

$$= 1-\alpha.$$

Für die konkrete Berechnung von $a_\alpha(x,m,n,s)$ und $b_\alpha(x,m,n,s)$ verwenden wir wieder das Kochrezept aus Abschnitt 5.1. Zunächst folgt aus Aufgabe 5.11, dass $F_{m,n,s,\rho}(c)$ für $\max(0, n-s) \leq c < \min(m,s)$ stetig und streng monoton fallend ist mit den Grenzwerten $F_{m,n,s,0}(c) = 1$ und $F_{m,n,s,\infty} = 0$. Folglich ist der Konfidenzbereich $C_\alpha(x,m,n,s) := \{\rho > 0 : F_{m,n,s,\rho}(x-1) < 1-\alpha\}$ gleich

$$]a_\alpha(x,m,n,s), \infty[.$$

Dabei ist $a_\alpha(x,m,n,s) > 0$ und $F_{m,n,s,a_\alpha(x,m,n,s)}(x-1) = 1-\alpha$, sofern $x > \max(0, n-s)$. Anderenfalls ist $a_\alpha(x,m,n,s) = 0$. Analog ist $\bar{C}_\alpha(x,m,n,s) := \{\rho > 0 : F_{m,n,s,\rho}(x) > \alpha\}$ gleich

$$]0, b_\alpha(x,m,n,s)[.$$

Dabei ist $b_\alpha(x,m,n,s) < \infty$ und $F_{m,n,s,b_\alpha(x,m,n,s)}(x) = \alpha$, sofern $x < \min(m,s)$. Anderenfalls ist $b_\alpha(x,m,n,s) = \infty$.

Forts. von Beispiel 5.8 (Wahlverhalten je nach Geschlecht) Um den Verdacht, dass $p_* > q_*$, gegebenenfalls zu belegen, verwenden wir die untere Konfidenzschranke $a_\alpha(X,m,n,X+Y)$ für ρ_*. Ist diese größer als Eins, dann können wir den Verdacht mit einer Sicherheit von $1-\alpha$ bestätigen.

Zahlenbeispiel. Angenommen $m = n = 200$ und $X = 53, Y = 46$. Für $\alpha = 0.05$ ergibt sich die untere Vertrauensschranke $a_{0.05}(53, 200, 200, 109) = 1.035$ für ρ_*. Wir können also mit einer Sicherheit von 90% behaupten, der Wähleranteil von Partei ABC sei unter den Frauen höher als unter den Männern. (Allerdings ist der nachweisbare Unterschied recht gering.)

Forts. von Beispiel 5.9 (Vergleich zweier Behandlungen) Oft möchte man nachweisen, dass eine neue Methode A einer herkömmlichen Methode B überlegen ist. In diesem Fall bieten sich die unteren Schranken $a_\alpha(X, m, n, X + Y)$ an. Mitunter möchte man aber demonstrieren, dass zwei Behandlungen im wesentlichen gleichwertig sind. Dass sie exakt gleichwertig sind, also $p_* = q_*$, kann man grundsätzlich nicht beweisen. Berechnet man aber ein Vertrauensintervall $[a_{\alpha/2}(X, m, n, X + Y), b_{\alpha/2}(X, m, n, X + Y)]$ für ρ_*, und sind beide Intervallgrenzen "recht nahe" an Eins, dann untermauert dies die Gleichwertigkeit beider Behandlungen.

Zahlenbeispiel. Angenommen man möchte zeigen, dass die tägliche Einnahme einer bestimmten Dosis von Vitamin C *keinen* nachweisbaren Schutz gegen Erkältungen und grippale Infekte bietet. In einer randomisierten Studie erhalten $m = 200$ Personen Vitamin C und $n = 200$ Personen ein Placebo. Nach einer bestimmten Zeit werden alle Teilnehmer befragt, ob sie in der Zwischenzeit erkrankten. Die Zahl der Erkrankungen $X = 46$ in der Vitamin-C-Gruppe und $Y = 53$ in der Placebo-Gruppe. Für $\alpha = 0.05$ ergibt sich das Vertrauensintervall $[a_{0.025}(53, 200, 200, 99), b_{0.025}(53, 200, 200, 99)] = [0.512, 1.339]$. Man kann also mit einer Sicherheit von 90% behaupten, dass der Chancenquotient ρ_* zwischen 0.512 und 1.339 liegt. Diese Behauptung beinhaltet, dass $0.512 < p_*/q_* < 1.339$.

Zur Berechnung dieser Schranken. Die Schranken $a_\alpha(x, m, n, s)$ und $b_\alpha(x, m, n, s)$ kann man ähnlich wie in Abschnitt 5.2 berechnen. Der wesentliche Unterschied ist hier, dass der Parameterraum $]0, \infty[$ unbeschränkt ist, so dass man für die binäre Suche erst ein passendes Startintervall suchen muss. Tabelle 5.4 enthält entsprechenden Pseudocode.

5.5 Übungsaufgaben

Aufgabe 5.1 Schreiben Sie ein Programm, welches für $n \in \mathbf{N}$ und $p \in [0, 1]$ die Vektoren $(f_{n,p}(x))_{x=0}^n$ und $(F_{n,p}(x))_{x=0}^n$ berechnet. Dabei bezeichnet $f_{n,p}$ die Gewichts- und $F_{n,p}$ die Verteilungsfunktion von Bin(n, p). Die Laufzeit Ihres Algorithmus' sollte von der Größenordnung $O(n)$ sein!

Hinweis: Betrachten Sie $f_{n,p}(k + 1)/f_{n,p}(k)$ bzw. $\log(f_{n,p}(k + 1)/f_{n,p}(k))$.

Aufgabe 5.2 Betrachten Sie noch einmal Beispiel 5.1. Für ein bestimmtes $p \in]0, 1[$ suchen wir die Schranke $c_{n,p,\alpha} := \min\{c : F_{n,p}(c) \geq 1 - \alpha\}$. Im Falle von $X > c_{n,p,\alpha}$ ist $p < a_\alpha(X)$, und man kann mit einer Sicherheit von $1 - \alpha$ davon ausgehen, dass $p_* > p$.

Berechnen Sie diese Zahl $c_{n,p,\alpha}$ sowie den Quotienten $c_{n,p,\alpha}/n$ für $\alpha = 0.01$ sowie alle neun Kombinationen von $n = 500, 1000, 2000$ und $p = 5\%, 10\%, 50\%$.

```
Algorithmus (r₁, r₂) ← OddsRatioCB(c, m, n, s, γ)
r₁ ← 0, F₁ ← 1
r₂ ← 1, F₂ ← F_{m,n,s,1}(c)
while F₂ > γ do
      r₁ ← r₂, F₁ ← F₂
      r₂ ← 2r₂, F₂ ← F_{m,n,s,r₂}(c)
end while
while r₂/r₁ > 1 + δ or F₁ - F₂ > δ do
      r_o ← (r₁ + r₂)/2, F_o ← F_{m,n,s,r_o}(c)
      if F_o ≥ γ then
            r₁ ← r_o, F₁ ← F_o
      else
            r₂ ← r_o, F₂ ← F_o
      end if
end while.
```

Tabelle 5.4. Hilfsprogramm für Konfidenzschranken (Chancenquotienten)

Zusatzaufgabe: Stellen Sie $c_{n,p,\alpha}/n$ als Funktion von $n \in \{1, 2, \ldots, 2000\}$ für diese drei Werte p graphisch dar.

Aufgabe 5.3 Implementieren Sie den Algorithmus in Tabelle 5.1 und schreiben Sie ein Programm zur Berechnung der Konfidenzschranken $a_\alpha(X), b_\alpha(X)$ für das Binomialmodell.

Aufgabe 5.4 Der Hersteller eines neuen Medikaments behauptet, dessen Heilungswahrscheinlichkeit p_* betrage mindestens 90%. Um diese Behauptung zu überprüfen und den Hersteller nötigenfalls zur Rechenschaft zu ziehen, wird dieses Medikament in einer Studie $n = 300$ betroffenen Personen verabreicht, und X sei die Zahl von Behandlungserfolgen. Wir betrachten X als Zufallsvariable mit Verteilung Bin(n, p_*).

Sollte man nun eine untere oder eine obere Konfidenzschranke für p_* berechnen?

Angenommen bei $X = 260$ dieser Personen ist die Behandlung erfolgreich. Widerspricht dieses Ergebnis der Behauptung des Herstellers? Arbeiten Sie mit Risikoschranke $\alpha = 0.04$.

Aufgabe 5.5 Die Betreiber einer technischen Anlage behaupten, dass die Ausfallwahrscheinlichkeit p_* in einem bestimmten Zeitraum praktisch Null ist. Dies begründen sie damit, dass bei einer Testreihe mit $n = 50$ solchen Anlagen $X = 0$ Ausfälle auftraten. Wie könnten oder sollten die Betreiber ihre Aussage präzisieren?

Berechnen Sie eine geeignete 0.98–Konfidenzschranke für p_*.

Aufgabe 5.6 (Taxis in einer Großstadt) Ein Besucher einer Großstadt sieht an einem Taxistand n verschiedene Taxis mit Konzessionsnummern

$\omega_1, \ldots, \omega_n$. Er betrachtet das Tupel $\omega = (\omega_1, \ldots, \omega_n)$ als rein zufällige Stichprobe aus $\mathcal{S}_n(\{1, \ldots, N_*\})$, wobei N_* die ihm unbekannte Gesamtzahl von Taxikonzessionen in dieser Stadt ist. Die Frage ist nun, ob und wie man aus der Zahl $X(\omega) := \max\{\omega_1, \ldots, \omega_n\}$ Rückschlüsse über N_* ziehen kann.

(a) Geben Sie eine Formel an für

$$F_N(x) := P_N(X \leq x) \quad (N \in \{n, n+1, n+2, \ldots\}),$$

und untersuchen Sie diesen Ausdruck auf Monotonie in N.

(b) Geben Sie für den Spezialfall $n = 1$ untere und obere Konfidenzschranken für N_* an.

(c) Schreiben Sie ein Programm, welches obere bzw. untere Konfidenzschranken für N_* berechnet. Eingabeparameter seien die Anzahl n von Taxis, der konkrete Wert von X sowie die Risikoschranke α.

(d) Stellen Sie die Ergebnisse für $n \in \{3, 8\}$, $X \in \{n, n+1, \ldots, 100\}$ und $\alpha = 0.05$ graphisch dar.

Aufgabe 5.7 Sei X eine Zufallsvariable mit Verteilung Geom(p_*) mit einem unbekannten Parameter $p_* \in \,]0, 1]$. Das heißt, $P_p(X = k) = (1 - p)^{k-1}p$ für $k \in \mathbb{N}$.

(a) Berechnen Sie $F_p(x) := P_p(X \leq x)$ und untersuchen Sie diese Wahrscheinlichkeit auf Monotonie in p.

(b) Konstruieren Sie nun untere und obere Konfidenzschranken für p_*. (Hier kann man explizite Formeln angeben.)

Aufgabe 5.8 Nach der Betrachtung einiger Fußballspiele gewinnt ein Zuschauer folgenden Verdacht: Diejenige Mannschaft, die per Losentscheid das Elfmeterschießen beginnt, hat bessere Chancen zu gewinnen.

Um diesen Verdacht zu überprüfen, nimmt der Zuschauer sich vor, Daten von 10 weiteren Spielen, die durch Elfmeterschießen entschieden wurden, zu besorgen. Sei X die Zahl von Spielen, in denen die beginnende Mannschaft auch das Spiel gewann. Geben Sie eine Menge von Werten für X an, so dass man mit einer Sicherheit von 0.9 behaupten kann, der Verdacht sei richtig.

Aufgabe 5.9 Berechnen Sie für das Capture–Recapture–Modell die Konfidenzschranken $a_\alpha(X)$, $b_\alpha(X)$ sowie das Konfidenzintervall $[a_{\alpha/2}(X), b_{\alpha/2}(X)]$ für die Populationsgröße N_* im Falle von $L = n = 70$, $X = 31$ und $\alpha = 0.05$.

Zusatzfrage: In diesem Modell ist $L+n-X$ eine absolut sichere untere Schranke für die Populationsgröße N_*. Ist auch die untere Konfidenzschranke $a_\alpha(X)$ stets größer oder gleich $L + n - X$?

Aufgabe 5.10 (Konfidenzschranken für Poissonparameter) Sei Y eine poissonverteilte Zufallsvariable mit unbekanntem Parameter $\lambda_* \geq 0$. Für diesen Parameter sollen Konfidenzschranken konstruiert werden. Das Hilfsmittel hierfür sind die Verteilungsfunktionen

$$\mathbf{N}_0 \ni x \;\mapsto\; F_\lambda(x) \;:=\; e^{-\lambda} \sum_{k=0}^{x} \frac{\lambda^k}{k!} \quad (\lambda \geq 0).$$

(a) Zeigen Sie, dass die Funktion $\lambda \mapsto F_\lambda(x)$ stetig und streng monoton fallend ist mit $F_0(x) = 1$ und $\lim_{\lambda \to \infty} F_\lambda(x) = 0$.

(b) Schreiben Sie ein Programm, welches für $x \in \mathbf{N}_0$ und $\gamma \in \,]0,1[$ einen Parameter $\Lambda = \Lambda(x, \gamma, \delta) \geq 0$ berechnet, so dass

$$F_\Lambda(x) \;=\; \gamma$$

mit einer vorgegebenen Genauigkeit von $\delta > 0$.

(c) Beschreiben Sie, wie man mithilfe des Programms aus Teil (b) untere, obere oder zweiseitige Konfidenzschranken für λ_* mit vorgegebenem Konfidenzniveau $1 - \alpha$ berechnen kann.

(d) Eine Probe einer Zellkultur wurde in eine Neubauerzählkammer gefüllt. Von dieser Zählkammer wurden unter dem Mikroskop 16 Teilkammern mit einem Gesamtvolumen $v = 16 \times (0.05 \text{ mm} \times 0.05 \text{ mm} \times 0.02 \text{ mm})$ ausgezählt. Man fand darin $Y = 67$ Zellen. Bestimmen Sie ein zweiseitiges Konfidenzintervall für die unbekannte Zellkonzentration c_* (in Anzahl Bakterien / ml). Hinweis: Betrachten Sie Y als poissonverteilt mit Parameter $\lambda_* = vc_*$.

Aufgabe 5.11 Für ganze Zahlen $r < s$ seien $w_r, w_{r+1}, \ldots, w_s$ strikt positive Gewichte. Für $\rho > 0$ und $k \in \{r, \ldots, s\}$ sei nun

$$f_\rho(k) \;:=\; \frac{w_k \rho^k}{\sum_{i=r}^{s} w_i \rho^i} \quad \text{und} \quad F_\rho(k) \;:=\; \sum_{i=r}^{k} f_\rho(i).$$

Zeigen Sie, dass $F_\rho(c)$ im Falle von $r \leq c < s$ stetig und streng monoton fallend ist mit Grenzwerten $F_0(c) = 1$ und $F_\infty(c) = 0$.

Aufgabe 5.12 (Vergleich zweier Poissonparameter)   Seien X, Y stochastisch unabhängige Zufallsvariablen mit Verteilung $\mathrm{Poiss}(\lambda_*)$ bzw. $\mathrm{Poiss}(\mu_*)$ mit unbekannten Parametern $\lambda_*, \mu_* > 0$. Nun möchten wir etwas über den Quotienten $\rho_* := \lambda_*/\mu_* > 0$ herausfinden.

(a) Zeigen Sie, dass für $s \in \mathbf{N}$ und $x \in \{0, 1, \ldots, n\}$ gilt:

$$P(X = x \,|\, X + Y = s) \;=\; \binom{s}{k} p_*^k (1 - p_*)^{s-k}$$

mit $p_* = \lambda_*/(\lambda_* + \mu_*) = \rho_*/(1 + \rho_*)$. Die bedingte Verteilung von X, gegeben dass $X + Y = s$, ist also gleich $\mathrm{Bin}(s, p_*)$.

(b) Beschreiben Sie mit Hilfe von Teil (a), wie man Konfidenzschranken für ρ_* berechnen kann.

(c) Von zwei Zellkulturen mit unbekannten Konzentrationen c_* und d_* wurde jeweils eine Probe mit Volumen v unter dem Mikroskop ausgezählt. Dabei ergaben sich die Zahlen $Y = 67$ bzw. $Z = 14$. Bestimmen Sie ein zweiseitiges 90%–Vertrauensintervall für c_*/d_*.

6

Erwartungswerte und Standardabweichungen

In Kapitel 1 betrachteten wir Wetten auf das Eintreten eines Ereignisses und deuteten seine Wahrscheinlichkeit als fairen Wetteinsatz. Nun verallgemeinern wir diese Überlegungen: Wir betrachten ein Zufallsexperiment mit endlichem Ereignisraum Ω und Wahrscheinlichkeitsverteilung P. Für jedes Elementarereignis $\omega \in \Omega$ sei $X(\omega)$ der ausgeschüttete Gewinn, wenn es eintritt. Wiederholt man dieses Spiel sehr oft und setzt jedesmal einen Einsatz E, dann ist der mittlere Nettogewinn pro Runde nahezu

$$\sum_{\omega \in \Omega} P(\{\omega\}) X(\omega) - E.$$

Ein fairer Wetteinsatz wäre also $E = \sum_{\omega \in \Omega} P(\{\omega\}) X(\omega)$.

Im weiteren Verlauf dieses Kapitels betrachten wir einen diskreten Wahrscheinlichkeitsraum (Ω, P). Sofern nichts anderes gesagt wird, sind alle Zufallsvariablen hierauf definiert und reellwertig.

6.1 Definition und Eigenschaften des Erwartungswertes

Definition 6.1. *(Erwartungswert, Mittelwert)*

(a) Der Erwartungswert (Mittelwert) einer Zufallsvariable X ist definiert als die Zahl

$$E(X) := \sum_{\omega \in \Omega} P(\{\omega\}) X(\omega).$$

Dabei setzen wir voraus, dass entweder $X(\omega) \geq 0$ für alle $\omega \in \Omega$ oder $\sum_{\omega \in \Omega} P(\{\omega\}) |X(\omega)| < \infty$.
Mitunter lässt man auch die Klammern weg und schreibt EX anstelle von $E(X)$.

(b) Sei Q ein diskretes Wahrscheinlichkeitsmaß auf $\mathbf{R}$. Der Mittelwert (Erwartungswert) von Q ist definiert als die Zahl

$$\mu(Q) := \sum_{r \in R} Q(\{r\})\, r.$$

*Dabei sei R eine abzählbare Teilmenge von **R** mit $Q(R) = 1$, und wir setzen voraus, dass entweder $Q(\{r\}) = 0$ für alle $r < 0$ oder $\sum_{r \in R} Q(\{r\})|r| < \infty$.*

Anmerkung 6.2 Der Erwartungswert einer Zufallsvariable X ist der Mittelwert ihrer Verteilung. Das heißt, mit $P^X(B) := P(X \in B)$ für $B \subset \mathbf{R}$ ist

$$E(X) = \mu(P^X).$$

Denn $E(X)$ lässt sich schreiben als

$$\sum_{r \in X(\Omega)} \sum_{\omega \in \Omega\,:\, X(\omega)=r} P(\{\omega\}) X(\omega) = \sum_{r \in X(\Omega)} P(X = r)\, r = \mu(P^X).$$

Um den Mittelwert einer Verteilung auf **R** zu bestimmen, kann man also den Erwartungswert einer beliebigen Zufallsvariable mit dieser Verteilung berechnen.

Anmerkung 6.3 (Mittelwert und Schwerpunkt) Mittelwerte haben auch eine physikalische Interpretation: Wir stellen uns die reelle Achse als beliebig langen und dünnen Strohhalm vor, und an jeder Stelle $r \in \mathbf{R}$ bringen wir eine Punktmasse mit Gewicht $P(\{r\})$ an. Wenn der Strohhalm selbst kein Eigengewicht hat, dann ist $\mu(P)$ diejenige Stelle, an der man ihn stützen kann, ohne dass er nach links oder rechts kippt.

Beispiel 6.4 (Mittelwert einer Poissonverteilung) Für beliebige Parameter $\lambda \geq 0$ ist

$$\mu(\mathrm{Poiss}(\lambda)) = \lambda.$$

Denn

$$\mu(\mathrm{Poiss}(\lambda)) = \sum_{k=0}^{\infty} k \frac{e^{-\lambda}\lambda^k}{k!} = \sum_{k=1}^{\infty} \frac{e^{-\lambda}\lambda^k}{(k-1)!} = \lambda e^{-\lambda} \sum_{\ell=0}^{\infty} \frac{\lambda^\ell}{\ell!} = \lambda.$$

Anmerkung 6.5 Sei Y eine Zufallsvariable auf (Ω, P) mit beliebigem Wertebereich $\mathcal{Y}$, und sei $X := g(Y)$ mit einer Funktion $g : \mathcal{Y} \to \mathbf{R}$. Dann ist

$$E(X) = E(g(Y)) = \sum_{y \in \mathcal{Y}} P(Y = y) g(y).$$

Dies ist eine Verallgemeinerung der Gleichung $E(X) = \sum_{r \in \mathbf{R}} P(X = r)\, r$, die in manchen Fällen hilfreich ist.

Beispiel 6.6 (St. Petersburg-Paradoxon). Eine Person möchte einer anderen ein wertvolles Objekt abkaufen, und sie einigen sich auf folgendes Spiel: Der Käufer setzt anfangs den Betrag Eins (in irgendeiner Währung) und wirft wiederholt eine (ideale) Münze. Jedesmal wenn "Zahl" fällt, muss er seinen Einsatz verdoppeln. Wenn erstmalig "Kopf" fällt erhält er das Objekt, und der Käufer den derzeitigen Einsatz. Bei diesem Spiel ist der zu zahlende Preis X zufällig, nämlich $X = 2^{Y-1}$, wobei Y die Zahl der Würfe bis zum ersten Auftraten von "Kopf" ist. Letztere ist geometrisch verteilt mit Parameter $1/2$, das heißt, $P(Y = k) = 2^{-k}$ für $k \in \mathbf{N}$. Der erwartete Kaufpreis ist also gleich

$$E(X) \;=\; \sum_{k=1}^{\infty} P(Y = k) 2^{k-1} \;=\; \sum_{k=1}^{\infty} 2^{-1} \;=\; \infty.$$

Dies ist sehr erstaunlich, da doch die Wahrscheinlichkeit, einen moderaten Preis zu zahlen, recht groß ist; beispielsweise ist $P(X \leq 8) = P(Y \leq 4) = 1 - 2^{-4} = 0.9375$. Aus Sicht des Verkäufers wäre dieses Spiel nur dann lukrativ, wenn er sehr viele Objekte nach diesem Modus verkaufen könnte.

Angenommen, die Münze ist nicht perfekt, und bei einem Einzelwurf ist die Wahrscheinlichkeit von "Kopf" gleich $p > 1/2$. Dann ist

$$E(X) \;=\; \sum_{k=1}^{\infty} p(1-p)^{k-1} 2^{k-1} \;=\; \frac{p}{1 - (1-p)2} \;=\; \frac{1}{2 - 1/p}.$$

Das folgende Lemma, dessen Beweis wir als Übungsaufgabe stellen, liefert eine nützliche Formel für Erwartungswerte:

Lemma 6.7. *Für eine Zufallsvariable X mit Werten in $\mathbf{N}_0$ ist*

$$E(X) \;=\; \sum_{k=1}^{\infty} P(X \geq k).$$

Beispiel 6.8 (Mittelwert einer geometrischen Verteilung) Für beliebige Parameter $0 < p \leq 1$ ist

$$\mu(\mathrm{Geom}(p)) \;=\; \frac{1}{p}.$$

Denn für eine Zufallsvariable X mit Verteilung $\mathrm{Geom}(p)$ folgt aus Lemma 6.7, dass

$$E(X) \;=\; \sum_{k=1}^{\infty} P(X \geq k) \;=\; \sum_{k=1}^{\infty} (1-p)^{k-1} \;=\; \frac{1}{1 - (1-p)} \;=\; \frac{1}{p}.$$

Einen idealen Würfel muss man also im Mittel sechsmal werfen, bis erstmalig eine bestimmte Zahl fällt.

Bevor wir weitere Beispiele betrachten, nennen wir drei wesentliche Eigenschaften von Erwartungswerten.

Theorem 6.9. *Seien X, Y Zufallsvariablen und a, b reelle Konstanten.*

(a) *Ist $X(\omega) = a$ für alle $\omega \in \Omega$, dann ist $E(X) = a$.*

(b) *Ist $X(\omega) \leq Y(\omega)$ für alle $\omega \in \Omega$, dann ist $E(X) \leq E(Y)$, sofern beide Erwartungswerte definiert sind.*

(c) *Sei $Z(\omega) := aX(\omega) + bY(\omega)$ für $\omega \in \Omega$. Dann ist*

$$E(Z) \;=\; aE(X) + bE(Y).$$

Dabei setzen wir voraus, dass entweder $a, b \geq 0$ und $X(\omega), Y(\omega) \geq 0$ für alle $\omega \in \Omega$ oder $E(|X|), E(|Y|) < \infty$. Im letzteren Falle ist auch $E(|Z|) < \infty$.

Alle diese Eigenschaften folgen aus elementaren Rechenregeln für Summen und Reihen. Nichtsdestoweniger ist vor allem Eigenschaft (c) ein sehr wertvolles Hilfsmittel. In der Sprache der linearen Algebra kann man sie auch wie folgt formulieren: Die Menge aller reellwertigen Zufallsvariablen X auf (Ω, P) mit $E(|X|) < \infty$ ist ein reeller Vektorraum. Der Erwartungswert ist eine Linearform auf diesem Vektorraum.

Beispiel 6.10 (Taxis in Lübeck) Ein Besucher von Lübeck kommt an einen Taxistand, wo drei Taxis warten. Aus Neugierde, wie groß der Taxibestand von Lübeck ist, fragt er nach den drei Konzessionsnummern. Sei Y die Menge dieser drei Zahlen. Welchen Schätzwert könnte er nun für die unbekannte Zahl N aller Taxis in Lübeck angeben? Dabei gehen wir davon aus, dass die Lübecker Taxis Konzessionsnummern von Eins bis N haben, und betrachten die Menge Y als rein zufällige drei-elementige Teilmenge von $\{1, 2, \ldots, N\}$. Dann ist sicherlich $\max(Y)$ eine untere Schranke für N und ein erster Kandidat für einen Schätzer. Stattdessen hätten wir gerne einen "unverzerrten" Schätzer $\widehat{N}$. Das heißt, $\widehat{N}$ ist eine Zufallsvariable der Form $h(Y)$, so dass

$$E(\widehat{N}) \;=\; N,$$

egal welchen Wert N hat.

Dazu betrachten wir allgemeiner eine rein zufällige n–elementige Teilmenge Y von $\{1, 2, \ldots, N\}$. Nun berechnen wir den Erwartungswert von $\max(Y)$. Für beliebige $x \in \{n, n+1, \ldots, N\}$ ist

$$P(\max(Y) = x) \;=\; \binom{x-1}{n-1} \Big/ \binom{N}{n},$$

denn nach Festlegung von $\max(Y) = x$ muss man aus der Menge $\{1, \ldots, x-1\}$ noch $n-1$ Zahlen auswählen. Für andere Zahlen x ist $P(\max(Y) = x) = 0$. Insbesondere ist

$$\sum_{x=n}^{N} \binom{x-1}{n-1} \;=\; \binom{N}{n},$$

was wir gleich brauchen werden. Denn

$$E(\max(Y)) = \sum_{x=n}^{N} x \binom{x-1}{n-1} / \binom{N}{n}$$

$$= \sum_{x=n}^{N} n \binom{x}{n} / \binom{N}{n}$$

$$= \sum_{y=n+1}^{N+1} n \binom{y-1}{(n+1)-1} / \binom{N}{n}$$

$$= n \binom{N+1}{n+1} / \binom{N}{n}$$

$$= \frac{n(N+1)}{n+1}.$$

Wenn man diese Gleichung nach N auflöst und Theorem 6.9 (a,c) anwendet, dann zeigt sich dass

$$N = E(\widehat{N}) \quad \text{mit } \widehat{N} := \frac{n+1}{n} \max(Y) - 1.$$

Speziell im Fall der drei Lübecker Taxinummern wäre also $(4/3)\max(Y) - 1$ ein unverzerrter Schätzer für N.

Beispiel 6.11 (Mittelwert einer Binomialverteilung) Für beliebige Parameter $n \in \mathbf{N}$ und $p \in [0,1]$ ist

$$\mu(\mathrm{Bin}(n,p)) = np.$$

Begründung 1: Nach Definition des Mittelwertes ist $\mu(\mathrm{Bin}(n,p))$ gleich

$$\sum_{k=0}^{n} \mathrm{Bin}(n,p)(\{k\}) \cdot k = \sum_{k=0}^{n} k \binom{n}{k} p^k (1-p)^{n-k}$$

$$= \sum_{k=1}^{n} n \binom{n-1}{k-1} p^k (1-p)^{n-k}$$

$$= n \sum_{\ell=0}^{n-1} \binom{n-1}{\ell} p^{\ell+1} (1-p)^{n-1-\ell}$$

$$= np \underbrace{\sum_{\ell=0}^{n-1} \binom{n-1}{\ell} p^{\ell} (1-p)^{n-1-\ell}}_{= 1}$$

$$= np.$$

Begründung 2: $\mathrm{Bin}(n,p)$ ist die Verteilung von $\sum_{i=1}^{n} X_i$ mit einer Bernoulli-Folge $(X_1, X_2, \dots, X_n)$ mit Parameter p. Ferner ist

$$E(X_i) \;=\; P(X_i = 0) \cdot 0 + P(X_i = 1) \cdot 1 \;=\; P(X_i = 1) \;=\; p.$$

Nach Theorem 6.9 (c) ist demnach

$$\mu(\mathrm{Bin}(n,p)) \;=\; E\left(\sum_{i=1}^{n} X_i\right) \;=\; \sum_{i=1}^{n} E(X_i) \;=\; np.$$

Beispiel 6.12 (Mittelwert einer hypergeometrischen Verteilung) Für beliebige Parameter $N, L, n \in \mathbf{N}$ mit $\max(L, n) \leq N$ ist

$$\mu(\mathrm{Hyp}(N, L, n)) \;=\; n\,\frac{L}{N}.$$

Auch diese Gleichung kann man durch eine direkte Rechnung oder mithilfe der Linearität von Erwartungswerten nachweisen. Wir wählen hier den zweiten Weg: Aus einer Urne mit N Kugeln, von denen L Stück markiert sind, ziehen wir rein zufällig und ohne Zurücklegen n Kugeln. Die Zahl S der markierten Kugeln in der Stichprobe ist hypergeometrisch verteilt mit Parametern N, L und n. Man kann schreiben

$$S \;=\; \sum_{i=1}^{n} X_i$$

mit $X_i := 1\{i\text{–te gezogene Kugel ist markiert}\}$. Mit einer einfachen kombinatorischen Überlegung kann man zeigen, dass

$$E(X_i) \;=\; P(X_i = 1) \;=\; \frac{L[N-1]_{n-1}}{[N]_n} \;=\; \frac{L}{N}.$$

Folglich ist $\mu(\mathrm{Hyp}(N, L, n)) = E(S) = nL/N$ nach Theorem 6.9 (c).

Anmerkung 6.13 (Indikatorfunktionen). Man kann Erwartungswerte als Verallgemeinerung von Wahrscheinlichkeiten betrachten. Denn für ein Ereignis $A \subset \Omega$ sei 1_A seine *Indikatorfunktion*, das heißt,

$$1_A(\omega) \;:=\; \begin{cases} 1 \text{ wenn } \omega \in A, \\ 0 \text{ wenn } \omega \in \Omega \setminus A. \end{cases}$$

Dann ist

$$P(A) \;=\; E(1_A).$$

Für Ereignisse $A, B \subset \Omega$ gelten folgende Beziehungen:

$$1_{A^c} \;=\; 1 - 1_A \quad \text{und} \quad 1_{A \cap B} \;=\; 1_A 1_B.$$

Hieraus kann man beispielsweise ableiten, dass

$$1_{A \cup B} \;=\; 1_A + 1_B - 1_A 1_B.$$

Bildet man nun den Erwartungswert der rechten und linken Seite, dann ergibt sich die bekannte Formel $P(A \cup B) = P(A) + P(B) - P(A \cap B)$. Allgemeiner gilt für Ereignisse $A_1, A_2, \dots, A_n \subset \Omega$:

$$
\begin{aligned}
1_{A_1 \cup A_2 \cup \cdots \cup A_n} &= 1 - 1_{(A_1 \cup A_2 \cup \cdots \cup A_n)^c} \\
&= 1 - 1_{A_1^c \cap A_2^c \cap \cdots \cap A_n^c} \\
&= 1 - 1_{A_1^c} 1_{A_2^c} \cdots 1_{A_n^c} \\
&= 1 - (1 - 1_{A_1})(1 - 1_{A_2}) \cdots (1 - 1_{A_n}) \\
&= \sum_i 1_{A_i} - \sum_{i<j} 1_{A_i} 1_{A_j} + \sum_{i<j<k} 1_{A_i} 1_{A_j} 1_{A_k} - + \cdots \\
&= \sum_i 1_{A_i} - \sum_{i<j} 1_{A_i \cap A_j} + \sum_{i<j<k} 1_{A_i \cap A_j \cap A_k} - + \cdots.
\end{aligned}
$$

Berechnet man nun von linker und rechter Seite den Erwartungswert unter Verwendung von Theorem 6.9 (c), so ergibt sich die Siebformel (Theorem 3.1).

6.2 Die Markov-Ungleichung

Oftmals verwendet man Erwartungswerte, um bestimmte Wahrscheinlichkeiten abzuschätzen. Dabei bedient man sich einer einfachen Ungleichung:

Lemma 6.14. *(Markov–Ungleichung) Sei X eine Zufallsvariable mit Werten in $[0, \infty[$. Dann ist*

$$
P(X \geq r) \leq \frac{E(X)}{r} \quad \text{für beliebige } r > 0.
$$

Beweis von Lemma 6.14. Die Zufallsvariable $Y := 1\{X \geq r\}$ ist punktweise kleiner oder gleich X/r, denn entweder ist $0 \leq X(\omega)/r < 1$ und $Y(\omega) = 0$, oder $1 \leq X(\omega)/r$ und $Y(\omega) = 1$. Folglich ist

$$
P(X \geq r) = E(Y) \leq E\left(\frac{X}{r}\right) = \frac{E(X)}{r}. \qquad \square
$$

Die Abschätzung von Wahrscheinlichkeiten mithilfe der Markov-Ungleichung ist auf den ersten Blick recht grob. Dennoch liefert diese Methode in vielen Fällen erstaunlich gute Resultate; siehe auch die später beschriebenen Verfeinerungen.

Beispiel 6.15 Sei X poissonverteilt mit Parameter $\lambda > 0$. Dann ist $E(X) = \lambda$, so dass für beliebige Parameter $c > 0$ gilt:

$$
P(X \geq \lambda + c) \leq \frac{\lambda}{\lambda + c}.
$$

Zum Beispiel ergibt sich für $\lambda = 10$ und $c = 20$ die Schranke $P(X \geq 30) \leq 1/3$.

6.3 Produkte von Zufallsvariablen

Als Vorbereitung auf spätere Abschnitte beschäftigen wir uns nun mit Quadraten und Produkten von Zufallsvariablen. Theorem 6.9 zeigte, dass der Erwartungswert einer Summe von Zufallsvariablen gleich der Summe der einzelnen Erwartungswerte ist. Die analoge Aussage für Produkte ist im allgemeinen falsch! Stattdessen gibt es aber Ungleichungen:

Theorem 6.16. *Seien X und Y Zufallsvariablen mit $E(X^2), E(Y^2) < \infty$. Dann ist $E(|XY|) < \infty$, und es gilt die Cauchy–Schwarz–Ungleichung,*

$$|E(XY)| \leq \sqrt{E(X^2)}\sqrt{E(Y^2)}.$$

Gleichheit gilt genau dann, wenn für eine reelle Konstante a gilt:

$$P(Y \neq aX) = 0 \quad oder \quad P(X \neq aY) = 0.$$

Speziell ist

$$E(|X|) \leq \sqrt{E(X^2)}.$$

Ferner gilt die Dreiecksungleichung,

$$\sqrt{E((X+Y)^2)} \leq \sqrt{E(X^2)} + \sqrt{E(Y^2)}.$$

Die Verbindung zur linearen Algebra ist wie folgt: Die Menge $\mathbf{V}$ aller reellwertigen Zufallsvarablen X auf (Ω, P) mit $E(X^2) < \infty$ ist ein reeller Vektorraum, bestehend aus Funktionen auf Ω. Die Abbildung

$$\mathbf{V} \times \mathbf{V} \ni (X, Y) \mapsto E(XY) \in \mathbf{R}$$

ist ein positiv semidefinites Skalarprodukt auf diesem Vektorraum. Die Abbildung

$$X \mapsto \|X\| := \sqrt{E(X^2)}$$

ist eine Seminorm auf $\mathbf{V}$. Genau gesagt, gilt für beliebige $X, Y \in \mathbf{V}$ und $a \in \mathbf{R}$:

$$\|X\| \geq 0 \quad \text{mit Gleichheit genau dann, wenn } P(X \neq 0) = 0,$$
$$\|aX\| = |a|\|X\|,$$
$$\|X + Y\| \leq \|X\| + \|Y\|.$$

Beweis von Theorem 6.16. Aus der Ungleichung $0 \leq (|X| - |Y|)^2 = X^2 + Y^2 - 2|XY|$ folgt, dass $|XY| \leq (X^2 + Y^2)/2$. Somit ist $E(|XY|)$ endlich. Nun setzen wir voraus, dass $E(X^2) > 0$. Anderenfalls wäre $P(X \neq 0) = 0$, und alle behaupteten Ungleichungen wären Gleichungen. Für $a \in \mathbf{R}$ ist

$$0 \le E\left((aX - Y)^2\right)$$
$$= E\left(a^2 X^2 - 2aXY + Y^2\right)$$
$$= a^2 E(X^2) - 2aE(XY) + E(Y^2)$$

mit Gleichheit genau dann, wenn $P(Y \ne aX) = 0$. Als Funktion von a wird die rechte Seite dieser Ungleichung minimal, wenn $a = E(XY)/E(X^2)$. Für diesen Wert von a ergibt sich die Ungleichung $0 \le E(Y^2) - |E(XY)|^2/E(X^2)$, also

$$|E(XY)|^2 \le E(X^2)E(Y^2).$$

Umgekehrt sei $P(Y \ne aX) = 0$ für irgendeine reelle Zahl a. Dann ist $E(XY) = aE(X^2)$ und $E(Y^2) = a^2 E(X^2)$, also

$$|E(XY)| = |a|E(X^2) = \sqrt{E(X^2)}\,\sqrt{E(Y^2)}.$$

Wendet man die Cauchy–Schwarz–Ungleichung auf $Y := \operatorname{sign}(X)$ an, dann folgt, dass

$$E(|X|) = E(XY) \le \sqrt{E(X^2)E(Y^2)} \le \sqrt{E(X^2)}.$$

Auch die Dreiecksungleichung ist eine Konsequenz der Cauchy-Schwarz-Ungleichung:

$$E((X + Y)^2) = E(X^2 + Y^2 + 2XY)$$
$$= E(X^2) + E(Y^2) + 2E(XY)$$
$$\le E(X^2) + E(Y^2) + 2\sqrt{E(X^2)}\,\sqrt{E(Y^2)}$$
$$= \left(\sqrt{E(X^2)} + \sqrt{E(Y^2)}\right)^2. \qquad \square$$

Eine einfache Produktregel für Erwartungswerte ist gültig, wenn die beteiligten Zufallsvariablen stochastisch unabhängig sind:

Theorem 6.17. *Seien X und Y stochastisch unabhängige Zufallsvariablen auf (Ω, P), wobei entweder $X, Y \ge 0$ auf ganz Ω, oder $E(|X|), E(|Y|) < \infty$. Dann ist*

$$E(XY) = E(X)E(Y).$$

Beweis von Theorem 6.17. Seien $\mathcal{X}, \mathcal{Y}$ abzählbre Teilmengen von $\mathbf{R}$ mit $P(X \in \mathcal{X}) = P(Y \in \mathcal{Y}) = 1$. Dann ist

$$E(XY) = \sum_{\omega \in \Omega} P(\{\omega\})\, X(\omega)Y(\omega)$$
$$= \sum_{(x,y) \in \mathcal{X} \times \mathcal{Y}} \sum_{\omega \in \Omega : X(\omega) = x, Y(\omega) = y} P(\{\omega\})\, xy$$

$$= \sum_{(x,y)\in\mathcal{X}\times\mathcal{Y}} \underbrace{P(X=x,Y=y)}_{=P(X=x)P(Y=y)} xy$$

$$= \sum_{x\in\mathcal{X}} P(X=x)\, x \sum_{y\in\mathcal{Y}} P(Y=y)\, y$$

$$= E(X)E(Y). \qquad \square$$

6.4 Varianzen und Standardabweichungen

In diesem Abschnitt betrachten wir ausschließlich Zufallsvariablen X mit $E(|X|) < \infty$. Nun suchen wir nach einfachen Kenngrößen, welche die mittlere Abweichung von X zu ihrem Erwartungswert $E(X)$ quantifizieren.

Ansatz 1. Eine naheliegende Kenngröße ist

$$E|X - E(X)| = \sum_{\omega\in\Omega} P(\{\omega\})\, |X(\omega) - E(X)|$$

$$= \sum_{x} P(X=x)\, |x - E(X)|,$$

also die mittlere absolute Differenz zwischen X und $E(X)$. Wendet man die Markov-Ungleichung auf die Zufallsvariable $|X - E(X)|$ an, so ergibt sich die Ungleichung

$$P\left(|X - E(X)| \geq \epsilon\right) \leq \frac{E|X - E(X)|}{\epsilon} \quad \text{für beliebige } \epsilon > 0.$$

Dieser Ansatz ist zwar einleuchtend, aber die konkrete Berechnung von $E|X - E(X)|$ erweist sich in vielen Fällen als schwierig.

Ansatz 2. Anstelle der mittleren absoluten Differenz zwischen X und $E(X)$ kann man auch die mittlere quadrierte Abweichung betrachten:

$$E\left((X - E(X))^2\right) = \sum_{\omega\in\Omega} P(\{\omega\})\, (X(\omega) - E(X))^2$$

$$= \sum_{x} P(X=x)(x - E(X))^2.$$

Diese Kenngröße lässt sich in vielen Fällen gut handhaben.

Definition 6.18. *(Varianz und Standardabweichung)*
(a) Die Varianz einer Zufallsvariable X ist definiert als

$$\mathrm{Var}(X) \; := \; E\left((X - E(X))^2\right) \; \in \; [0, \infty],$$

und ihre Standardabweichung ist die Zahl $\mathrm{Std}(X) := \sqrt{\mathrm{Var}(X)}$.

(b) Für ein diskretes Wahrscheinlichkeitsmaß Q auf $\mathbf{R}$ mit $\sum_r Q(\{r\})\,|r| < \infty$ ist

$$\mathrm{Var}(Q) := \sum_r Q(\{r\})\,(r - \mu(Q))^2$$

die Varianz von Q, und $\mathrm{Std}(Q) := \sqrt{\mathrm{Var}(Q)}$ ist seine Standardabweichung.

Man kann leicht zeigen, dass die Varianz von X genau dann endlich ist, wenn $E(X^2) < \infty$. Aus Theorem 6.16, angewandt auf $X - E(X)$ anstelle von X, folgt die Ungleichung

$$E|X - E(X)| \leq \mathrm{Std}(X).$$

Wendet man die Markov–Ungleichung auf die Zufallsvariable $(X - E(X))^2$ an, dann ergibt sich folgendes Resultat:

Lemma 6.19. *(Tshebyshev–Bienaymé–Ungleichung) Für beliebige $\epsilon > 0$ ist*

$$P\left(|X - E(X)| \geq \epsilon\right) \leq \frac{\mathrm{Var}(X)}{\epsilon^2}. \tag{6.1}$$

Mit anderen Worten, für beliebige $c > 0$ ist

$$P\left(|X - E(X)| \geq c\,\mathrm{Std}(X)\right) \leq \frac{1}{c^2}.$$

Anmerkung 6.20 (Varianz und Trägheitsmoment) Auch die Varianz einer Verteilung P auf $\mathbf{R}$ hat eine physikalische Interpretation: Wie in Anmerkung 6.3 stellen wir uns die reelle Achse als unendlich langen und dünnen Strohhalm vor und setzen an jeden Punkt r eine Punktmasse mit Gewicht $P(\{r\})$. Nun hängen wir dieses Gebilde an seinem Schwerpunkt $\mu(P)$ auf. Um es in Rotation mit einer bestimmten Frequenz zu versetzen, muss man eine Energiemenge aufbringen, die zu $\mathrm{Var}(P)$ proportional ist. Denn die Geschwindigkeit der Punktmasse an der Stelle $r \in \mathbf{R}$ ist ein Vielfaches von $|r - \mu(P)|$, und damit ist ihre kinetische Energie proportional zu $P(\{r\})(r - \mu(P))^2$. Insofern ist $\mathrm{Var}(P)$ proportional zum *Trägheitsmoment* unseres Gebildes.

Anmerkung 6.21 (Konstante Prädiktoren) Für eine Zufallsvariable X mit $E(X^2) < \infty$ tauchen $E(X)$ und $\mathrm{Var}(X)$ in natürlicher Weise auf, wenn man ein *Vorhersageproblem* betrachtet: Angenommen man möchte den Wert der Zufallsvariable X durch eine feste Zahl $r \in \mathbf{R}$ vorhersagen. Dann ist

$$E((X - r)^2)$$

der entsprechende *mittlere quadrierte Vorhersagefehler*. Hierfür kann man schreiben

$$\begin{aligned}
E((X - r)^2) &= E(X^2 - 2rX + r^2) \\
&= E(X^2) - 2rE(X) + r^2 \\
&= E(X^2) - E(X)^2 + (r - E(X))^2.
\end{aligned}$$

Folglich ist $r = E(X)$ die eindeutige optimale Vorhersage für X, und der entsprechende Vorhersagefehler ist

$$\text{Var}(X) = E(X^2) - E(X)^2. \tag{6.2}$$

Beispiel 6.22 (Varianz der Laplaceverteilung auf $\{1, 2, \ldots, N\}$) Sei Y eine auf $\{1, 2, \ldots, N\}$ uniform verteilte Zufallsvariable. Dann kann man zeigen, dass

$$E(Y) = \frac{N+1}{2} \quad \text{und} \quad E(Y^2) = \frac{(N+1)(2N+1)}{6}.$$

Hieraus folgt, dass $\text{Var}(Y) = E(Y^2) - E(Y)^2$ gleich $(N^2 - 1)/12$ ist, und die Standardabweichung von Y ist $\text{Std}(Y) = \sqrt{(N^2 - 1)/12} \leq N/\sqrt{12}$.

Beispiel 6.23 (Varianz von Poissonverteilungen) In Aufgabe 6.9 wird gezeigt, dass für eine Zufallsvariable X mit Verteilung $\text{Poiss}(\lambda)$ gilt:

$$E([X]_k) = \lambda^k \quad \text{für alle } k \in N_0.$$

Daraus kann man ableiten, dass $\text{Var}(\text{Poiss}(\lambda)) = \lambda = \mu(\text{Poiss}(\lambda))$. Insbesondere ist

$$\text{Std}(\text{Poiss}(\lambda)) = \sqrt{\lambda}.$$

Nun kann man die Schranke von Beispiel 6.15 wie folgt verfeinern: Für $\lambda > 0$ und $c > 0$ ist

$$P(X \geq \lambda + c) \leq P(|X - \lambda| \geq c) \leq \frac{\lambda}{c^2}.$$

Aufgabe 6.14 liefert noch eine Verfeinerung hiervon.

6.5 Kovarianzen

Bevor wir Varianzen für weitere Beispiele berechnen, überlegen wir grundsätzlich, wie man die Varianz von Summen von Zufallsvariablen berechnen kann. Für Zufallsvariablen X und Y ist

$$((X + Y) - E(X + Y))^2$$
$$= (X - E(X))^2 + (Y - E(Y))^2 + 2(X - E(X))(Y - E(Y)).$$

Bildet man nun Erwartungswerte von beiden Seiten, dann tauchen $\text{Var}(X)$, $\text{Var}(Y)$ sowie der Erwartungswert von $(X - E(X))(Y - E(Y))$ auf.

Definition 6.24. (Kovarianz) *Seien X und Y Zufallsvariablen mit endlichen zweiten Momenten $E(X^2)$ und $E(Y^2)$. Die Kovarianz von X und Y ist definiert als die Zahl*

$$\text{Cov}(X, Y) := E\left((X - E(X))(Y - E(Y))\right).$$

Insbesondere ist $\text{Var}(X) = \text{Cov}(X, X)$.

Wir können also sagen, dass

$$\text{Var}(X + Y) = \text{Var}(X) + \text{Var}(Y) + 2\,\text{Cov}(X, Y). \tag{6.3}$$

Je nach Vorzeichen von $\text{Cov}(X, Y)$ ist die Varianz der Summe $X + Y$ kleiner, gleich oder größer als die Summe $\text{Var}(X) + \text{Var}(Y)$.

Anmerkung 6.25 (Eigenschaften von Kovarianzen) Für X, Y wie in Definition 6.24 und reelle Zahlen a, b, c, d gilt:

(a) $|\text{Cov}(X, Y)| \leq \sqrt{\text{Var}(X)}\sqrt{\text{Var}(Y)}$.

(b) $\text{Cov}(X, Y) = E(XY) - E(X)E(Y)$.

(c) $\text{Cov}(a + bX, c + dY) = bd\,\text{Cov}(X, Y)$ und $\text{Var}(a + bX) = b^2\,\text{Var}(X)$. Insbesondere ist $\text{Std}(a + bX) = |b|\,\text{Std}(X)$.

(d) $\text{Cov}(X, Y) = 0$ falls X und Y stochastisch unabhängig sind.

Eigenschaft (a) ist die Cauchy–Schwarz–Ungleichung, angewandt auf die Zufallsvariablen $X - E(X)$ und $Y - E(Y)$. Hier der Nachweis von Eigenschaft (b):

$$\begin{aligned}
\text{Cov}(X, Y) &= E(XY - E(X)Y - E(Y)X + E(X)E(Y)) \\
&= E(XY) - E(X)E(Y) - E(Y)E(X) + E(X)E(Y) \\
&= E(XY) - E(X)E(Y).
\end{aligned}$$

Eigenschaft (c) ergibt sich aus der Gleichung

$$\begin{aligned}
&((a + bX) - E(a + bX))\,((c + dY) - E(c + dY)) \\
&= (bX - bE(X))(dY - dE(Y)) = bd\,(X - E(X))(Y - E(Y)).
\end{aligned}$$

Der zweite Teil von (c) ist ein Spezialfall des ersten Teils. Eigenschaft (d) ergibt sich aus Eigenschaft (b) und Theorem 6.17, wonach $E(XY) = E(X)E(Y)$ im Falle von stochastisch unabhängigen Zufallsvariablen.

Anmerkung 6.26 (Lineare Prädiktoren) Auch die Kovarianz tritt bei einem Vorhersageproblem auf: Seien X, Y Zufallsvariablen wie in Definition 6.24. Angenommen man beobachtet nur den Wert X und möchte den Wert Y durch eine affin lineare Funktion von X vorhersagen, also durch einen Ausdruck der Form $a + bX$ mit reellen Konstanten a, b. Der mittlere quadrierte Vorhersagefehler ist dann

$$E\left((Y - a - bX)^2\right).$$

Wir betrachten nur den Fall, dass $\text{Var}(X) > 0$, denn sonst wäre X im wesentlichen eine Konstante. Aus der Gleichung (6.2) folgt zunächst, dass

$$\begin{aligned}
E\left((Y - a - bX)^2\right) &= \left(E(Y - a - bX)\right)^2 + \text{Var}(Y - a - bX) \\
&= \left(E(Y) - bE(X) - a\right)^2 + \text{Var}(Y - bX).
\end{aligned}$$

Bei festem b ist dies minimal genau dann, wenn

$$a = E(Y) - bE(X).$$

Ferner folgt aus den Eigenschaften von Kovarianzen, dass

$$\begin{aligned}
\operatorname{Var}(Y - bX) &= \operatorname{Var}(Y) - 2b\operatorname{Cov}(X,Y) + b^2 \operatorname{Var}(X) \\
&= \operatorname{Var}(Y) - \operatorname{Cov}(X,Y)^2 / \operatorname{Var}(X) \\
&\quad + \operatorname{Var}(X) \left(\operatorname{Cov}(X,Y)/\operatorname{Var}(X) - b\right)^2.
\end{aligned}$$

Der mittlere quadratische Vorhersagefehler wird also minimal, wenn

$$b = \frac{\operatorname{Cov}(X,Y)}{\operatorname{Var}(X)}.$$

Zusammenfassend kann man den optimalen linearen Prädiktor schreiben als

$$E(Y) + \frac{\operatorname{Cov}(X,Y)}{\operatorname{Var}(X)}(X - E(X)).$$

Zum optimalen konstanten Prädiktor $E(Y)$ addiert man also den Term $b(X - E(X))$ mit Erwartungswert Null.

Die Varianzformel (6.3) kann man per Induktion und mit Hilfe der Eigenschaften in Anmerkung 6.25 auf Linearkombinationen von beliebig vielen Zufallsvariablen verallgemeinern:

Lemma 6.27. *(Varianz-Kovarianz-Formel) Für Zufallsvariablen $X_1, X_2, \ldots,$ X_n mit $E(X_i^2) < \infty$ und reelle Konstanten $a_1, a_2, \ldots, a_n$ ist*

$$\begin{aligned}
\operatorname{Var}\left(\sum_{i=1}^{n} a_i X_i\right) &= \sum_{i,j=1}^{n} a_i a_j \operatorname{Cov}(X_i, X_j) \\
&= \sum_{i=1}^{n} a_i^2 \operatorname{Var}(X_i) + 2 \sum_{1 \le i < j \le n} a_i a_j \operatorname{Cov}(X_i, X_j).
\end{aligned}$$

Sind die Variablen $X_1, X_2, \ldots, X_n$ stochastisch unabhängig, so ist

$$\operatorname{Var}\left(\sum_{i=1}^{n} a_i X_i\right) = \sum_{i=1}^{n} a_i^2 \operatorname{Var}(X_i). \qquad \square$$

Beispiel 6.28 (Varianz von Binomialverteilungen) Für beliebige Parameter $n \in \mathbf{N}$ und $p \in [0,1]$ ist

$$\operatorname{Var}(\operatorname{Bin}(n,p)) = n\,p(1-p) \le \frac{n}{4}, \tag{6.4}$$

und die Standardabweichung von $\operatorname{Bin}(n,p)$ ist $\sqrt{np(1-p)}$; siehe unten. Für eine beliebige Zufallsvariable S mit Verteilung $\operatorname{Bin}(n,p)$ folgt also aus der Tshebyshev–Ungleichung (6.1), dass

$$P\left(|S - np| \geq c\sqrt{n}\right) \leq \frac{p(1-p)}{c^2}$$

für $c > 0$. In manchen Anwendungen, beispielsweise bei Wahlprognosen, ist p ein unbekannter Parameter, den man durch $\widehat{p} := S/n$ schätzt. Über die Präzision dieses Schätzers können wir nun folgende Aussage machen:

$$P\left(|\widehat{p} - p| \geq \frac{c}{\sqrt{n}}\right) \leq \frac{p(1-p)}{c^2} \quad \text{für alle } c > 0.$$

Nachweis von (6.4). Sei $S = \sum_{i=1}^n X_i$ mit einer Bernoullifolge $(X_1, \ldots, X_n)$ mit Parameter p. Da die X_i nur Werte in $\{0, 1\}$ annehmen, ist $X_i^2 = X_i$ und $E(X_i^2) = E(X_i) = p$, also

$$\text{Var}(X_i) = p - p^2 = p(1 - p).$$

Wegen der stochastischen Unabhängigkeit der X_i können wir den zweiten Teil von Lemma 6.27 anwenden:

$$\text{Var}(\text{Bin}(n, p)) = \text{Var}(S) = \sum_{i=1}^n \text{Var}(X_i) = n\, p(1 - p).$$

Die Ungleichung $p(1-p) \leq 1/4$ ergibt sich aus der Formel $p(1-p) = 1/4 - (p - 1/2)^2$. □

Beispiel 6.29 (Varianz von hypergeometrischen Verteilungen) Für beliebige Parameter $N, L, n \in \mathbf{N}$ mit $\max(L, n) \leq N$ ist

$$\text{Var}(\text{Hyp}(N, L, n)) = n\, \frac{L(N - L)}{N^2}\, \frac{N - n}{N - 1}. \tag{6.5}$$

Man beachte, dass $L(N - L)/N^2 = (L/N)(1 - (L/N))$ und somit

$$\text{Var}(\text{Hyp}(N, L, n)) = \text{Var}\left(\text{Bin}\left(n, \frac{L}{N}\right)\right) \frac{N - n}{N - 1}.$$

Somit hat die hypergeometrische Verteilung den gleichen Mittelwert wie $\text{Bin}(n, L/N)$, aber eine um den Faktor $(N - n)/(N - 1)$ geringere Varianz.

Nachweis von (6.5). Wir betrachten erneut eine Urne mit N Kugeln, von denen L Stück markiert sind, ziehen rein zufällig und ohne Zurücklegen n Kugeln und betrachten die Zufallsvariable $S = \sum_{i=1}^n X_i$. Dabei ist X_i der Indikator, dass die i-te gezogene Kugel markiert ist. Hier ist $E(X_i^2) = E(X_i) = P(X_i = 1) = L/N$ (siehe Beispiel 6.12), also

$$\text{Var}(X_i) = \frac{L}{N} - \left(\frac{L}{N}\right)^2 = \frac{L(N - L)}{N^2}.$$

Für $i \neq j$ ist

$$E(X_i X_j) = P(X_i = X_j = 1) = \frac{L(L-1)[N-2]_{n-2}}{[N]_n} = \frac{L(L-1)}{N(N-1)},$$

also

$$\mathrm{Cov}(X_i, X_j) = \frac{L(L-1)}{N(N-1)} - \left(\frac{L}{N}\right)^2 = \frac{L(L-N)}{N^2(N-1)} = -\frac{\mathrm{Var}(X_1)}{N-1}.$$

Aus der Varianz-Kovarianz-Formel (Theorem 6.27) folgt nun, dass

$$\mathrm{Var}(S) = n\,\mathrm{Var}(X_1) + n(n-1)\,\mathrm{Cov}(X_1, X_2) = n\,\mathrm{Var}(Y_1)\left(1 - \frac{n-1}{N-1}\right)$$

$$= n\,\frac{L(N-L)}{N^2}\,\frac{N-n}{N-1}. \qquad \square$$

Beispiel 6.30 (Zum 'Sekretärinnenproblem') In Abschnitt 4.3.1 betrachteten wir die Laplaceverteilung P auf der Menge $\mathcal{S}_n$ aller Permutationen von $(1, 2, \ldots, n)$ und definierten die sequentiellen Ränge $X_k(\omega) := \#\{i \le k : \omega_i \le \omega_k\}$. Eine besondere Rolle spielten dabei diejenigen Indizes k, so dass $\omega_k > \omega_i$ für alle $i < k$, was gleichbedeutend ist mit $X_k(\omega) = k$. (Das k–te betrachtete Objekt ist besser als alle Vorgänger.) Die Frage ist nun, wieviele solche Zeitpunkte es überhaupt gibt. Wir betrachten also die Zufallsvariable

$$Z := \#\{k \le n : X_k = k\} = \sum_{k=1}^{n} Y_k$$

mit $Y_k := 1\{X_k = k\}$. Die exakte Verteilung von Z war Gegenstand einer Übungsaufgabe; uns interessieren nun Erwartungswert und Standardabweichung von Z. In Abschnitt 4.3.1 wurde bereits gezeigt, dass die Zufallsvariablen $X_1, X_2, \ldots, X_n$ stochastisch unabhängig sind, und dass X_k auf $\{1, \ldots, k\}$ uniform verteilt ist. Folglich sind auch die Summanden $Y_1, Y_2, \ldots, Y_n$ stochastisch unabhängig mit

$$P(Y_k = 1) = 1 - P(Y_k = 0) = \frac{1}{k}.$$

Insbesondere ist $E(Y_k) = P(Y_k = 1) = 1/k$, so dass

$$E(Z) = H_n := \sum_{k=1}^{n} \frac{1}{k}.$$

Wegen $E(Y_k^2) = E(Y_k) = 1/k$ ist $\mathrm{Var}(Y_k) = 1/k(1 - 1/k)$, also

$$\mathrm{Var}(Z) = \sum_{k=1}^{n} \frac{1}{k}\left(1 - \frac{1}{k}\right) \le H_n.$$

Insbesondere ist $\mathrm{Std}(Z) \le \sqrt{H_n}$. Berücksichtigt man noch die Ungleichungen

$$\log(n+1) \;\leq\; H_n \;\leq\; \log n + 1,$$

dann ergibt sich aus der Tshebyshev-Ungleichung, dass der Quotient $Z/\log n$ für große Werte von n nahe an Eins ist: Für beliebige $\epsilon > 0$ ist

$$\lim_{n\to\infty} P\left(\left|\frac{Z}{\log n} - 1\right| \geq \epsilon\right) = 0.$$

6.6 Anwendungen

6.6.1 Die Laufzeit von Quicksort

Wie in Kapitel 4.5 sei V die Zahl von Paarvergleichen, die Randomized Quick-Sort benötigt, um ein Tupel z von n paarweise verschiedenen Zahlen zu sortieren.

Theorem 6.31. *Es ist*

$$E(V) \;=\; \sum_{d=1}^{n-1} \frac{2(n-d)}{d+1} \begin{cases} \leq 2n\log n, \\ \geq 2n\log n - 4n. \end{cases}$$

Im Mittel benötigt man also zum Sortieren von z circa $2n\log n$ Paarvergleiche. Zur Varianz von V beweisen wir folgende Ungleichung:

Theorem 6.32.
$$\mathrm{Var}(V) \;\leq\; 3n(n-1).$$

Korollar 6.33. *Für beliebige $c, \epsilon > 0$ ist*

$$P\big(V \geq 2n\log n + cn\big) \;\leq\; \frac{3}{c^2}$$

und

$$P\left(\left|\frac{V}{2n\log n} - 1\right| \geq \epsilon\right) \;\leq\; \frac{5}{\epsilon^2(\log n)^2}.$$

Nun wissen wir also, grob gesagt, dass für große Zahlen n der Quotient $V/(2n\log n)$ nahe an Eins ist. Eine genauere Analyse der Laufzeit von Quick-Sort liefert Rösler (1991). Der verwandte Algorithmus 'Find' wird von Grübel und Rösler (1996) analysiert.

Beweis von Theorem 6.31. Seien $z_{(1)} < z_{(2)} < \cdots < z_{(n)}$ die der Größe nach geordneten Komponenten von z. Dann kann man schreiben:

$$V \;=\; \sum_{1 \leq i < j \leq n} Y_{ij}$$

mit dem Indikator Y_{ij}, dass beim Sortieren von z die Komponenten $z_{(i)}$ und $z_{(j)}$ verglichen werden. In Theorem 4.23 wurde gezeigt, dass $E(Y_{ij}) = P(Y_{ij} = 1)$ gleich $2/(j - i + 1)$ ist. Also ist $E(V)$ gleich

$$\sum_{1 \leq i < j \leq n} E(Y_{ij}) = \sum_{1 \leq i < j \leq n} \frac{2}{j - i + 1} = \sum_{d=1}^{n-1} \sum_{i=1}^{n-d} \frac{2}{d+1} = \sum_{d=1}^{n-1} \frac{2(n-d)}{d+1}.$$

Einerseits ist

$$E(V) \leq 2n \sum_{d=1}^{n-1} \frac{1}{d+1} \leq 2n \sum_{d=1}^{n-1} \int_d^{d+1} \frac{1}{x}\, dx = 2n \int_1^n \frac{1}{x}\, dx = 2n \log n,$$

und andererseits ist

$$E(V) \geq 2n \sum_{d=1}^{n-1} \frac{1}{d+1} - 2n \geq 2n \sum_{d=1}^{n-1} \int_{d+1}^{d+2} \frac{1}{x}\, dx - 2n$$

$$= 2n \left(\log(n+1) - \log 2 \right) - 2n \geq 2n \log n - 4n. \qquad \square$$

Beweis von Theorem 6.32: Wie im Beweis von Theorem 6.31 schreiben wir $V = \sum_{(i,j) \in \Lambda} Y_{ij}$, wobei Λ die Menge aller Indexpaare (i, j) mit $1 \leq i < j \leq n$ bezeichnet. Nach Theorem 4.23 ist $E(Y_{ij}) = P(Y_{ij} = 1) = 2p(j - i)$ mit

$$p(d) := \frac{1}{d+1}.$$

Nun verwenden wir die Varianz–Kovarianz–Formel (Lemma 6.27), um die Varianz von V nach oben abzuschätzen: Dazu betrachten wir zwei beliebige Indexpaare (i, j) und (k, ℓ) aus Λ. Man kann zeigen, dass

$$\mathrm{Cov}(Y_{ij}, Y_{k\ell}) \leq \begin{cases} 2p(j - i) & \text{falls } (i, j) = (k, \ell), \\ p(c - a) & \text{falls } \{i, j, k, \ell\} = \{a, b, c\} \text{ mit } a < b < c, \\ 0 & \text{falls } \#\{i, j, k, \ell\} = 4. \end{cases} \quad (6.6)$$

Zusammen mit Lemma 6.27 folgt hieraus, dass

$$\mathrm{Var}(V) = \sum_{(i,j) \in \Lambda} \sum_{(k,\ell) \in \Lambda} \mathrm{Cov}(Y_{ij}, Y_{k\ell})$$

$$= \sum_{(i,j) \in \Lambda} \mathrm{Var}(Y_{ij})$$

$$+ 2 \sum_{(a,b,c)\,:\,a < b < c} \left(\mathrm{Cov}(Y_{ab}, Y_{bc}) + \mathrm{Cov}(Y_{ab}, Y_{ac}) + \mathrm{Cov}(Y_{ac}, Y_{bc}) \right)$$

$$+ \sum_{(i,j),(k,\ell) \in \Lambda\,:\,\#\{i,j,k,\ell\}=4} \mathrm{Cov}(Y_{ij}, Y_{k\ell})$$

$$\leq \sum_{(i,j) \in \Lambda} \frac{2}{j - i + 1} + \sum_{(a,b,c)\,:\,a < b < c} \frac{6}{c - a + 1} + 0$$

$$= \sum_{(i,j)\in\Lambda} \frac{2}{j-i+1} + \sum_{(a,c)\in\Lambda} \frac{6(c-a-1)}{c-a+1}$$

$$= \sum_{(i,j)\in\Lambda} \frac{2}{j-i+1} + \sum_{(a,c)\in\Lambda} \left(6 - \frac{12}{c-a+1}\right)$$

$$\leq 6\binom{n}{2}$$

$$= 3n(n-1).$$

Beweis von (6.6). Zur Berechnung von $E(Y_{ij}Y_{k\ell}) = P(Y_{ij} = Y_{k\ell} = 1)$ betrachten wir die Zufallsindizes, die im Verlauf von QuickSort verwendet werden. Dabei schreiben wir diese Indizes nun in Bezug auf die sortierte Liste $(z_{(1)}, z_{(2)}, \ldots, z_{(n)})$. Für $(i,j) \in \Lambda$ sei T_{ij} der erste Zufallsindex, welcher in das Intervall $\{i, \ldots, j\}$ fällt. Dann ist

$$Y_{ij} = 1 \quad \text{genau dann, wenn} \quad T_{ij} \in \{i, j\}.$$

Für diese "Erstindizes" T_{ij} gelten zwei Tatsachen:

Tatsache 1. Für $(i,j) \in \Lambda$ und $s \in \{i, j\}$ ist

$$P(T_{ij} = s) = p(j - i).$$

(Insbesondere ist $P(Y_{ij} = 1) = P(T_{ij} \in \{i, j\}) = 2p(j - i)$.)

Tatsache 2. Seien $(a,b), (c,d) \in \Lambda$ mit $[a, b] \supset [c, d]$ oder $[a, b] \cap [c, d] = \emptyset$. Für ganze Zahlen $s \in [a, b] \setminus [c, d]$ und $t \in [c, d]$ ist dann

$$P(T_{ab} = s, T_{cd} = t) = p(b - a)\, p(d - c).$$

Beide Tatsachen sind intuitiv einleuchtend, wenn man eine Weile über sie nachdenkt. Man kann sie formal durch vollständige Induktion nach n beweisen. Da die Argumente analog zu denjenigen im Beweis von Theorem 4.23 sind, verzichten wir auf die technischen Details. Aus den Tatsachen 1 und 2 leiten wir nun die Ungleichungen (6.6) ab. Aus Symmetriegründen betrachten wir nur Paare (i,j) und (k,ℓ) mit $i \leq k$:

Fall 1: $(i,j) = (k,\ell)$. Hier ist

$$\text{Cov}(Y_{ij}, Y_{k\ell}) = \text{Var}(Y_{ij}) \leq P(Y_{ij} = 1) = 2p(j - i).$$

Fall 2: $\{i, j, k, \ell\} = \{a, b, c\}$ *mit* $a < b < c$. Zum einen ist

$$P(Y_{ab} = Y_{bc} = 1) = P(T_{ac} = b)$$
$$+ P(T_{ac} = a, T_{bc} \in \{c, b\}) + P(T_{ac} = c, T_{ab} \in \{a, b\})$$
$$= p(c - a) + 2p(c - a)p(c - b) + 2p(c - a)p(b - a)$$
$$\leq p(c - a) + 2p(b - a)p(c - b) + 2p(c - b)p(b - a)$$
$$= p(c - a) + 4p(b - a)p(c - b)$$
$$= p(c - a) + E(Y_{ab})E(Y_{bc}),$$

also $\mathrm{Cov}(Y_{ab}, Y_{bc}) \leq p(c-a)$. Ferner ist

$$
\begin{aligned}
P(Y_{ab} = Y_{ac} = 1) &= P(T_{ac} = a) + P(T_{ac} = c, T_{ab} \in \{a, b\}) \\
&= p(c-a) + 2p(c-a)p(b-a) \\
&\leq p(c-a) + E(Y_{ab})E(Y_{ac}),
\end{aligned}
$$

also $\mathrm{Cov}(Y_{ab}, Y_{ac}) \leq p(c-a)$. Analog zeigt man, dass $\mathrm{Cov}(Y_{ac}, Y_{bc}) \leq p(c-a)$.
Fall 3: $\{i, j, k, \ell\} = \{a, b, c, d\}$ mit $a < b < c < d$. Zum einen ist

$$
\begin{aligned}
P(Y_{ab} = Y_{cd} = 1) &= P(T_{ab} \in \{a, b\}, T_{cd} \in \{c, d\}) \\
&= 4p(b-a)p(d-c) \\
&= E(Y_{ab})E(Y_{cd}),
\end{aligned}
$$

also $\mathrm{Cov}(Y_{ab}, Y_{cd}) = 0$. Analog zeigt man, dass $\mathrm{Cov}(Y_{ad}, Y_{bc}) = 0$. Schließlich ist

$$
\begin{aligned}
P(Y_{ac} = Y_{bd} = 1) &= P(T_{ad} = a, T_{bd} \in \{b, d\}) + P(T_{ad} = d, T_{ac} \in \{a, c\}) \\
&= 2p(d-a)p(d-b) + 2p(d-a)p(c-a) \\
&\leq 2p(c-a)p(d-b) + 2p(d-b)p(c-a) \\
&= E(Y_{ac})E(Y_{bd}),
\end{aligned}
$$

also $\mathrm{Cov}(Y_{ac}, Y_{bd}) \leq 0$. $\qquad\square$

Beweis von Korollar 6.33. Aus der Tshebyshev-Ungleichung (6.1), der Ungleichung $E(V) \leq 2n \log n$ von Theorem 6.31 sowie Theorem 6.32 folgt, dass

$$
P(V \geq 2n \log n + cn)
$$
$$
\leq P(V \geq E(V) + cn) \ \leq \ P\left(|V - E(V)| \geq cn\right) \ \leq \ \frac{\mathrm{Var}(V)}{c^2 n^2} \ \leq \ \frac{3}{c^2}.
$$

Zusammen mit der unteren Schranke $2n \log n - 4n$ für $E(V)$ aus Theorem 6.31 ergibt sich die Ungleichung

$$
\begin{aligned}
E\left(\left(\frac{V}{2n \log n} - 1\right)^2\right) &= \frac{(E(V) - 2n \log n)^2 + \mathrm{Var}(V)}{4n^2 (\log n)^2} \ \leq \ \frac{16n^2 + 3n^2}{4n^2 (\log n)^2} \\
&\leq \frac{5}{(\log n)^2}.
\end{aligned}
$$

Aus der Markov–Ungleichung, angewandt auf $X = (V/(2n \log n) - 1)^2$ und $r = \epsilon^2$, folgt dann die zweite behauptete Ungleichung. $\qquad\square$

6.6.2 Der Weierstraßsche Approximationssatz

Als Anwendung unserer Gleichungen und Ungleichungen für Binomialverteilungen beweisen wir den Weierstraßschen Approximationssatz. Dieser besagt, dass man eine beliebige stetige Funktion f auf $[0,1]$ durch Polynome approximieren kann, so dass die maximale Abweichung auf $[0,1]$ beliebig klein wird.

Die hier benutzte Beweismethode ist auch von eigenem Interesse, da sie Anwendungen in der Computergraphik hat[1]. Sie basiert auf den Funktionen

$$x \mapsto B_n f(x) := \sum_{k=0}^{n} \binom{n}{k} x^k (1-x)^{n-k} f\left(\frac{k}{n}\right).$$

Für alle $k = 0, 1, \ldots, n$ ist die Funktion $x \mapsto x^k(1-x)^{n-k}$ ein Polynom n–ten Grades. Also handelt es sich bei $B_n f$ um ein Polynom n–ter Ordnung, das n–te Bernstein–Polynom von f. Seine Koeffizienten hängen von den $n+1$ Funktionswerten $f(0), f(1/n), f(2/n), \ldots, f(1)$ ab. Im Falle einer hinreichend glatten Funktion f kann man den Approximationsfehler $B_n f - f$ explizit abschätzen:

Theorem 6.34. *(a) Sei f eine stetige Funktion auf $[0,1]$. Dann ist*

$$\lim_{n \to \infty} \max_{x \in [0,1]} |B_n f(x) - f(x)| = 0.$$

(b) Sei f sogar Lipschitz-stetig mit Konstante L. Das heißt, $|f(x) - f(y)| \leq L|x - y|$ für alle $x, y \in [0,1]$. Dann ist

$$\max_{x \in [0,1]} |B_n f(x) - f(x)| \leq \frac{L}{2\sqrt{n}}.$$

(c) Sei f zweimal differenzierbar auf $[0,1]$ mit Ableitungen f' und f'', so dass $|f''| \leq M$ für eine Konstante M. Dann ist

$$\max_{x \in [0,1]} |B_n f(x) - f(x)| \leq \frac{M}{8n}.$$

Beweis von Theorem 6.34. Für eine beliebige feste Zahl $p \in [0,1]$ sei S binomialverteilt mit Parametern n und p, und sei $\widehat{p} := S/n$, also $P(\widehat{p} = k/n) = \binom{n}{k} p^k (1-p)^{n-k}$. Dann ist

$$B_n f(p) = \sum_{k=0}^{n} P\left(\widehat{p} = \frac{k}{n}\right) f\left(\frac{k}{n}\right) = E f(\widehat{p}).$$

Nun benötigen wir nur die mittlerweile bekannten Tatsachen, dass $E(\widehat{p}) = p$ und $\mathrm{Var}(\widehat{p}) = \leq 1/(4n)$.

Beweis von Teil (a). Nach der Tshebyshev-Ungleichung ist $P(|\widehat{p} - p| \geq \epsilon)$ nicht größer als $(4n\epsilon^2)^{-1}$ für beliebige $\epsilon > 0$. Für $r > 0$ bezeichnen wir mit

---

[1] Stichwort "Bézier-Kurven"

$\Delta(f, r)$ die maximale Fluktuation von f auf Intervallen, die nicht länger als r sind, also

$$\Delta(f, r) := \sup_{y, z \in [0,1] \,:\, |y-z| \leq r} |f(y) - f(z)|.$$

Dann gilt für beliebige $\epsilon > 0$:

$$
\begin{aligned}
|B_n f(p) - f(p)| &= |E\left(f(\widehat{p}) - f(p)\right)| \\
&\leq E\left(|f(\widehat{p}) - f(p)|\right) \\
&= E\left(1\{|\widehat{p} - p| < \epsilon\}\, |f(\widehat{p}) - f(p)|\right) \\
&\quad + E\left(1\{|\widehat{p} - p| \geq \epsilon\}\, |f(\widehat{p}) - f(p)|\right) \\
&\leq \Delta(f, \epsilon) + E\left(1\{|\widehat{p} - p| \geq \epsilon\}\Delta(f, 1)\right) \\
&= \Delta(f, \epsilon) + \Delta(f, 1)P\left(|\widehat{p} - p| \geq \epsilon\right) \\
&\leq \Delta(f, \epsilon) + \frac{\Delta(f, 1)}{4n\epsilon^2}.
\end{aligned}
$$

Diese Schranke hängt nicht mehr von $p \in [0, 1]$ ab. Setzt man beispielsweise $\epsilon = \epsilon_n := n^{-1/3}$, dann konvergiert sie gegen Null für $n \to \infty$. Dabei verwenden wir die Tatsache, dass eine auf dem kompakten Intervall $[0, 1]$ stetige Funktion dort automatisch *gleichmäßig stetig* ist. Das heißt, $\lim_{r \to 0} \Delta(f, r) = 0$.

Beweis von Teil (b). Aus der Voraussetzung an f folgt, dass $|f(\widehat{p}) - f(p)| \leq L|\widehat{p} - p|$, so dass

$$|B_n f(p) - f(p)| \leq E\left(L|\widehat{p} - p|\right) \leq L\sqrt{\operatorname{Var}(\widehat{p})} \leq \frac{L}{2\sqrt{n}}.$$

Beweis von Teil (c). Nach der Taylorformel ist

$$f(\widehat{p}) = f(p) + f'(p)(\widehat{p} - p) + \frac{f''(\widehat{\xi})}{2}(\widehat{p} - p)^2$$

für eine (zufällige) Zwischenstelle $\widehat{\xi} \in [0, 1]$. Folglich ist

$$
\begin{aligned}
|B_n f(p) - f(p)| &= |E\left(f(\widehat{p}) - f(p)\right)| \\
&= \left|E\left(f'(p)(\widehat{p} - p) + \frac{f''(\widehat{\xi})}{2}(\widehat{p} - p)^2\right)\right| \\
&= \left|f'(p)\underbrace{\left(E(\widehat{p}) - p\right)}_{=0} + E\left(\frac{f''(\widehat{\xi})}{2}(\widehat{p} - p)^2\right)\right| \\
&\leq E\left(\frac{M}{2}(\widehat{p} - p)^2\right) \\
&= \frac{M}{2}\operatorname{Var}(\widehat{p}) \\
&\leq \frac{M}{8n}. \qquad \square
\end{aligned}
$$

Wir illustrieren die Bernsteinpolynome $B_n f$ für drei verschiedene Funktionen f. In allen folgenden Abbildungen wird der Graph von f durch eine dünne Linie dargestellt, die Stützstellen $(k/n, f(k/n))$ für $B_n f$ werden etwas hervorgehoben, und der Graph von $B_n f$ ist die kräftigere Linie.

Unser erstes Beispiel für f ist

$$f(x) := |x - 1/2|. \tag{6.7}$$

Die Voraussetzung von Theorem 6.34 (b) ist erfüllt mit $L = 1$. Abbildung 6.1 zeigt zwei verschiedene Bernsteinpolynome.

Das zweite Beispiel für f ist

$$f(x) := \frac{1}{\exp(5 - 10x) + 1}. \tag{6.8}$$

Nun sind sogar die stärkeren Voraussetzungen von Teil (c) erfüllt. Dies spiegelt sich auch in deutlich kleineren Approximationsfehlern von $B_n f$ wieder; siehe Abbildung 6.2.

Als drittes Beispiel betrachten wir

$$f(x) := x \sin\left(\frac{4\pi}{\sqrt{x}}\right) \tag{6.9}$$

mit $f(0) := 0$. Diese Funktion ist stetig, erfüllt aber nicht die Glattheitsbedingungen von Teil (b) oder (c). In der Tat benötigt man deutlich größere Zahlen n um eine gute Approximation zu erhalten; siehe Abbildung 6.3.

6.6.3 Stochastische Aspekte von Sequenzvergleichen

In der Molekularbiologie werden oft Sequenzen von Aminosäuren (Gene) oder Sequenzen von Desoxynukleinsäuren (Bausteine des Genoms) experimentell bestimmt. Danach sucht man in umfangreichen Datenbanken nach ähnlichen Sequenzen, um beispielsweise etwas über die Funktion der Sequenz herauszufinden. Aufgrund der enormen und immer noch zunehmenden Größe der Genomdatenbanken muss man damit rechnen, dass man zu jeder Testsequenz ähnliche Abschnitte findet, selbst wenn es keinen "echten" Zusammenhang gibt.

Um dieses Problem besser zu verstehen, betrachten wir im Folgenden zufällig erzeugte Buchstabensequenzen. Solche Betrachtungen werden tatsächlich dazu verwendet, Ergebnisse der oben erwähnten Datenbankrecherchen vorzubewerten. Für den genaueren biologischen Kontext verweisen wir auf die Monographie von Waterman (1995). Algorithmische Aspekte von Sequenzvergleichen werden von Gusfield (1997) ausführlich behandelt.

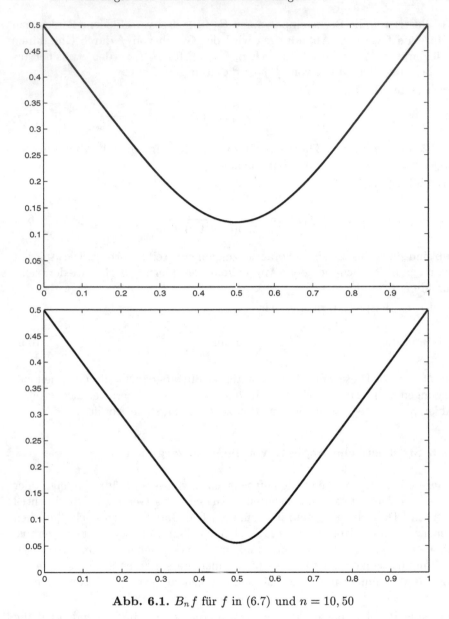

Abb. 6.1. $B_n f$ für f in (6.7) und $n = 10, 50$

Die Häufigkeit eines Motivs in einer langen Kette

Sei $\mathcal{A}$ eine endliche Menge, und sei Q eine Wahrscheinlichkeitsverteilung auf diesem 'Alphabet' $\mathcal{A}$ mit strikt positiver Gewichtsfunktion g. Bei Anwendung auf Sequenzen von Aminosäuren besteht $\mathcal{A}$ aus 20 verschiedenen Buchsta-

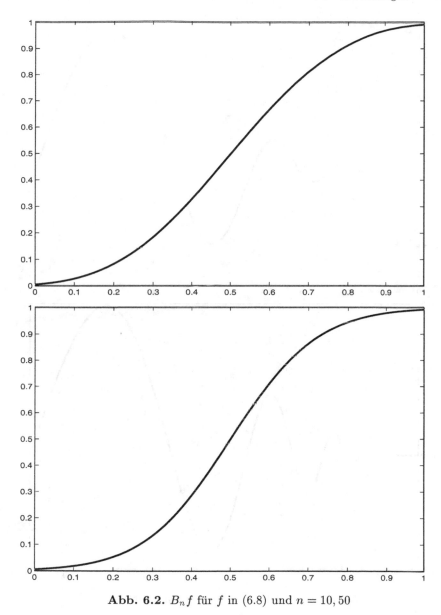

Abb. 6.2. $B_n f$ für f in (6.8) und $n = 10, 50$

ben, und bei DNS-Sequenzen repräsentiert $\mathcal{A}$ die vier Nukleinsäuren Adenin, Guanin, Cytosin und Thymin.

Angenommen wir erzeugen eine Sequenz $X = X_1 X_2 \cdots X_n$ aus n Buchstaben X_i, die stochastisch unabhängig und nach Q verteilt sind. Für einen Ausschnitt $X_j X_{j+1} \cdots X_k$ dieser Sequenz schreiben wir im Folgenden $X_{j:k}$. Dann ist

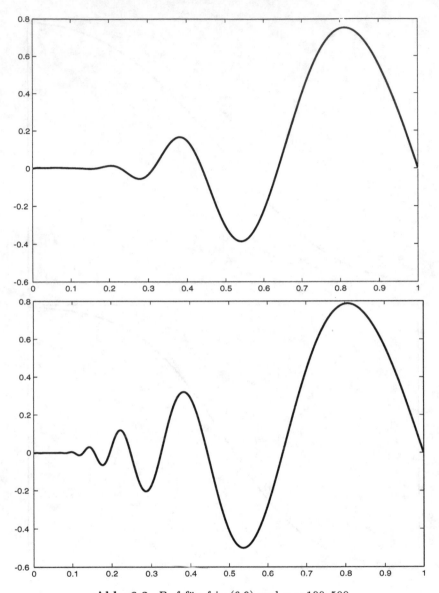

Abb. 6.3. $B_n f$ für f in (6.9) und $n = 100, 500$

$$P(X_{j:k} = w) \;=\; g(w) := \prod_{i=1}^{k-j+1} g(w_i)$$

für beliebige Indizes $1 \le j \le k \le n$ und feste Sequenzen $w = w_1 w_2 \cdots w_{k-j+1}$ in $\mathcal{A}^{k-j+1}$.

Nun betrachten wir für $1 \leq m < n$ ein bestimmtes Motiv $v = v_1 v_2 \cdots v_m$ in $\mathcal{A}^m$. Die Frage ist, wie oft dieses Motiv in der Sequenz X vorkommt. Dazu definieren wir die Zufallsgröße

$$S := \sum_{i=0}^{n-m} Y_i \quad \text{mit } Y_i := 1\{X_{i+1:i+m} = v\}.$$

Lemma 6.35.

$$E(S) = (n - m + 1)g(v) \quad \text{und} \quad \text{Var}(S) \leq (2m + 1)E(S).$$

Hieraus folgt, dass

$$E\left(\left(\frac{S}{g(v)(n-m+1)} - 1\right)^2\right) \leq \frac{2m+1}{g(v)(n-m+1)}.$$

Dieser Wert ist nahe an Null, wenn m deutlich kleiner ist als $g(v)n$. Dann kann man damit rechnen, dass das Motiv v ziemlich genau, d.h. bis auf einen zufälligen Faktor nahe bei Eins, $g(v)(n - m + 1)$–mal in der Sequenz X vorkommt.

Beweis von Lemma 6.35. Einerseits ist $E(S)$ gleich $\sum_{i=0}^{n-m} P(Y_i = 1) = (n - m + 1)g(v)$. Ferner ist die Varianz von S gleich $\sum_{i,j=0}^{n-m} \text{Cov}(Y_i, Y_j)$, und

$$\text{Cov}(Y_i, Y_j) = P(Y_i = Y_j = 1) - g(v)^2$$
$$= \begin{cases} h_d(v) - g(v)^2 & \text{falls } |i - j| = d < m, \\ 0 & \text{falls } |i - j| \geq m. \end{cases}$$

Dabei ist

$$h_d(v) := P(X_{1:m} = v, X_{d+1:d+m} = v) \leq g(v).$$

Man kann also sagen, dass $\text{Var}(S)$ kleiner oder gleich $g(v)$ multipliziert mit

$$\#\left\{(i,j) \in \{0,\ldots,n-m\}^2 : |i - j| \leq m\right\} \leq (2m + 1)(n - m + 1)$$

ist, und diese Schranke ist gleich $E(S)(2m + 1)$. $\qquad\square$

Gemeinsame Motive zweier Ketten

Angenommen wir erzeugen zwei Ketten $V_1 V_2 \cdots V_m$ und $X_1 X_2 \cdots X_n$ mit stochastisch unabhängigen, nach Q verteilten Buchstaben V_i und X_j. Nun interessieren wir uns für die maximale Länge eines gemeinsamen Motivs, also das Maximum L aller Zahlen $\ell \in \{1, 2, \ldots, \min(m, n)\}$, so dass $V_{i+1:i+\ell} = X_{j+1:j+\ell}$ für gewisse Indizes $0 \leq i \leq m - \ell$ und $0 \leq j \leq n - \ell$. (Im Falle von $V_i \neq X_j$ für alle i, j sei $L := 0$.) Die Frage ist, welche Größenordnung L hat, wenn $m, n \to \infty$. Wie wir gleich sehen werden, spielt die positive Größe

$$\sigma := P(V_1 = X_1) = \sum_{a \in \mathcal{A}} g(a)^2.$$

bei unserem Problem eine entscheidende Rolle:

Lemma 6.36. *Für beliebige Konstanten $c > 0$ ist*

$$P\left(L \geq \frac{\log(mn) + c}{\log(1/\sigma)}\right) \leq \exp(-c).$$

Im Falle einer Gleichverteilung Q auf $\mathcal{A}$ ist $1/\sigma = \#\mathcal{A}$ und

$$\lim_{m,n\to\infty} P\left(L < c\frac{\log(mn)}{\log(\#\mathcal{A})}\right) = 0$$

für beliebige Konstanten $c < 1$.

Für den Fall einer Gleichverteilung Q auf $\mathcal{A}$ impliziert Lemma 6.36, dass die Zufallsvariable L bei großen Werten m und n gleich $\log(mn)/\log(\#\mathcal{A})$ ist, bis auf einen zufälligen Faktor nahe an Eins. Die Einschränkung auf die uniforme Verteilung dient nur der Vereinfachung der Argumente.

Beweis von Lemma 6.36. Für feste Zahlen $\ell \geq 1$ und $0 \leq i \leq m - \ell$, $0 \leq j \leq n - \ell$ sei

$$Y_{ij} := 1\{V_{i+1:i+\ell} = X_{j+1:j+\ell}\}.$$

Dann ist $P(Y_{ij} = 1) = \sigma^\ell$, und $P(L \geq \ell)$ ist nicht größer als

$$\sum_{i=0}^{m-\ell} \sum_{j=0}^{n-\ell} P(Y_{ij} = 1) \leq mn\,\sigma^\ell.$$

Setzt man ℓ gleich $\lceil(\log(mn) + c)/\log(1/\sigma)\rceil$, dann ergibt sich die erste Ungleichung.

Für die Abschätzung von L nach unten betrachten wir die Summe

$$T := \sum_{i=0}^{m-\ell} \sum_{j=0}^{n-\ell} Y_{ij}.$$

Offensichtlich ist $L \geq \ell$ genau dann, wenn $T > 0$. Folglich ist

$$P(L < \ell) = P(T = 0) \leq P\left(|T - E(T)| \geq E(T)\right) \leq \frac{\text{Var}(T)}{E(T)^2}.$$

Zum einen ist $E(T)$ gleich $MN\sigma^\ell$ mit $M = m - \ell + 1$ und $N = n - \ell + 1$. Ferner ist

$$\text{Var}(T) = \sum_{(i,j),(i',j')\in\Lambda} \text{Cov}(Y_{ij}, Y_{i'j'})$$

mit der Menge Λ aller MN zulässigen Indexpaare (i, j). Doch man kann leicht nachrechnen, dass im Falle einer Gleichverteilung Q auf $\mathcal{A}$ gilt: $1/\sigma = \#\mathcal{A}$ und

$$\text{Cov}(Y_{ij}, Y_{i'j'}) \begin{cases} \leq \sigma^\ell, \\ = 0 & \text{falls } |i - i'| \geq \ell \text{ oder } |j - j'| \geq \ell. \end{cases}$$

Folglich ist $\text{Var}(T)$ nicht größer als $MN(2\ell - 1)^2 \sigma^\ell$, so dass

$$P(T = 0) \leq \frac{4\ell^2}{MN\sigma^\ell}.$$

Wählt man nun $\ell = \lfloor c \log(mn)/\log(1/\sigma) \rfloor$, so konvergiert diese Schranke gegen Null für $m, n \to \infty$. □

6.7 Das schwache Gesetz der großen Zahlen

In vielen Naturwissenschaften werden Experimente durchgeführt, um einen unbekannten Parameter μ, beispielsweise die Konzentration eines Stoffes oder eine Naturkonstante wie die Lichtgeschwindigkeit, zu ermitteln. Man stellt sich vor, dass dabei ein Wert $X = \mu + Z$ gemessen wird, der sich aus μ und einem zufälligen Messfehler Z zusammensetzt. Um einen besseren Schätzwert für μ zu erhalten, führt man das Experiment n–mal durch, ermittelt die Messwerte $X_1, X_2, \ldots, X_n$ und bildet dann den Mittelwert

$$\widehat{\mu}_n = \frac{1}{n} \sum_{i=1}^{n} X_i.$$

Die Frage ist nun, ob dieser Mittelwert präziser ist als eine einzelne Messung. Unter der Modellannahme, dass es sich bei den Werten $X_1, X_2, \ldots, X_n$ um stochastisch unabhängige Zufallsvariablen mit Erwartungswert μ und endlicher Varianz handelt, kann man dies mithilfe von Lemma 6.27 leicht beantworten:

Korollar 6.37. *Seien $X_1, X_2, \ldots, X_n$ stochastisch unabhängige und identisch verteilte Zufallsvariablen mit Erwartungswert $E(X_i) = \mu \in \mathbf{R}$ und Varianz $\text{Var}(X_i) = \sigma^2 < \infty$. Dann ist*

$$E(\widehat{\mu}_n) = \mu \quad \text{und} \quad \text{Var}(\widehat{\mu}_n) = \frac{\sigma^2}{n}.$$

Dieses Korollar ergibt sich aus Lemma 6.27 mit $a_i = 1/n$. Aus der Tshebyshev–Ungleichung ergibt sich dann die Ungleichung

$$P\left(|\widehat{\mu}_n - \mu| \geq \frac{c}{\sqrt{n}}\right) \leq \frac{\sigma^2}{c^2}$$

für beliebige Konstanten $c > 0$. Also ist auch hier die Differenz von $\widehat{\mu}_n$ und μ mit großer Wahrscheinlichkeit von der Größenordnung $O(1/\sqrt{n})$.

Auch ohne die Voraussetzung, dass $\text{Var}(X_i) < \infty$, kann man zeigen, dass $\widehat{\mu}$ für große Stichprobenumfänge n nahe an μ ist:

Theorem 6.38. *(Schwaches Gesetz der großen Zahlen)* Seien $X_1, X_2, X_3, \ldots$ *stochastisch unabhängige und identisch verteilte Zufallsvariablen mit $E(X_i) = \mu \in \mathbf{R}$. Dann ist*

$$\lim_{n \to \infty} E\left(|\widehat{\mu}_n - \mu|\right) = 0.$$

Insbesondere ist $\lim_{n \to \infty} P\left(|\widehat{\mu}_n - \mu| \geq \epsilon\right) = 0$ für beliebige $\epsilon > 0$.

Beweis von Theorem 6.38. Für eine feste Zahl $\gamma > 0$ zerlegen wir die Variablen X_i und ihren Erwartungswert μ in zwei Summanden:

$$Y_i := 1\{|X_i| \leq \gamma\} X_i \quad \text{und} \quad \eta := E(Y_i),$$
$$Z_i := 1\{|X_i| > \gamma\} X_i \quad \text{und} \quad \zeta := E(Z_i).$$

Dann ist

$$\widehat{\mu}_n - \mu = \frac{1}{n} \sum_{i=1}^{n} X_i - \mu = \frac{1}{n} \sum_{i=1}^{n} Y_i - \eta + \frac{1}{n} \sum_{i=1}^{n} Z_i - \zeta.$$

Nun wenden wir Korollar 6.37 auf die Variablen Y_i anstelle von X_i an:

$$E\left(|\widehat{\mu}_n - \mu|\right) \leq E\left(\left|\frac{1}{n} \sum_{i=1}^{n} Y_i - \eta\right|\right) + E\left(\frac{1}{n} \sum_{i=1}^{n} |Z_i|\right) + |\zeta|$$

$$= E\left(\left|\frac{1}{n} \sum_{i=1}^{n} Y_i - \eta\right|\right) + E(|Z_1|) + |E(Z_1)|$$

$$\leq \operatorname{Std}\left(\frac{1}{n} \sum_{i=1}^{n} Y_i\right) + 2E(|Z_1|) \quad \text{[Cauchy–Schwarz–Ungl.]}$$

$$= \sqrt{\frac{\operatorname{Var}(Y_1)}{n}} + 2E(|Z_1|) \quad \text{[Korollar 6.37]}$$

$$\leq \sqrt{\frac{E(Y_1^2)}{n}} + 2E(|Z_1|)$$

$$\leq \frac{\gamma}{\sqrt{n}} + 2E(|Z_1|).$$

Der erste Summand auf der rechten Seite konvergiert für beliebige Konstanten γ gegen Null, wenn $n \to \infty$. Andererseits ist der Erwartungswert

$$E(|Z_1|) = \sum_{x \,:\, |x| > \gamma} P(X_1 = x)|x|$$

beliebig klein, wenn γ hinreichend groß gewählt wird. Daher konvergiert $E\left(|\widehat{\mu}_n - \mu|\right)$ gegen Null für $n \to \infty$. □

6.8 Übungsaufgaben

Aufgabe 6.1 Sei P die Gleichverteilung auf $\Omega := \{1, 2, \ldots, 6\}^2$ und $X(\omega) :=$ $\max\{\omega_1, \omega_2\}$, $Y(\omega) := \min\{\omega_1, \omega_2\}$. Berechnen Sie den Erwartungswert von X, Y und $X - Y$.

Aufgabe 6.2 Wie in Aufgabe 2.11 betrachten wir eine Bevölkerung, in welcher der relative Anteil von Familien mit einem Kind 42 Prozent, mit zwei Kindern 30 Prozent, mit drei Kindern 15 Prozent, mit vier Kindern 8 Prozent, mit fünf Kindern 4 Prozent und mit sechs Kindern 1 Prozent beträgt.

Wie groß ist die erwartete Zahl von Kindern in einer zufällig herausgegriffenen Familie? Wie groß ist die erwartete Zahl von Geschwistern eines zufällig herausgegriffenen Kindes? Mit welchen Wahrscheinlichkeitsräumen und Zufallsvariablen operieren Sie jeweils?

Aufgabe 6.3 Sei P das Wahrscheinlichkeitsmaß auf $\Omega = \{0, 1, 2, 3\}^2$ mit folgenden Gewichten $P(\{\omega\})$:

	$\omega_2 = 0$	$\omega_2 = 1$	$\omega_2 = 2$	$\omega_2 = 3$
$\omega_1 = 0$	0.10	0.03	0.02	0.00
$\omega_1 = 1$	0.05	0.20	0.10	0.00
$\omega_1 = 2$	0.00	0.10	0.20	0.05
$\omega_1 = 3$	0.00	0.02	0.03	0.10

Berechnen Sie die Erwartungswerte $E(X)$, $E(Y)$ und $E((X+Y)/2)$, wobei $X(\omega) := \omega_1$ und $Y(\omega) := \omega_2$.

Aufgabe 6.4 Die Zufallsvariable Y sei uniform verteilt auf $\{0, 1, \ldots, N\}$. Berechnen Sie den Erwartungswert der Zufallsvariable $X := (Y/N)^b$ für $b = 1, 2, 3$.

Aufgabe 6.5 Beweisen Sie Lemma 6.7.

Aufgabe 6.6 Sei X eine Zufallsvariable mit Werten in $\mathbf{N}_0$. Zeigen Sie, dass

$$E(X^2) = \sum_{k \in \mathbf{N}} (2k - 1)P\{X \geq k\}.$$

Aufgabe 6.7 Blutproben von m Personen sollen daraufhin untersucht werden, ob sie jeweils bestimmte Antikörper enthalten. Untersucht man jede Blutprobe einzeln, so muss man m Bluttests durchführen. Hier ist eine andere Strategie: Man teilt die m Proben in Gruppen zu jeweils g Stück ein (wobei g ein Teiler von m sei). Innerhalb einer Gruppe untersucht man ein Gemisch aus den g Blutproben. Enthält dieses Gemisch keine Antikörper, dann genügte schon dieser eine Bluttest. (Wir gehen davon aus, dass das Gemisch stets Antikörper enthält, sobald eine Einzelprobe solche enthält.) Findet man Antikörper im Gemisch, dann werden die g Blutproben einzeln untersucht, und man benötigt für die Gruppe insgesamt $g + 1$ Bluttests.

Um diese Gruppenstrategie zu bewerten, definieren wir

$$X_i = 1\{i\text{-te Blutprobe enthält besagte Antikörper}\}$$

und betrachten $(X_1, X_2, \ldots, X_m)$ als Bernoulli-Folge mit Parameter p. (Mögliche Begründung: Die m Personen sind eine Zufallsstichprobe aus einer großen Population, in welcher ein relativer Anteil von p die besagten Antikörper trägt).

(a) Mit welcher Wahrscheinlichkeit enthält ein Gemisch von g Blutproben die besagten Antikörper?

(b) Sei Y die zufällige Anzahl von Bluttests, die man bei der Gruppenstrategie durchführen muss. Stellen Sie Y als Funktion der X_i dar.

(c) Wie groß ist der Erwartungswert von Y? Bei festem m und g ist das Ergebnis eine Funktion von p. Stellen Sie diese Funktion graphisch dar für $m = 2000$ und $g = 25$. Für welche Werte von p lohnt sich die Gruppenstrategie?

Aufgabe 6.8 Ein Lebensmittelhändler muss entscheiden, wieviele Wassermelonen er für den kommenden Wochenmarkt einkaufen soll. Sein Einkaufspreis sei c_1, und der Verkaufspreis sei c_2.

Sei X die Zahl der Melonen, die er verkaufen könnte. Betrachten Sie X als Zufallsvariable mit bekannter Verteilungsfunktion

$$\mathbf{N}_0 \ni k \mapsto F(k) := P(X \le k).$$

Sei a die Zahl der vom Händler gekauften Melonen. Seinen Nettogewinn bezeichnen wir mit $G(a, X)$. Die Frage ist nun, für welchen Wert von a der erwartete Gewinn $EG(a, X)$ maximal ist. Dieses Problem kann man mithilfe der Verteilungsfunktion F explizit lösen. Betrachten Sie dazu die Differenz

$$EG(a + 1, X) - EG(a, X) = E\left(G(a + 1, X) - G(a, X)\right)$$

für $a \in \mathbf{N}_0$, um eine optimale Anzahl a zu bestimmen.

Welche Lösung ergibt sich im Falle von $c_1/c_2 = 1/2$, wenn X poissonverteilt ist mit Parameter 30?

Aufgabe 6.9 Sei X eine poissonverteilte Zufallsvariable mit Erwartungswert λ. Die Standardabweichung von X, definiert als $\sqrt{E((X - \lambda)^2)}$, ist ein Maß dafür, wie stark X von ihrem Erwartungswert abweicht. Um diese und andere Kenngrößen zu berechnen, betrachten wir zunächst ein anderes Problem: Geben Sie eine explizite Formel für den Erwartungswert der Zufallsvariable

$$[X]_k = \prod_{i=0}^{k-1} (X - i)$$

an, wobei $k \in \mathbf{N}$. Berechnen Sie dann den Erwartungswert von X^2 sowie die Standardabweichung von X.

Aufgabe 6.10 Sei X eine Zufallsvariable, welche die Werte $x_1 < x_2 < \cdots < x_k$ mit Wahrscheinlichkeiten $p_1, p_2, \ldots, p_k$ annimmt ($p_1 + \cdots + p_k = 1$). Nun betrachten wir die Funktion

$$\mathbf{R} \ni r \mapsto H(r) := E(|X - r|).$$

Für jede Zahl r ist $H(r)$ ein Maß dafür, wie stark X im Mittel von r abweicht.

(a) Zeigen Sie, dass die Funktion H stetig ist und auf den Intervallen $]-\infty, x_1]$, $[x_1, x_2], \ldots, [x_{k-1}, x_k]$, $[x_k, \infty[$ jeweils konstante Steigung hat.

(b) Zeichnen Sie die Funktion H sowie die Funktion

$$\mathbf{R} \ni r \mapsto H_2(r) := \sqrt{E\left((X - r)^2\right)}.$$

in folgenden Spezialfällen:

(b1) $k = 2$, $(x_1, x_2) = (0, 1)$ und $(p_1, p_2) = (1/3, 2/3)$;

(b2) $k = 3$, $(x_1, x_2, x_3) = (0, 1, 2)$ und $(p_1, p_2, p_3) = (1/4, 1/4, 1/2)$.

(c) Wo befinden sich allgemein die Minimalstellen von H ?

Aufgabe 6.11 Seien X, Y Zufallsvariablen mit Wertebereich $\{0, 1, 2, 3\}$. Die Wahrscheinlichkeiten $f(x, y) := P(X = x, Y = y)$ seien wie folgt:

	$y = 0$	$y = 1$	$y = 2$	$y = 3$
$x = 0$	0.11	0.05	0.02	0.00
$x = 1$	0.04	0.20	0.10	0.04
$x = 2$	0.01	0.05	0.18	0.06
$x = 3$	0.00	0.01	0.03	0.10

(a) Berechnen Sie $E(X)$ und $E(Y)$.

(b) Berechnen Sie $\mathrm{Var}(X)$, $\mathrm{Var}(Y)$ und $\mathrm{Cov}(X, Y)$.

(c) Berechnen Sie Erwartungswert und Standardabweichung der Zufallsvariable $Z := (X + Y)/2$.

Aufgabe 6.12 (Die Häufigkeit guter Weinjahre) Unter Weinkennern ist bekannt, dass circa jeder dritte Weinjahrgang ein guter Jahrgang ist. Dabei definiert man einen Jahrgang als gut, wenn er besser ist als der vorherige und nachfolgende. Eine naheliegende Frage ist, ob diese "Drei-Jahres-Regel" auf einen periodischen Vorgang hinweist oder auch durch reinen Zufall erklärt werden kann. Dazu betrachten wir $n + 2$ aufeinanderfolgende Weinjahrgänge und bezeichnen ihre Ränge mit $\omega_0, \omega_1, \ldots, \omega_{n+1}$. Der schlechteste Jahrgang erhält Rang Null, der zweitschlechteste Rang Eins und so weiter; der beste Jahrgang erhält Rang $n + 1$. Nun sei P die Laplaceverteilung auf der Menge $\Omega := \mathcal{S}_{n+2}(\{0, 1, \ldots, n + 1\})$. Die zufällige Zahl der guten Jahrgänge unter den Jahrgängen $1, 2, \ldots, n$ ist gleich

$$S := \sum_{i=1}^{n} X_i \quad \text{mit } X_i(\omega) := 1\{\omega_i > \max(\omega_{i-1}, \omega_{i+1})\}$$

für $\omega = (\omega_0, \omega_1, \ldots, \omega_{n+1}) \in \Omega$.

(a) Zeigen Sie, dass $E(X_i) = P(X_i = 1) = 1/3$, also $E(S) = n/3$.

(b) Welchen Wert hat $\mathrm{Cov}(X_i, X_j)$? Das Ergebnis hängt nur von $|i - j|$ ab, und $\mathrm{Cov}(X_i, X_j) = 0$, falls $|i - j| \geq 3$.

(c) Zeigen Sie mit Hilfe von Teil (b), dass die Standardabweichung von S von der Größenordnung $O(n^{1/2})$ ist. Leiten Sie hieraus ab, dass S gleich $n/3$ ist bis auf einen zufälligen Faktor nahe an Eins bei großem n.

Aufgabe 6.13 Zwei Kinder spielen an einem See und machen einen Wettkampf: In jeder Runde werfen sie gleichzeitig einen Kieselstein auf den See und schauen, wer von ihnen weiter kam. Sieger sei das Kind, welches als erstes k Runden gewinnt.

Sei $G_i \in \{1, 2\}$ der Gewinner der i-ten Runde. Betrachten Sie $G_1, G_2, G_3, \ldots$ als stochastisch unabhängige Zufallsvariablen mit

$$P(G_i = 1) = 1 - P(G_i = 2) = p.$$

(a) Mit welcher Wahrscheinlichkeit wird Kind 1 Sieger dieses Wettkampfs? Stellen Sie diese Wahrscheinlichkeit als Funktion von p graphisch dar, wobei $k = 1, 2, 5, 10$.

Anleitung: Nach spätestens $m(k)$ Runden ist der Wettkampf entschieden. Bestimmen Sie diese Zahl $m(k)$. Ob Kind 1 siegt oder nicht hängt dann auf einfache Weise von der Zufallsvariable $X := \#\{i \leq m(k) : G_i = 1\}$ ab. (Wir betrachten also stets $m(k)$ Runden, selbst wenn der Wettkampf schon früher entschieden wurde.)

Anmerkung: Man kann die Funktion $p \mapsto P_p(\text{Kind 1 siegt})$ als Bernstein-Polynom einer bestimmten Funktion deuten ...

(b) Wieviele Runden müssen die Kinder im Mittel spielen, bis eine Entscheidung fällt, wenn $k = 2$? Geben Sie präzise Schranken für diesen Erwartungswert an.

Aufgabe 6.14 (Einseitige Tshebyshev-Ungleichungen) Sei X eine Zufallsvariable mit Erwartungswert μ und Standardabweichung $\sigma \in \,]0, \infty[$. Für $c > 0$ ist bekanntlich $P(|X - \mu| \geq c\sigma) \leq 1/c^2$. Zeigen Sie nun, dass

$$\left.\begin{array}{c} P(X \geq \mu + c\sigma) \\ P(X \leq \mu - c\sigma) \end{array}\right\} \;\leq\; \frac{1}{1 + c^2}.$$

Anleitung: Für $t < \mu + c\sigma$ ist

$$\frac{(X - t)^2}{(\mu + c\sigma - t)^2} \;\geq\; 1\{X \geq \mu + c\sigma\}.$$

Bilden Sie nun Erwartungswerte von beiden Seiten, und optimieren Sie bezüglich t.

Erzeugende Funktionen und Exponentialungleichungen

In diesem Kapitel behandeln wir weitere Tricks, um Wahrscheinlichkeiten mithilfe geeigneter Erwartungswerte zu berechnen oder abzuschätzen. Die Hilfsmittel dafür sind sogenannte *erzeugende* beziehungsweise *momentenerzeugende Funktionen*. Auch in diesem Kapitel sind alle auftretenden Zufallsvariablen reellwertig und auf einem gemeinsamen (diskreten) Wahrscheinlichkeitsraum (Ω, P) definiert, sofern nichts anderes gesagt wird.

7.1 Erzeugende Funktionen

In diesem Abschnitt betrachten wir ausschließlich Zufallsvariablen mit Wertebereich $\mathbf{N}_0$.

Definition 7.1. *(Erzeugende Funktion) Die erzeugende Funktion einer* $\mathbf{N}_0-$ *wertigen Zufallsvariable* X *ist definiert als die Abbildung*

$$s \mapsto \mathrm{EF}_X(s) := E(s^X).$$

auf $[-1, \infty[$.

Die Reihe $\mathrm{EF}_X(s) = \sum_{k=0}^{\infty} P(X = k)s^k$ konvergiert im Falle von $|s| \leq 1$ absolut, und für beliebige $k \in \mathbf{N}_0$ ist

$$P(X = k) = \frac{1}{k!} \left. \frac{d^k}{ds^k} \right|_{s=0} \mathrm{EF}_X(s).$$

Daher wird die Verteilung von X durch ihre erzeugende Funktion eindeutig charakterisiert. Desweiteren gilt für stochastisch unabhängige Zufallsvariablen X und Y:

$$\mathrm{EF}_{X+Y} = \mathrm{EF}_X \, \mathrm{EF}_Y.$$

Denn $E\left(s^{X+Y}\right)$ lässt sich schreiben als $E(s^X s^Y) = E(s^X)E(s^Y)$.

Beispiel 7.2 (Poissonverteilungen) Für eine nach Poiss(λ) verteilte Zufallsvariable und beliebige $s \in \mathbf{R}$ ist

$$\mathrm{EF}_X(s) = \exp(\lambda(s-1)),$$

denn

$$\mathrm{EF}_X(s) = \sum_{k=0}^{\infty} e^{-\lambda} \frac{\lambda^k}{k!} s^k = e^{-\lambda} \sum_{k=0}^{\infty} \frac{(\lambda s)^k}{k!} = e^{\lambda s - \lambda}.$$

Insbesondere gilt für stochastisch unabhängige Zufallsvariablen X und Y mit Verteilung Poiss(λ) bzw. Poiss(μ) die Gleichung

$$\mathrm{EF}_{X+Y}(s) = \exp(\lambda(s-1))\exp(\mu(s-1)) = \exp((\lambda+\mu)(s-1)).$$

Dies zeigt erneut, dass $X + Y$ poissonverteilt ist mit Parameter $\lambda + \mu$.

Beispiel 7.3 (Fixpunkte einer Zufallspermutation) In Beispiel 2.6 tauchte folgende Zufallsvariable Y auf: Sei P die Laplaceverteilung auf der Menge $\mathcal{S}_n$ aller Permutationen von $(1, 2, \ldots, n)$, und sei $Y(\omega)$ die Anzahl der Fixpunkte von ω, also

$$Y(\omega) := \#\{i \le n : \omega_i = i\}.$$

Die genaue Verteilung von Y lässt sich auf den ersten Blick nur schwer berechnen. Mit Hilfe erzeugender Funktionen wird es etwas einfacher. Man kann nämlich schreiben $Y = \sum_{i=1}^n X_i$ mit $X_i(\omega) := 1\{\omega_i = i\}$, und

$$s^Y = \prod_{i=1}^n s^{X_i} = \prod_{i=1}^n (1 + X_i(s-1)) = \sum_{M \subset \{1, \ldots, n\}} (s-1)^{\#M} \prod_{i \in M} X_i.$$

Folglich ist

$$
\begin{aligned}
\mathrm{EF}_Y(s) &= \sum_{M \subset \{1, \ldots, n\}} (s-1)^{\#M} P(X_i = 1 \text{ für alle } i \in M) \\
&= \sum_{M \subset \{1, \ldots, n\}} (s-1)^{\#M} \frac{(n - \#M)!}{n!} \\
&= \sum_{k=0}^n \binom{n}{k} (s-1)^k \frac{(n-k)!}{n!} \\
&= \sum_{k=0}^n \frac{(s-1)^k}{k!}.
\end{aligned}
$$

Würde sich die Summe über alle Zahlen $k \in \mathbf{N}_0$ erstrecken, dann wäre dies die erzeugende Funktion einer nach Poiss(1) verteilten Zufallsvariable. Tatsächlich ist

$$\mathrm{EF}_Y(s) = \sum_{k=0}^{n} \frac{(s-1)^k}{k!}$$

$$= \sum_{k=0}^{n} \frac{1}{k!} \sum_{j=0}^{k} \binom{k}{j} s^j (-1)^{k-j}$$

$$= \sum_{j=0}^{n} \frac{1}{j!} s^j \sum_{k=j}^{n} \frac{(-1)^{k-j}}{(k-j)!}$$

$$= \sum_{j=0}^{n} \Big(\frac{1}{j!} \sum_{\ell=0}^{n-j} \frac{(-1)^\ell}{\ell!} \Big) s^j.$$

Folglich ist

$$P(Y=j) \;=\; \frac{1}{j!} \sum_{\ell=0}^{n-j} \frac{(-1)^\ell}{\ell!},$$

und für $n \to \infty$ konvergiert dies gegen $\mathrm{Poiss}(1)(\{j\}) = e^{-1}/j!$.

7.2 Momentenerzeugende Funktionen

Definition 7.4. *(Momente, momentenerzeugende Funktionen) Für eine Zufallsvariable X und eine natürliche Zahl k nennt man*

$$E(X^k)$$

das k–te Moment von X, vorausgesetzt dieser Erwartungswert ist wohldefiniert. Die Funktion $\mathrm{MF}_X : \mathbf{R} \to [0, \infty]$ mit

$$\mathrm{MF}_X(t) \;:=\; E \exp(tX)$$

nennt man die momentenerzeugende Funktion von X.

Der Name 'Momentenerzeugende Funktion' kommt wie folgt zustande: Angenommen für ein $\epsilon > 0$ ist $\mathrm{MF}_X(\pm\epsilon) < \infty$. Dann kann man schreiben

$$\mathrm{MF}_X(t) \;=\; E\Big(\sum_{k=0}^{\infty} \frac{t^k}{k!} X^k \Big) \;=\; \sum_{k=0}^{\infty} \frac{t^k}{k!} E(X^k) \quad \text{für } t \in [-\epsilon, \epsilon].$$

Insbesondere ist

$$E(X^k) \;=\; \Big(\frac{d}{dt} \Big)^k \mathrm{MF}_X(t) \Big|_{t=0}. \tag{7.1}$$

Beispiel 7.5 (Poissonverteilungen) Für eine Zufallsvariable X mit Verteilung $\mathrm{Poiss}(\lambda)$ ist

$$\mathrm{MF}_X(t) \;=\; \exp(\lambda \exp(t) - \lambda).$$

Denn hier kann man schreiben $\mathrm{MF}_X(t) = \mathrm{EF}_X(\exp(t))$, und wir wissen bereits, dass $\mathrm{EF}_X(s) = \exp(\lambda s - \lambda)$ für beliebige $s \in \mathbf{R}$.

In den Übungen wurde schon gezeigt, wie man im Prinzip beliebige Momente von X berechnen kann, ausgehend von der Tatsache, dass $E([X]_k) = \lambda^k$ für alle $k \in \mathbf{N}$. Nun demonstrieren wir die Formel (7.1) für $k = 1, 2$: Nach der Kettenregel ist

$$\frac{d}{dt}\,\mathrm{MF}_X(t) = \exp(\lambda\exp(t) - \lambda) \cdot \lambda\exp(t)$$
$$= \lambda\exp(t + \lambda\exp(t) - \lambda)$$
$$= \lambda \quad \text{für } t = 0,$$
$$\left(\frac{d}{dt}\right)^2 \mathrm{MF}_X(t) = \frac{d}{dt}\,\lambda\exp(t + \lambda\exp(t) - \lambda)$$
$$= \lambda\exp(t + \lambda\exp(t) - \lambda) \cdot (1 + \lambda\exp(t))$$
$$= \lambda\exp(t + \lambda\exp(t) - \lambda) + \lambda^2\exp(2t + \lambda\exp(t) - \lambda)$$
$$= \lambda + \lambda^2 \quad \text{für } t = 0.$$

Wir erhalten also erneut die Gleichungen $E(X) = \lambda$ und $E(X^2) = \lambda + \lambda^2$.

Für zwei stochastisch unabhängige Zufallsvariablen X und Y ist

$$\mathrm{MF}_{X+Y}(t) = \mathrm{MF}_X(t)\,\mathrm{MF}_Y(t),$$

denn $E\exp(t(X + Y)) = E(\exp(tX)\exp(tY)) = E(\exp(tX))E(\exp(tY))$.

Beispiel 7.6 (Binomialverteilungen) Für eine Zufallsvariable S mit Verteilung $\mathrm{Bin}(n, p)$ ist
$$\mathrm{MF}_S(t) = (1 - p + p\exp(t))^n.$$

Denn S ist verteilt wie $\sum_{i=1}^n X_i$ mit einer Bernoullifolge $(X_1, X_2, \ldots, X_n)$ mit Parameter p. Wegen der Unabhängigkeit der X_i ist

$$\mathrm{MF}_S(t) = \mathrm{MF}_{X_1 + X_2 + \cdots + X_n}(t) = \mathrm{MF}_{X_1}(t)\,\mathrm{MF}_{X_2}(t)\cdots\mathrm{MF}_{X_n}(t),$$

und

$$\mathrm{MF}_{X_i}(t) = P(X_i = 0)\exp(0) + P(X_i = 1)\exp(t) = 1 - p + p\exp(t).$$

7.3 Exponentialungleichungen

Nun kommen wir zu der versprochenen Verfeinerung der Markov–Ungleichung (Lemma 6.14). Diese besagt, dass für eine Zufallsvariable Y mit Werten in $[0, \infty[$ gilt:

$$P(Y \geq c) \leq \frac{E(Y)}{c} \quad \text{für alle } c \geq 0.$$

Um nun Wahrscheinlichkeiten $P(X \geq r)$ oder $P(X \leq r)$ für beliebige Zufallsvariablen X und reelle Konstanten r abzuschätzen, kann man die Markov–
Ungleichung auf $Y = \psi(X)$ anwenden, wobei ψ eine beliebige monoton wach-
sende beziehungsweise fallende Funktion von $\mathbf{R}$ nach $]0, \infty[$ ist. Ist nämlich ψ
monoton wachsend, dann folgt aus $X \geq r$, dass $\psi(X) \geq \psi(r)$, also

$$P(X \geq r) \ \leq \ P\left(\psi(X) \geq \psi(r)\right) \ \leq \ \frac{E(\psi(X))}{\psi(r)}.$$

Ist dagegen ψ monoton fallend, dann impliziert $X \leq r$, dass $\psi(X) \geq \psi(r)$,
also

$$P(X \leq r) \ \leq \ P\left(\psi(X) \geq \psi(r)\right) \ \leq \ \frac{E(\psi(X))}{\psi(r)}.$$

Setzt man speziell $\psi(r) := \exp(tr)$, dann ist $E(\psi(X))$ gleich $\mathrm{MF}_X(t)$, und
man erhält folgende Ungleichung:

Korollar 7.7. *Für eine Zufallsvariable X und beliebige reelle Konstanten r
ist*

$$P(X \geq r) \leq \inf_{t \geq 0} \frac{\mathrm{MF}_X(t)}{\exp(tr)},$$

$$P(X \leq r) \leq \inf_{t \leq 0} \frac{\mathrm{MF}_X(t)}{\exp(tr)}.$$

Beispiel 7.8 (Exponentialungleichungen für Poissonverteilungen) Sei X eine
poissonverteilte Zufallsvariable mit Parameter $\lambda > 0$. Dann ist

$$P(X \geq r) \leq \exp\left(r - \lambda - r\log(r/\lambda)\right) \quad \text{falls } r \geq \lambda, \tag{7.2}$$

$$P(X \leq r) \leq \exp\left(r - \lambda - r\log(r/\lambda)\right) \quad \text{falls } 0 \leq r \leq \lambda, \tag{7.3}$$

wobei $0\log 0 := 0$. Dies folgt aus Korollar 7.7. Denn

$$\frac{\mathrm{MF}_X(t)}{\exp(tr)} \ = \ \exp\left(\lambda\exp(t) - \lambda - tr\right),$$

und die Ableitung des Exponenten nach t,

$$\frac{d}{dt}\left(\lambda\exp(t) - \lambda - tr\right) \ = \ \lambda\exp(t) - r \ = \ \lambda(\exp(t) - r/\lambda)$$

ist größer oder kleiner als Null genau dann, wenn t größer bzw. kleiner als
$\log(r/\lambda)$ ist. Im Falle von $r > 0$ hat die Funktion $t \mapsto \lambda\exp(t) - \lambda - tr$ also
ein eindeutiges Minimum an der Stelle $t_o = \log(r/\lambda)$, und diese Minimalstelle
ist größer oder gleich Null genau dann, wenn $r \geq \lambda$. Im Falle von $r = 0$ ist
$\lambda\exp(t) - \lambda - tr = \lambda\exp(t) - \lambda$ monoton wachsend in t mit Infimum $-\lambda$. Aus
Korollar 7.7 und diesen Überlegungen folgen dann die die Ungleichungen (7.2–
7.3).

Diese Ungleichungen wirken auf den ersten Blick vielleicht etwas unhandlich. Doch kann man beispielsweise vom Exponenten

$$r - \lambda - r\log(r/\lambda) \;=\; -r(\log(r/\lambda) - 1) - \lambda$$

in (7.2) ablesen, dass $P(X \geq r)$ für $r \to \infty$ schneller als exponentiell gegen Null konvergiert. Abbildung 7.1 zeigt für $\lambda = 15$ die Funktionen

$$[0, \infty] \ni r \;\mapsto\; \begin{cases} \log P(X \geq r) & \text{(Treppenfunktion)} \\ 1\{r \geq \lambda\}(r - \lambda - r\log(r/\lambda)) & \text{(glatte Kurve)} \\ \log(\lambda/r) & \text{(gestrichelte Linie)} \end{cases}$$

Der Term $\log(\lambda/r)$ ist die Schranke für $\log P(X \geq r)$, die man mit Hilfe der einfachen Markov-Ungleichung erhält. Man sieht deutlich, dass Korollar 7.7 deutlich bessere Abschätzungen liefert. Abbildung 7.2 zeigt die Funktionen

$$[0, \infty] \ni r \;\mapsto\; \begin{cases} \log P(X \leq r) \\ 1\{r \leq \lambda\}(r - \lambda - r\log(r/\lambda)) \end{cases}$$

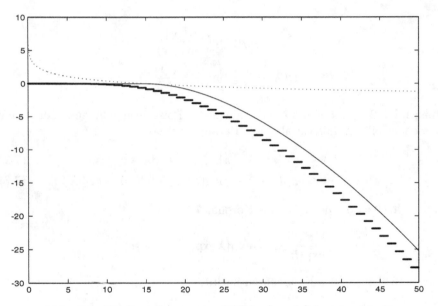

Abb. 7.1. Die Funktion $r \mapsto \log P(X \geq r)$ und Schranken hierfür

Nun stellt sich die Frage, ob diese Vorgehensweise auch bei anderen Zufallsvariablen gute Ergebnisse liefert. Insbesondere interessieren uns Zufallsvariablen der Form

$$\frac{1}{n}\sum_{i=1}^{n} X_i$$

mit stochastisch unabhängigen Summanden $X_1, X_2, \ldots, X_n$.

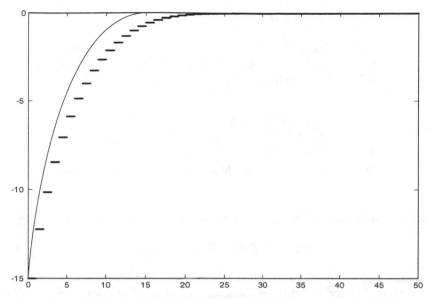

Abb. 7.2. Die Funktion $r \mapsto \log P(X \leq r)$ und eine Schranke hierfür

7.4 Die Hoeffding-Ungleichung

Das Korollar 7.7 wurde von W. Hoeffding (1963) auf beliebige Summen von beschränkten und unabhängigen Zufallsvariablen angewandt. Als wesentliches Hilfsmittel bewies er folgendes Lemma:

Lemma 7.9. *Sei X eine Zufallsvariable mt Werten in $[a,b]$ und Erwartungswert μ. Dann ist*

$$E \exp(t(X - \mu)) \ \leq \ \exp\left(\frac{(b-a)^2 t^2}{8}\right) \quad \text{für alle } t \in \mathbf{R}.$$

Zusammen mit Korollar 7.7 liefert dieses Lemma eine Variante des Gesetzes der großen Zahlen (Abschnitt 6.7):

Theorem 7.10. (Hoeffding–Ungleichung). *Seien $X_1, X_2, \ldots, X_n$ stochastisch unabhängige Zufallsvariablen mit Werten in $[a,b]$ und Erwartungswert μ. Mit dem arithmetischen Mittel $\widehat{\mu} = n^{-1} \sum_{i=1}^{n} X_i$ ist dann*

$$P\left(|\widehat{\mu} - \mu| \geq \epsilon\right) \ \leq \ 2 \exp\left(-\frac{2n\epsilon^2}{(b-a)^2}\right)$$

für beliebige $\epsilon \geq 0$.

Speziell für Binomialverteilungen ergibt sich folgende Aussage: Ist S binomialverteilt mit Parametern $n \in \mathbf{N}$ und $p \in [0,1]$, dann gilt für den Schätzwert $\widehat{p} := S/n$:

$$P\left(|\widehat{p} - p| \geq \frac{c}{\sqrt{n}}\right) \leq 2\exp(-2c^2).$$

Dass die Schranke $2\exp(-2c^2)$ rasant gegen Null konvergiert, wenn $c \to \infty$, zeigen die Beispielwerte in Tabelle 7.1. Zum Vergleich geben wir auch die Schranken $(4c^2)^{-1}$ der Tshebyshev-Ungleichung an.

c	0.5	1.0	1.5	2.0	2.5	3.0
$2\exp(-2c^2)$	1.213	0.271	0.022	$6.7 \cdot 10^{-4}$	$7.5 \cdot 10^{-6}$	$3.0 \cdot 10^{-8}$
$(4c^2)^{-1}$	1.000	0.250	0.111	0.063	0.040	0.028

Tabelle 7.1. Vergleich von Hoeffding- und Tshebyshev-Ungleichung

Beweis von Lemma 7.9. Zunächst sei $a = 0$ und $b = 1$. Dann ist

$$\exp(tX) \leq 1 + X(\exp(t) - 1).$$

Dies kann man sich leicht an einer Skizze des Graphen von $x \mapsto \exp(tx)$ klarmachen. Dahinter steht die Tatsache, dass die Funktion $x \mapsto \exp(tx)$ *konvex*, also ihre Ableitung monoton wachsend ist. Berechnet man nun Erwartungswerte auf beiden Seiten der letztgenannten Ungleichung, dann folgt, dass $E\exp(t(X - \mu)) = \exp(-t\mu)E\exp(tX)$ nich größer ist als

$$\exp(-t\mu)(1 + \mu(\exp(t) - 1)) = \exp(f(t))$$

mit

$$f(t) := -t\mu + \log\big(1 + \mu(\exp(t) - 1)\big).$$

Nach der Taylorformel ist

$$f(t) = f(0) + tf'(0) + \frac{t^2}{2}f''(\xi(t))$$

für eine Zahl $\xi(t)$ zwischen 0 und t. Aber $f(0) = 0$, und

$$f'(t) = -\mu + \frac{\mu\exp(t)}{1 + \mu(\exp(t) - 1)} = -\mu + \frac{\mu}{\mu + (1 - \mu)\exp(-t)},$$

insbesondere $f'(0) = 0$. Ferner ist

$$f''(t) = \frac{\mu(1 - \mu)\exp(-t)}{\big(\mu + (1 - \mu)\exp(-t)\big)^2}$$

$$= \frac{\mu}{\mu + (1 - \mu)\exp(-t)}\Big(1 - \frac{\mu}{\mu + (1 - \mu)\exp(-t)}\Big)$$

$$\leq 1/4.$$

Folglich ist

$$f(t) = \frac{t^2}{2} f''(\xi(t)) \leq \frac{t^2}{8}.$$

Dies beweist die Behauptung im Spezialfall, dass $a = 0$ und $b = 1$.

Der allgemeine Fall ergibt sich nun durch Betrachtung der Zufallsvariable $\widetilde{X} := (X - a)/(b - a)$ und ihres Erwartungswertes $\widetilde{\mu} = (\mu - a)/(b - a)$. Denn $0 \leq \widetilde{X} \leq 1$, so dass

$$\begin{aligned}
E \exp(t(X - \mu)) &= E \exp\big(t((X - a) - (\mu - a))\big) \\
&= E \exp\big((b - a)t(\widetilde{X} - \widetilde{\mu})\big) \\
&\leq \exp\big(f((b - a)t)\big) \\
&\leq \exp\Big(\frac{(b - a)^2 t^2}{8}\Big). \qquad \Box
\end{aligned}$$

Beweis von Theorem 7.10. Für beliebige $t \geq 0$ folgt aus Lemma 7.9, dass

$$\begin{aligned}
\mathrm{MF}_{\widehat{\mu} - \mu}(t) &= E \exp\Big(\frac{1}{n} \sum_{i=1}^{n} (X_i - \mu)\Big) \\
&= \prod_{i=1}^{n} E \exp\Big(\frac{t}{n}(X_i - \mu)\Big) \\
&\leq \prod_{i=1}^{n} \exp\Big(\frac{t^2 (b - a)^2}{8n^2}\Big) \\
&= \exp\Big(\frac{t^2 (b - a)^2}{8n}\Big).
\end{aligned}$$

Nach Korollar 7.7 ist also

$$P(\widehat{\mu} - \mu \geq \epsilon) \leq \inf_{t \geq 0} \exp\Big(\frac{t^2 (b - a)^2}{8n} - t\epsilon\Big).$$

Die Ableitung des Exponenten ist gleich Null für $t = 4n\epsilon/(b - a)^2 > 0$, und Einsetzen dieses Wertes liefert die Ungleichung

$$P(\widehat{\mu} - \mu \geq \epsilon) \leq \exp\Big(-\frac{2n\epsilon^2}{(b - a)^2}\Big).$$

Analoge Überlegungen oder ein Symmetrieargument zeigen, dass auch

$$P(\widehat{\mu} - \mu \leq -\epsilon) \leq \exp\Big(-\frac{2n\epsilon^2}{(b - a)^2}\Big). \qquad \Box$$

7.5 Übungsaufgaben

Aufgabe 7.1 Berechnen Sie die erzeugende Funktion von Geom(p).

Aufgabe 7.2 (Chernov-Ungleichungen) Verwenden Sie die Gleichungen in Beispiel 7.6 sowie Korollar 7.7 um zu zeigen, dass für eine nach $\text{Bin}(n,p)$ verteilte Zufallsvariable S gilt:

$$P(S \leq x) \leq \exp(-nH_p(x/n)) \quad \text{falls } x \leq np,$$
$$P(S \geq x) \leq \exp(-nH_p(x/n)) \quad \text{falls } x \geq np,$$

wobei

$$H_p(u) := u \log\left(\frac{u}{p}\right) + (1-u) \log\left(\frac{1-u}{1-p}\right).$$

Informationstheorie

In diesem Kapitel gehen wir der Frage nach, wie man den Informationsgehalt von Nachrichten quantifizieren kann, bzw. wie man Nachrichten möglichst sparsam kodieren kann. Ausgangspunkt der hier dargestellten Theorie sind Arbeiten des amerikanischen Ingenieurs C.E. Shannon.

8.1 Fragestrategien und Kodes

Wir betrachten eine Zufallsvariable X mit Verteilung Q auf einer endlichen Menge $\mathcal{X}$, wobei $\#\mathcal{X} \geq 2$. Angenommen, wir möchten jemandem mitteilen oder bekommen von jemandem mitgeteilt, welchen Wert diese Zufallsvariable X angenommen hat. Nun möchten wir den Informationsgehalt dieser Mitteilung quantifizieren.

Fragestrategien

Angenommen nur die andere Person kennt den Wert von X und ist bereit, auf beliebige (sinnvolle) Fragen mit 'ja' oder 'nein' zu antworten. Nun versucht man, eine Fragestrategie zu finden, um mit möglichst wenigen Fragen den Wert von X herauszubekommen. Für eine bestimmte Fragestrategie sei $L(x)$ die Zahl der benötigten Fragen, falls $X = x$. Dann kann man "möglichst wenig" auf zwei Arten interpretieren:

Worst-case-Kriterium. Die maximale Zahl von notwendigen Fragen,

$$\max_{x \in \mathcal{X}} L(x),$$

soll minimal sein. Wir werden später noch zeigen, dass diese Zahl stets größer oder gleich $\lceil \log_2(\#\mathcal{X}) \rceil$ ist.

Average-case-Kriterium. Die mittlere Zahl von notwendigen Fragen,

$$EL(X) = \sum_{x \in \mathcal{X}} Q\{x\}L(x),$$

soll minimiert werden.

Im Folgenden konzentrieren wir uns auf letztere Betrachtungsweise. Wir möchten also zu einer gegebenen Verteilung Q eine Fragestrategie finden, so dass die erwartete Zahl von zu stellenden Fragen minimal ist. Der entsprechende Erwartungswert $EL(X)$ ist ein Maß für den Informationsgehalt der Mitteilung, welchen Wert X annimmt.

Beispiel 8.1 Sei $\mathcal{X} = \{1,2,3,4,5,6\}$, und sei Q die Gleichverteilung auf $\mathcal{X}$. Nun betrachten wir zwei mögliche Fragestrategien:

Strategie 1.

$$X = 1? \begin{cases} \text{j: } X = 1. \\ \text{n: } X = 2? \begin{cases} \text{j: } X = 2. \\ \text{n: } X = 3? \begin{cases} \text{j: } X = 3. \\ \text{n: } X = 4? \begin{cases} \text{j: } X = 4. \\ \text{n: } X = 5? \begin{cases} \text{j: } X = 5. \\ \text{n: } X = 6. \end{cases} \end{cases} \end{cases} \end{cases} \end{cases}$$

Hier ist $L(x) = \min(x,5)$, also $\max_{x \in \mathcal{X}} L(x) = 5$. Die mittlere Anzahl von benötigten Fragen ist $\sum_{x \in \mathcal{X}} Q\{x\}L(x) = 10/3 = 3.3\overline{3}$.

Strategie 2.

$$X \leq 3? \begin{cases} \text{j: } X \leq 2? \begin{cases} \text{j: } X = 1? \begin{cases} \text{j: } X = 1. \\ \text{n: } X = 2. \end{cases} \\ \text{n: } X = 3. \end{cases} \\ \text{n: } X = 4? \begin{cases} \text{j: } X = 4. \\ \text{n: } X = 5? \begin{cases} \text{j: } X = 5. \\ \text{n: } X = 6. \end{cases} \end{cases} \end{cases}$$

Nun ist $\max_{x \in \mathcal{X}} L(x) = 3$, und $\sum_{x \in \mathcal{X}} Q\{x\}L(x) = 8/3 = 2.6\overline{6}$.

Strategie 2 schneidet also bezüglich beider Kriterien besser ab als Strategie 1. Betrachtet man hingegen die Verteilung Q mit $Q\{x\} = (6-x)/15$, dann ist

$$\sum_{x \in \mathcal{X}} Q\{x\}L(x) = \begin{cases} 7/3 = 2.3\overline{3} & \text{für Strategie 1,} \\ 8/3 = 2.6\overline{6} & \text{für Strategie 2.} \end{cases}$$

Kodes

Wir betrachten ein *Alphabet* $\mathcal{A}$. Dies ist eine endliche Menge bestehend aus $d \geq 2$ Buchstaben. Mit diesen Buchstaben bilden wir Wörter (Tupel) $w = b_1 b_2 \cdots b_k$ beliebiger Länge $k \in \mathbf{N}$ mit Buchstaben $b_i \in \mathcal{A}$. Die Menge aller möglichen Wörter ist

$$\mathcal{W}(\mathcal{A}) := \{b_1 b_2 \cdots b_k : k \in \mathbf{N}, b_i \in \mathcal{A}\} = \bigcup_{k \in \mathbf{N}} \mathcal{A}^k.$$

Mit $\ell(w)$ bezeichnen wir die Länge eines Wortes w; das heißt, $\ell(b_1 b_2 \cdots b_k) = k$.

Definition 8.2. *(Kode) Ein Kode für die Menge $\mathcal{X}$ mit Alphabet $\mathcal{A}$ (ein $\mathcal{A}$-Kode) ist eine injektive Abbildung*

$$\kappa : \mathcal{X} \to \mathcal{W}(\mathcal{A}),$$

die jedem $x \in \mathcal{X}$ ein Kodewort $\kappa(x)$ zuordnet.

Man spricht von binären Kodes, falls das Alphabet $\mathcal{A}$ aus $d = 2$ Buchstaben besteht.

Bei der Kodierung von $\mathcal{X}$ möchte man erreichen, dass die Kodewörter möglichst kurz sind. Wie schon bei den Fragestrategien kann man "möglichst kurz" im Sinne der maximalen Wortlänge (worst case) oder der mittleren Wortlänge (average case) interpretieren.

Zusammenhang mit Fragestrategien. Jede Fragestrategie liefert einen Kode von $\mathcal{X}$ mit Alphabet $\mathcal{A} = \{j, n\}$, indem man jedem $x \in \mathcal{X}$ die Sequenz der entsprechenden Antworten zuordnet. Beispielsweise entsprechen die beiden Fragestrategien in Beispiel 8.1 folgenden Kodes für $\mathcal{X} = \{1, 2, 3, 4, 5, 6\}$:

\multicolumn{2}{}{Strategie 1}		Strategie 2	
x	$\kappa(x)$	x	$\kappa(x)$
1	j	1	jjj
2	nj	2	jjn
3	nnj	3	jn
4	nnnj	4	nj
5	nnnnj	5	nnj
6	nnnnn	6	nnn

Dies kann man noch verallgemeinern, indem man Fragestrategien betrachtet, bei der jede Frage mit einem Buchstaben aus einem Alphabet $\mathcal{A}$ beantwortet wird. Jede solche Fragestrategie liefert einen $\mathcal{A}$-Kode für $\mathcal{X}$. Die Umkehrung ist im Allgemeinen falsch: Nicht jeder $\mathcal{A}$-Kode kann durch eine Fragestrategie beschrieben werden, es sei denn, er ist präfixfrei im Sinne der folgenden Definition.

Definition 8.3. *(Präfix, präfixfreie Kodes) Ein Wort $v = a_1 a_2 \cdots a_j$ heißt Präfix des Wortes $w = b_1 b_2 \cdots b_k$, wenn $j \leq k$ und $v = b_1 b_2 \cdots b_j$. Das Wort w nennen wir dann eine Fortsetzung von v.*

Ein Kode $\kappa : \mathcal{X} \to \mathcal{W}(\mathcal{A})$ heißt präfixfrei, wenn kein Kodewort $\kappa(x)$ Präfix eines anderen Kodewortes $\kappa(y)$ ist.

Beispiel 8.4 Sei $\mathcal{X}$ die Menge aller Telefonanschlüsse, die man von einem bestimmten Telefonapparat aus erreichen kann. Die entsprechenden Telefonnummern bilden einen präfixfreien Kode für $\mathcal{X}$ mit Alphabet $\mathcal{A} = \{0, 1, 2, \ldots, 9\}$.

Anmerkung 8.5 (Kodebäume) Man kann einen präfixfreien Kode κ durch einen Kodebaum (V, E) darstellen. Die Knotenmenge V besteht aus einem Wurzelknoten R und allen Wörten $w \in \mathcal{W}(\mathcal{A})$, die Präfix eines Wortes in $\{\kappa(x) : x \in \mathcal{X}\}$ sind. Die Kantenmenge E besteht aus allen Paaren (v, w) in $V \times V$, so dass w ein direkter Nachfolger von v ist. Das heißt, entweder ist $v \in \mathcal{W}(\mathcal{A})$ und $w = vb$ für einen Buchstaben $b \in \mathcal{A}$, oder $v = R$ und $w \in \mathcal{A}$. Für die graphische Darstellung kann man diese Knoten in Verzweigungsebenen $V_0, V_1, V_2, \ldots$ anordnen. Dabei enthält V_0 nur den Wurzelknoten R, und für $k \in \mathbf{N}$ enthält V_k alle Wörter $v \in V$ der Länge k. Nun zeichnet man noch für alle $(v, w) \in E$ eine Linie von v nach w.

Beispiel 8.6 Für $\mathcal{X} = \{1, 2, 3, \ldots, 12\}$ und $\mathcal{A} = \{0, 1, 2\}$ sei κ der folgende präfixfreie Kode:

x	1	2	3	4	5	6	7	8	9	10	11	12
$\kappa(x)$	00	01	02	10	110	111	12	200	201	202	21	22

Abbildung 8.1 zeigt den entsprechenden Kodebaum.

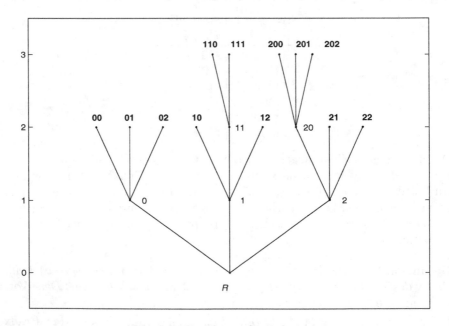

Abb. 8.1. Kodebaum für Beispiel 8.6

Entschlüsselung ohne Trennungszeichen. Präfixfreie Kodes haben folgenden Vorteil: Übersetzt man mehrere Punkte $x_1, x_2, \ldots, x_m$ aus $\mathcal{X}$ und hängt die Kodewörter $\kappa(x_1), \kappa(x_2), \ldots, \kappa(x_m)$ ohne Trennungszeichen hintereinander, dann kann man im Falle eines präfixfreien Kodes κ die Punkte $x_1, x_2, \ldots, x_m$ wieder entschlüsseln. Mit anderen Worten,

$$\kappa(x_1 x_2 \cdots x_m) \; := \; \kappa(x_1)\kappa(x_2)\cdots\kappa(x_m)$$

definiert einen $\mathcal{A}$-Kode für die (unendliche) Menge $\mathcal{W}(\mathcal{X})$.

Unser Maß für den Informationsgehalt der Mitteilung, welchen Wert X annimmt, ist nun das Minimum von $E\ell(\kappa(X))$ über alle präfixfreien $\mathcal{A}$-Kodes κ für $\mathcal{X}$. Der folgende Satz gibt eine vollständige Antwort auf die Frage, welche Wortlängen ein präfixfreier $\mathcal{A}$-Kode überhaupt haben kann.

Theorem 8.7. *(Kraftsche Ungleichungen)*

(a) Sei κ ein präfixfreier $\mathcal{A}$-Kode für $\mathcal{X}$. Dann ist

$$\sum_{x \in \mathcal{X}} d^{-\ell(\kappa(x))} \; \leq \; 1.$$

(b) Für $x \in \mathcal{X}$ sei $L(x)$ eine natürliche Zahl, so dass $\sum_{x \in \mathcal{X}} d^{-L(x)} \leq 1$. Dann gibt es einen präfixfreien $\mathcal{A}$-Kode κ für $\mathcal{X}$ mit

$$\ell(\kappa(x)) \; = \; L(x) \qquad \text{für alle } x \in \mathcal{X}.$$

Als Korollar zu Satz 8.7 erhalten wir die schon anfangs erwähnte Aussage über den ungünstigsten Fall bei Fragestrategien (in der Sprache von Kodes):

Korollar 8.8. *Für einen präfixfreien Kode $\kappa : \mathcal{X} \to \mathcal{W}(\mathcal{A})$ ist stets*

$$\max_{x \in \mathcal{X}} \ell(\kappa(x)) \; \geq \; \lceil \log_d(\#\mathcal{X}) \rceil.$$

Denn im Falle von $\max_{x \in \mathcal{X}} \ell(\kappa(x)) < \log_d(\#\mathcal{X})$ wäre

$$\sum_{x \in \mathcal{X}} d^{-\ell(\kappa(x))} \; > \; \sum_{x \in \mathcal{X}} (\#\mathcal{X})^{-1} \; = \; 1.$$

Da es d^k verschiedene Wörter der Länge k in $\mathcal{W}(\mathcal{A})$ gibt, kann man präfixfreie $\mathcal{A}$-Kodes für $\mathcal{X}$ konstruieren, so dass $\ell(\kappa(\cdot)) = \lceil \log_d(\#\mathcal{X}) \rceil$.

Beweis von Satz 8.7. Für Teil (a) betrachten wir den zu κ gehörenden Kodebaum (V, E) und einen zufälligen Pfad, der im Wurzelknoten R startet und zu einem der terminalen Knoten führt: Wenn der Pfad an einem nichtterminalen Knoten $v \in V$ ankommt, dann wählt man im nächsten Schritt rein zufällig einen der direkten Nachfolger von v. Auf diese Weise gilt für alle $x \in \mathcal{X}$ die Ungleichung

$$P(\text{Zufallspfad landet in } \kappa(x)) \geq d^{-\ell(\kappa(x))},$$

denn jeder nicht-terminale Knoten hat höchstens d direkte Nachfolger. Somit ist

$$1 = \sum_{x \in \mathcal{X}} P(\text{Zufallspfad landet in } \kappa(x)) \geq \sum_{x \in \mathcal{X}} d^{-\ell(\kappa(x))}.$$

Nun zu Teil (b). Für $k \in \mathbf{N}$ sei $\mathcal{X}_k := \{x \in \mathcal{X} : L(x) = k\}$ und $n_k := \#\mathcal{X}_k$. Dann kann man die Voraussetzung an L wie folgt formulieren:

$$\sum_{x \in \mathcal{X}} d^{-L(x)} = \sum_{k \in \mathbf{N}} n_k d^{-k} \leq 1. \tag{8.1}$$

Nun wählen wir induktiv für $k = 1, 2, 3, \ldots$ Kodewörter für alle Punkte aus $\mathcal{X}_k$.

Induktionsanfang: Nach (8.1) ist $n_1 d^{-1} \leq 1$, also $n_1 \leq d$. Daher können wir jedem $x \in \mathcal{X}_1$ ein Wort $\kappa(x)$ bestehend aus einem Buchstaben aus $\mathcal{A}$ zuordnen.

Induktionsschritt: Angenommen, wir haben bereits $\kappa(x)$ für alle x aus der Menge $\mathcal{X}_1 \cup \cdots \cup \mathcal{X}_m$ gewählt. Die Frage ist nun, ob noch genügend viele Kodewörter der Länge $m+1$ verfügbar sind, um die Menge $\mathcal{X}_{m+1}$ zu kodieren. Jedes bisher gewählte Kodewort $\kappa(x)$ hat $d^{m+1-\ell(\kappa(x))}$ Fortsetzungen zu einem Wort aus $\mathcal{A}^{m+1}$, die alle nicht mehr zur Verfügung stehen. Es gibt also noch mindestens

$$d^{m+1} - \sum_{x \in \mathcal{X}_1 \cup \cdots \cup \mathcal{X}_m} d^{m+1-L(x)} = d^{m+1} - \sum_{k=1}^{m} n_k d^{m+1-k}$$

verfügbare Wörter der Länge $m + 1$. Diese Zahl ist tatsächlich größer oder gleich n_{m+1}, denn nach (8.1) ist

$$d^{m+1} - \sum_{k=1}^{m} n_k d^{m+1-k}$$

$$= d^{m+1}\left(1 - \sum_{k=1}^{m} n_k d^{-k}\right) \geq d^{m+1}\left(n_{m+1} d^{-(m+1)}\right) = n_{m+1}.$$

Wir können also auch alle Punkte in $\mathcal{X}_{m+1}$ wie gewünscht kodieren. $\square$

8.2 Entropie

Theorem 8.7 impliziert, dass das Minimum von $\sum_{x \in \mathcal{X}} Q\{x\}\ell(\kappa(x))$ über alle präfixfreien $\mathcal{A}$–Kodes κ für $\mathcal{X}$ identisch ist mit der d–Entropie von Q, die wie folgt definiert wird:

Definition 8.9. *(Entropien)*

(a) Die Entropie der Ordnung d (d-Entropie) von Q bzw. X ist definiert als das Mimimum von $\sum_{x \in \mathcal{X}} Q\{x\}L(x)$ über alle Abbildungen $L : \mathcal{X} \to \mathbf{N}$, so dass $\sum_{x \in \mathcal{X}} d^{-L(x)} \leq 1$. Bezeichnet wird sie mit $H_d(Q)$ bzw. $H_d(X)$.

(b) Die ideelle Entropie (Entropie) von Q bzw. X ist definiert als die Zahl

$$\left.\begin{array}{r} H(Q) \\ H(X) \end{array}\right\} := -\sum_{x \in \mathcal{X}} Q\{x\} \log Q\{x\}.$$

Dabei ist $0 \log 0 := 0$.

Theorem 8.10. *(Entropie-Ungleichungen)*   *Im Falle von $Q\{x\} > 0$ für alle $x \in \mathcal{X}$ ist*

$$\frac{H(Q)}{\log d} \leq H_d(Q) < \frac{H(Q)}{\log d} + 1.$$

Anmerkung 8.11 Für die ideelle Entropie $H(Q)$ gelten stets die Ungleichungen

$$0 \leq H(Q) \leq \log(\#\mathcal{X}).$$

Dabei ist $H(Q) = 0$ genau dann, wenn $Q\{x_o\} = 1$ für ein $x_o \in \mathcal{X}$. In diesem Extremfall ist die Mitteilung, welchen Wert die Zufallsvariable X angenommen hat, uninteressant. Denn man weiß bereits vorher, dass sie mit Wahrscheinlichkeit Eins gleich x_o ist.

Andererseits ist $H(Q) = \log(\#\mathcal{X})$ genau dann, wenn Q die Gleichverteilung auf $\mathcal{X}$ ist; siehe Aufgabe 8.7.

Beweis von Satz 8.10. Die untere Abschätzung der d-Entropie $H_d(Q)$ erhalten wir, indem wir in ihrer Definition die Menge der Abbildungen $L : \mathcal{X} \to \mathbf{N}$ durch die größere Menge aller Abbildungen $L : \mathcal{X} \to [0, \infty[$ ersetzen. Das heißt, $H_d(Q)$ ist offensichtlich größer oder gleich dem Minimum von $\sum_{x \in \mathcal{X}} Q\{x\}L(x)$ über alle Abbildungen $L : \mathcal{X} \to [0, \infty[$, so dass $\sum_{x \in \mathcal{X}} d^{-L(x)} \leq 1$. Für die Bestimmung dieses Minimums verwenden wir Langranges Methode, die in Anhang A.1 beschrieben wird: Mit den Funktionen

$$L \mapsto f(L) := \sum_{x \in \mathcal{X}} Q\{x\}L(x) \quad \text{und} \quad L \mapsto g(L) := \sum_{x \in \mathcal{X}} d^{-L(x)}$$

auf der Menge D aller Abbildungen von $\mathcal{X}$ nach $[0, \infty[$ geht es darum,

$$\min_{L \in D : g(L) \leq 1} f(L) \tag{8.2}$$

zu bestimmen. Stattdessen bestimmen wir

$$\min_{L \in D} \big(f(L) + \lambda g(L)\big) = \min_{L \in D} \sum_{x \in \mathcal{X}} \big(Q\{x\}L(x) + \lambda d^{-L(x)}\big)$$

für ein $\lambda > 0$. Diese Minimierungsaufgabe kann man summandenweise lösen:
Die Ableitung

$$\frac{d}{dr}\left(Q\{x\}r + \lambda d^{-r}\right) = \frac{d}{dr}\left(Q\{x\}r + \lambda e^{-\log(d)r}\right)$$
$$= Q\{x\} - \lambda \log(d) e^{-\log(d)r}$$

ist kleiner oder größer als Null genau dann, wenn r kleiner bzw. größer als

$$L_o(x) := -\log\left(\frac{Q\{x\}}{\lambda \log d}\right)/\log d = -\log_d\left(\frac{Q\{x\}}{\lambda \log d}\right)$$

ist. Die Frage ist nun, ob diese Funktion L_o für irgendeinen Wert λ im Definitionsbereich D liegt und die Gleichung $g(L_o) = 1$ erfüllt. Aus Bequemlichkeit versuchen wir es mal mit $\lambda = 1/\log d$, denn dies führt zu dem einfacheren Ausdruck $L_o(x) = -\log_d Q\{x\}$. Dies ist strikt positiv für alle $x \in \mathcal{X}$, also $L_o \in D$. Außerdem ist

$$g(L_o) = \sum_{x \in \mathcal{X}} d^{\log_d Q\{x\}} = \sum_{x \in \mathcal{X}} Q\{x\} = 1,$$

was ein Glück! Wir wissen nun, dass das Minimum (8.2) gleich $f(L_o)$ ist, also

$$H_d(Q) \geq f(L_o) = -\sum_{x \in \mathcal{X}} Q\{x\} \log_d Q\{x\} = \frac{H(Q)}{\log d}.$$

Die obere Schranke ist nun einfach zu beweisen: Mit obigem L_o definieren wir

$$L(x) := \lceil L_o(x) \rceil = \lceil -\log_d Q\{x\} \rceil \in \mathbf{N}.$$

Dann ist $0 \leq L - L_o < 1$. Insbesondere ist $\sum_{x \in \mathcal{X}} d^{-L(x)} \leq \sum_{x \in \mathcal{X}} d^{-L_o(x)} = 1$ und somit

$$H_d(Q) \leq \sum_{x \in \mathcal{X}} Q\{x\} L(x) < \sum_{x \in \mathcal{X}} Q\{x\}(L_o(x) + 1) = \frac{H(Q)}{\log d} + 1. \quad \square$$

Anmerkung 8.12 Die Beweise von Satz 8.10 und Satz 8.7 beinhalten eine Kodierungsmethode, die zu fast optimalen Kodes führt: Unter der Voraussetzung, dass $Q\{x\} > 0$ für alle $x \in \mathcal{X}$, berechnet man die natürlichen Zahlen

$$L(x) := \lceil -\log_d Q\{x\} \rceil$$

und bestimmt einen präfixfreien $\mathcal{A}$–Kode κ für $\mathcal{X}$ mit $\ell(\kappa(\cdot)) \equiv L(\cdot)$. Dann ist

$$E\ell(\kappa(X)) < H_d(Q) + 1.$$

8.3 Optimale Kodierung nach der Huffman-Methode

Wir betrachten hier ausschließlich präfixfreie $\{0,1\}$–Kodes und sprechen einfach von "Kodes". Die optimale Kodierung mit einem beliebig langen Alphabet wird am Ende dieses Abschnitts besprochen.

Überlegung 1: Minimale (binäre) Kodes

Ein Kode κ für $\mathcal{X}$ heißt minimal, wenn es keinen echt kürzeren Kode κ' für $\mathcal{X}$ gibt. Letzteres würde bedeuten, dass $\ell(\kappa'(x)) \leq \ell(\kappa(x))$ für alle $x \in \mathcal{X}$ mit strikter Ungleichung an mindestens einer Stelle.

Lemma 8.13. *Sei κ ein minimaler Kode für $\mathcal{X}$. Ist $w = b_1 \cdots b_{k-1} a$ mit $a \in \{0,1\}$ Präfix eines Kodewortes von κ, dann ist auch $w' = b_1 \cdots b_{k-1} a'$ Präfix eines Kodewortes von κ, wobei $\{a, a'\} = \{0,1\}$.*

Beweis. Angenommen, $w = b_1 \cdots b_{k-1} a$ ist Präfix eines Kodewortes von κ, aber $w' = b_1 \cdots b_{k-1} a'$ ist es nicht. Dann definiert

$$\kappa'(x) := \begin{cases} \kappa(x) & \text{falls } w \text{ kein Präfix von } \kappa(x) \text{ ist} \\ b_1 \cdots b_{k-1} & \text{falls } \kappa(x) = w \\ b_1 \cdots b_{k-1} v & \text{falls } \kappa(x) = wv \end{cases}$$

einen Kode κ' für $\mathcal{X}$, der echt kürzer ist als κ. $\qquad\square$

Überlegung 2: Umordnen von Kodewörtern

Sei $\mathcal{X} = \{x_1, x_2, \ldots, x_m\}$, und mit $p_i := Q\{x_i\}$ sei $p_1 \geq p_2 \geq \ldots \geq p_m > 0$. Nun sei κ ein Kode für $\mathcal{X}$. Die entsprechende Kodewortmenge $\{\kappa(x) : x \in \mathcal{X}\}$ sei gleich $\{w_1, w_2, \ldots, w_m\}$, wobei $\ell(w_1) \leq \ell(w_2) \leq \cdots \leq \ell(w_m)$. Das bedeutet *nicht*, dass auch $\kappa(x_i) = w_i$ für alle i.

Lemma 8.14. *Definiert man $\widetilde{\kappa}(x_i) := w_i$ für $1 \leq i \leq m$, dann ist*

$$E\ell(\widetilde{\kappa}(X)) \leq E\ell(\kappa(X)).$$

Beweis. Angenommen, $\kappa \neq \widetilde{\kappa}$. Sei k der größte Index mit $\kappa(x_k) \neq w_k$. Dann ist $\kappa(x_k) = w_q$ für ein $q < k$, und $\kappa(x_j) = w_k$ für ein $j < k$. Nun sei κ' der Kode, der durch Vertauschen von $\kappa(x_j)$ und $\kappa(x_k)$ entsteht, also

$$\kappa'(x) := \begin{cases} \kappa(x) & \text{falls } x \notin \{x_j, x_k\}, \\ w_q & \text{falls } x = x_j, \\ w_k & \text{falls } x = x_k. \end{cases}$$

Dann ist

$$\begin{aligned} E\ell(\kappa'(X)) - E\ell(\kappa(X)) &= p_j(\ell(w_q) - \ell(w_k)) + p_k(\ell(w_k) - \ell(w_q)) \\ &= \underbrace{(p_j - p_k)}_{\geq 0} \underbrace{(\ell(w_q) - \ell(w_k))}_{\leq 0} \\ &\leq 0, \end{aligned}$$

also $E\ell(\kappa'(X)) \leq E\ell(\kappa(X))$, und $\kappa'(x_i) = \widetilde{\kappa}(x_i)$ für alle $i \geq k$. Diesen Schritt wiederholen wir so lange, bis schließlich $\kappa' = \widetilde{\kappa}$. $\qquad\square$

Überlegung 3: Eine Rekursion für optimale Kodes

Seien die x_i und p_i wie in Überlegung 2, wobei $m \geq 3$. Nun definieren wir eine neue Zufallsvariable Y, indem wir die beiden Punkte x_{m-1} und x_m mit den kleinsten Wahrscheinlichkeiten zu einem Punkt zusammenfassen: Sei

$$Y := \begin{cases} X & \text{falls } X \notin \{x_{m-1}, x_m\} \\ x_{m-1} & \text{falls } X \in \{x_{m-1}, x_m\} \end{cases}$$

mit Wertebereich $\mathcal{Y} := \{x_1, x_2, \ldots, x_{m-1}\}$.

Lemma 8.15. *Angenommen λ ist ein Kode für $\mathcal{Y}$ mit $E\ell(\lambda(Y)) = H_2(Y)$. Dann definiert*

$$\kappa(x) := \begin{cases} \lambda(x) & \text{falls } x \notin \{x_{m-1}, x_m\}, \\ \lambda(x_{m-1})0 & \text{falls } x = x_{m-1}, \\ \lambda(x_{m-1})1 & \text{falls } x = x_m, \end{cases}$$

einen Kode für $\mathcal{X}$, so dass $E\ell(\kappa(X)) = H_2(X)$.

Beweis. Einerseits ist

$$\ell(\kappa(X)) = \ell(\lambda(Y)) + 1\{X \in \{x_{m-1}, x_m\}\},$$

so dass $H_2(X)$ nicht größer ist als

$$E\ell(\kappa(X)) = E\ell(\lambda(Y)) + P(X \in \{x_{m-1}, x_m\}) = H_2(Y) + p_{m-1} + p_m.$$

Wenn wir nun zeigen können, dass $H_2(Y) \leq H_2(X) - p_{m-1} - p_m$, dann ist $E\ell(\kappa(X))$ gleich $H_2(X)$.

Sei also $\widetilde{\kappa}$ ein Kode für $\mathcal{X}$ mit $E\ell(\widetilde{\kappa}(X)) = H_2(X)$. Nach den Überlegungen 1 und 2 können wir ohne Einschränkung annehmen, dass $\ell(\widetilde{\kappa}(x_1)) \leq \ell(\widetilde{\kappa}(x_2)) \leq \ldots \leq \ell(\widetilde{\kappa}(x_m))$ und $\widetilde{\kappa}(x_{m-1}) = w0, \widetilde{\kappa}(x_m) = w1$ für ein $\{0,1\}$-Wort w. Dann definiert

$$\widetilde{\lambda}(y) := \begin{cases} \kappa(y) & \text{falls } y \neq x_{m-1}, \\ w & \text{falls } y = x_{m-1}, \end{cases}$$

einen Kode für $\mathcal{Y}$, und $H_2(Y)$ ist nicht größer als

$$E\ell(\widetilde{\lambda}(Y)) = E\big(\ell(\widetilde{\kappa}(X)) - 1\{X \in \{x_{m-1}, x_m\}\}\big) = H_2(X) - p_{m-1} - p_m,$$

was zu beweisen war. $\square$

Huffman-Kodierung (binär)

Überlegung 3 ist der Kern der *Huffman-Kodierung*, die wir nun erläutern. Wir betrachten eine noch leere Tabelle bestehend aus $m - 1$ Spalten, wobei in der j-ten Spalte $m + 1 - j$ Einträge vorgesehen sind. Nun schreiben wir die

Wahrscheinlichkeiten $p_1, p_2, \ldots, p_m$ in die erste Spalte. Dann fassen wir die beiden kleinsten Werte p_{m-1} und p_m zusammen, sortieren die $m-1$ Zahlen $p_1, \ldots, p_{m-1}, p_{m-1} + p_m$ in absteigender Reihenfolge und schreiben diese in die nächste Spalte. Um durch das Sortieren nicht den Überblick zu verlieren, markieren wir die Position, an welcher der Wert $p_{m-1} + p_m$ eingetragen wird. Die oberen $m-2$ Einträge der ersten Spalte sind also identisch mit den unmarkierten Einträgen der zweiten Spalte. Mit der zweiten Spalte verfährt man analog und erhält so eine dritte Spalte mit $m-2$ sortierten Wahrscheinlichkeiten. Setzt man diesen Prozess fort, dann landet man schließlich in der letzten Spalte mit zwei Einträgen.

Einen passenden Kode kann man nun wie folgt bestimmen: Wir löschen in unserer Tabelle die Wahrscheinlichkeiten und füllen sie mit binären Wörtern auf. Dazu tragen wir in der rechten Spalte unserer Tabelle die Wörter 0 und 1 ein. Angenommen die Spalte Nr. $j+1$ $(0 \leq j < m-1)$ wurde bereits mit $m-j$ Wörtern aufgefüllt. An den unmarkierten Positionen seien, von oben nach unten gelesen, die Wörter $w_1, w_2, \ldots, w_{m-j-1}$ eingetragen, und an der markierten Position stehe das Wort v. Dann tragen wir in Spalte j von oben nach unten die Wörter $w_1, w_2, \ldots, w_{m-j-1}, v0, v1$ ein. Am Ende enthält die erste Spalte einen optimalen Kode für $\mathcal{X}$.

Beispiel 8.16 Sei $\mathcal{A} = \{0, 1\}$, $\mathcal{X} = \{0, 1\}^3$, und Q sei wie folgt definiert:

x	$Q\{x\}$
(0,0,0)	27/64
(0,0,1)	9/64
(0,1,0)	9/64
(1,0,0)	9/64
(0,1,1)	3/64
(1,0,1)	3/64
(1,1,0)	3/64
(1,1,1)	1/64

Der Einfachheit halber multiplizieren wir nun alle Wahrscheinlichkeiten mit 64 und füllen eine Tabelle wie oben beschrieben:

x_i	$64\,p_i$						
(0,0,0)	27	27	27	27	27	27	* 37
(0,0,1)	9	9	9	* 10	* 18	* 19	27
(0,1,0)	9	9	9	9	10	18	
(1,0,0)	9	9	9	9	9		
(0,1,1)	3	* 4	* 6	9			
(1,0,1)	3	3	4				
(1,1,0)	3	3					
(1,1,1)	1						

Nun löschen wir die Wahrscheinlichkeiten in dieser Tabelle und füllen sie von rechts nach links mit Kodewörtern:

x	$\kappa_*(x)$							
(0,0,0)	1	1	1	1	1	1	* 0	
(0,0,1)	001	001	001	* 000	* 01	* 00	1	
(0,1,0)	010	010	010	001	000	01		
(1,0,0)	011	011	011	010	001			
(0,1,1)	00000	* 0001	* 0000	011				
(1,0,1)	00001	00000	0001					
(1,1,0)	00010	00001						
(1,1,1)	00011							

Für diesen Kode κ_* gilt also:

$$H_2(Q) = E\ell(\kappa_*(X)) = \frac{79}{32} \approx 2.469.$$

Gegenüber dem trivialen Kode κ mit $\kappa(x) = x$ spart man also im Mittel etwas mehr als einen halben Buchstaben pro übertragenem Kodewort.

Übrigens ist hier die untere Schranke von Theorem 8.10 recht nahe an $H_2(Q)$:

$$\frac{H(Q)}{\log 2} \approx 2.434.$$

Huffman-Kodierung mit $d > 2$ Buchstaben

Die vorangegangenen Überlegungen kann man mit nur wenigen Änderungen auf den Fall eines Alphabets $\mathcal{A}$ mit $d > 2$ Buchstaben übertragen. Auf die genauen Modifikationen der Überlegungen 1-3 wollen wir hier nicht eingehen sondern nur die resultierende Kodierungsmethode erläutern.

Für die Bestimmung eines optimalen binären Kodes wurden immer die beiden kleinsten Wahrscheinlichkeitsgewichte zusammengefasst bis letztendlich nur noch zwei Gewichte übrig blieben. Analog könnte man immer die d kleinsten Gewichte zusammenfassen bis am Ende noch höchstens d Gewichte übrig sind. Am Ende sollten aber *genau* d Gewichte übrig sein (sofern $\#\mathcal{X} > d$). Denn anderenfalls würden wir einen $\mathcal{A}$–Kode κ erzeugen, der Wörter der Länge mindestens Zwei enthält, obwohl es Buchstaben aus $\mathcal{A}$ gibt, die kein Präfix von κ sind. Ein solcher Kode kann natürlich nicht optimal sein.

Um zu erreichen, dass wir durch schrittweises Zusammenfassen von d Punkten letztendlich bei genau d Punkten landen, ergänzen wir einfach $\mathcal{X}$ um bis zu $d - 2$ zusätzliche Punkte, denen wir die Wahrscheinlichkeit Null zuordnen, so dass diese erweiterte Menge $1 + k(d - 1)$ Punkte enthält ($k \in \mathbf{N}$). Wenn man nämlich d Punkte aus $\mathcal{X}$ zu einem zusammenfasst, dann verringert sich die Anzahl von $\mathcal{X}$ um $d - 1$. Nach dieser Ergänzung von $\mathcal{X}$ kann man tatsächlich wie im Falle der binären Kodierung vorgehen.

Forts. von Beispiel 8.16 Wir führen nun die Huffman-Kodierung mit Alphabet $\{0, 1, 2\}$ vor. Wegen $d - 1 = 2$ sollte $\mathcal{X}$ eigentlich eine ungerade Anzahl von Punkten enthalten. Daher fügen wir noch einen Punkt hinzu, ohne ihn zu benennen und bauen unsere Tabelle mit Gewichten auf:

x_i	$64\,p_i$			
(0,0,0)	27	27	27	27
(0,0,1)	9	9	* 10	* 27
(0,1,0)	9	9	9	10
(1,0,0)	9	9	9	
(0,1,1)	3	* 4	9	
(1,0,1)	3	3		
(1,1,0)	3	3		
(1,1,1)	1			
	0			

Nun die Tabelle mit den entsprechenden Kodes:

x	$\kappa_*(x)$			
(0,0,0)	0	0	0	0
(0,0,1)	10	10	* 2	* 1
(0,1,0)	11	11	10	2
(1,0,0)	12	12	11	
(0,1,1)	21	* 20	12	
(1,0,1)	22	21		
(1,1,0)	200	22		
(1,1,1)	201			
	202			

Insbesondere ist

$$H_3(Q) \;=\; E\ell(\kappa_*(X)) \;=\; \frac{105}{64} \;\approx\; 1.641.$$

8.4 Übungsaufgaben

Aufgabe 8.1 Seien κ und λ präfixfreie $\mathcal{A}$–Kodes für $\mathcal{X}$ beziehungsweise $\mathcal{Y}$. Zeigen Sie, dass

$$\mu(x,y) \;:=\; (\kappa(x), \lambda(y))$$

einen präfixfreien $\mathcal{A}$–Kode μ für $\mathcal{X} \times \mathcal{Y}$ definiert.

Aufgabe 8.2 Eine Menge mit fünf Elementen soll binär und präfixfrei kodiert werden. Gibt es einen solchen Kode mit Wortlängen

(a) $2, 2, 2, 3, 3$?

(b) $1, 2, 3, 3, 9$?

(c) $1, 2, 3, 4, 4$?

Aufgabe 8.3 Für die Ziffern $0, 1, 2, \ldots, 9$ soll ein präfixfreier $\{0, 1\}$-Kode κ konstruiert werden, so dass $\kappa(0) = 0$ und $\kappa(1) = 10$. Wie lange muss das längste Kodewort mindestens sein? Geben Sie einen Kode an, der diese Schranke einhält.

Aufgabe 8.4 Sei X eine Zufallsvariable mit Verteilung Q auf $\mathcal{X} = \{1, 2, 3, 4\}$, wobei $Q\{1\} \geq Q\{2\} \geq Q\{3\} \geq Q\{4\}$. Wenn man für $\mathcal{X}$ einen präfixfreien $\{0, 1\}$-Kode κ mit minimalem Erwartungswert $E\ell(\kappa(X))$ sucht, dann genügt es, folgende Kodes κ_1, κ_2 zu betrachten:

x	$\kappa_1(x)$	$\kappa_2(x)$
1	1	11
2	01	10
3	001	01
4	000	00

(Begründung?) Unter welcher Bedingung an Q ist Kode κ_1 besser als Kode κ_2?

Aufgabe 8.5 Sei Q eine Verteilung auf $\{1, 2, 3\}$ mit $p_x := Q\{x\} > 0$ für alle x. Geben Sie eine einfache Formel für $H_2(Q)$ als Funktion von (p_1, p_2) an. Wie groß sind Infimum und Maximum dieser Funktion? Skizzieren Sie die Menge aller Paare (p_1, p_2) mit $H_2(Q) = 1.1, 1.2, \ldots, 1.6$.

Aufgabe 8.6 Sei $X = (X_1, X_2)$ mit stochastisch unabhängigen Komponenten $X_1 \in \mathcal{X}_1$ und $X_2 \in \mathcal{X}_2$. Zeigen Sie, dass

$$H(X) = H(X_1) + H(X_2).$$

Aufgabe 8.7 Zeigen Sie, dass stets

$$H(X) \leq \log(\#\mathcal{X})$$

mit Gleichheit genau dann, wenn X gleichverteilt ist auf $\mathcal{X}$.

Hinweis: Verwenden Sie Lagranges Methode aus Anhang A.1 mit den Funktionen

$$f(p) := \sum_{x \in \mathcal{X}} p(x) \log p(x) \quad \text{und} \quad g(p) := \sum_{x \in \mathcal{X}} p(x)$$

mit Definitionsbereich $D := \{p : \mathcal{X} \to [0, \infty[\}.$

Aufgabe 8.8 Ein Schwarzweißbild soll übermittelt werden, indem man Zeilenbruchstücke der Länge Vier geeignet kodiert und überträgt. Wir suchen also einen präfixfreien $\{0, 1\}$–Kode für die Menge $\mathcal{X} = \{0, 1\}^4$. Angenommen

$$Q\{x\} = (0.1)^{S(x)}(0.9)^{4-S(x)}$$

mit $S(x) = x_1 + x_2 + x_3 + x_4$. Berechnen Sie die Entropien $H(Q)/\log(2)$ und $H_2(Q)$ sowie einen optimalen Kode.

Aufgabe 8.9 In englischen Texten treten Buchstaben mit folgenden relativen Häufigkeiten auf:

Buchstabe	rel. Häufigkeit	Buchstabe	rel. Häufigkeit
'Zw.raum'	0.1859	N	0.0574
A	0.0642	O	0.0632
B	0.0127	P	0.0152
C	0.0218	Q	0.0008
D	0.0317	R	0.0484
E	0.1031	S	0.0514
F	0.0208	T	0.0796
G	0.0152	U	0.0228
H	0.0467	V	0.0083
I	0.0575	W	0.0175
J	0.0008	X	0.0013
K	0.0049	Y	0.0164
L	0.0321	Z	0.0005
M	0.0198		

Berechnen Sie die Entropien $H(Q)/\log(2)$ und $H_2(Q)$ dieser Verteilung Q sowie einen optimalen $\{0,1\}$-Kode.

Aufgabe 8.10 Für ein Wahrscheinlichkeitsmaß Q auf $\mathbf{N}$ sei

$$H(Q) := -\sum_{n \in \mathbf{N}} Q\{n\} \log Q\{n\}.$$

Zeigen Sie, dass $H(Q)$ unter der Nebenbedingung, dass der Mittelwert $\mu(Q)$ gleich μ_o ist, von einer geometrischen Verteilung maximiert wird. Dabei ist μ_o eine beliebige Konstante aus $]1, \infty[$.

(Hinweis: Lagranges Methode ähnlich wie in Aufgabe 8.7)

Aufgabe 8.11 Seien Q und R Wahrscheinlichkeitsmaße auf endlichen Mengen $\mathcal{X}$ beziehungsweise $\mathcal{Y}$. Nun betrachten wir Wahrscheinlichkeitsmaße P auf $\mathcal{X} \times \mathcal{Y}$, so dass gilt:

$$\sum_{y \in \mathcal{Y}} P\{(x,y)\} = Q\{x\} \quad \text{für alle } x \in \mathcal{X},$$

$$\sum_{x \in \mathcal{X}} P\{(x,y)\} = R\{y\} \quad \text{für alle } y \in \mathcal{Y}.$$

Zeigen Sie, dass $H(P)$ unter diesen Nebenbedingungen genau dann maximal ist, wenn $P = Q \otimes R$, also

$$P\{(x,y)\} = Q\{x\}R\{y\} \quad \text{für alle } (x,y) \in \mathcal{X} \times \mathcal{Y}.$$

Allgemeine Wahrscheinlichkeitsräume

In Kapitel 3 definierten wir Wahrscheinlichkeitsverteilungen P auf einem Grundraum Ω. Bei allen bisher betrachteten konkreten Beispielen handelte es sich um diskrete Wahrscheinlichkeitsmaße P. Doch für manche Zwecke ist dieser Rahmen zu eng.

Beispiel 9.1 Angenommen man möchte ein Modell für die rein zufällige Auswahl eines Punktes auf einer Zielscheibe $\Omega \subset \mathbf{R}^2$. Ein möglicher Ansatz wäre

$$P(A) := \frac{\text{Fläche}(A)}{\text{Fläche}(\Omega)} \quad \text{für } A \subset \Omega.$$

Ein Problem hierbei ist die Definition der Fläche einer beliebigen Teilmenge des $\mathbf{R}^2$. Geht man davon aus, dass eine einpunktige Menge stets Fläche Null hat, dann sieht man, dass P kein diskretes Wahrscheinlichkeitsmaß sein kann.

Beispiel 9.2 Angenommen man möchte ein Modell für das beliebig oftmalige Werfen einer Münze, die mit Wahrscheinlichkeit $p \in {]}0,1{[}$ "Kopf" und mit Wahrscheinlichkeit $1 - p$ "Zahl" zeigt. Als Grundraum bietet sich

$$\Omega := \{0,1\}^{\mathbf{N}} = \left\{\omega = (\omega_i)_{i=1}^{\infty} : \omega_i \in \{0,1\}\right\}$$

an. Der i-te Münzwurf wird durch die Abbildung

$$\Omega \ni \omega \mapsto X_i(\omega) := \omega_i$$

beschrieben. Nun suchen wir nach einem Wahrscheinlichkeitsmaß P auf Ω, so dass für beliebige $i, n \in \mathbf{N}$ gilt:

$$P(X_i = 1) = 1 - P(X_i = 0) = p,$$

$X_1, X_2, \ldots, X_n$ sind stochastisch unabhängig.

Mit anderen Worten, für beliebige $n \in \mathbf{N}$ und $y \in \{0,1\}^n$ soll gelten:

$$P\left((X_i)_{i=1}^n = y\right) \;=\; \prod_{i=1}^{n} p^{y_i}(1-p)^{1-y_i}.$$

Wir haben also eine Idee, wie man die Wahrscheinlichkeit von Ereignissen $A \subset \Omega$ definieren sollte, die nur von *endlich vielen* Münzwürfen X_i bestimmt werden. Leider sind viele interessante Ereignisse nicht von von diesem einfachen Typ.

Hier ist ein Beispiel für ein Ereignis, dessen Wahrscheinlichkeit wir berechnen wollen: Mit dem Schätzwert

$$\widehat{p}_n \;:=\; \frac{1}{n}\sum_{i=1}^{n} X_i$$

für p sei

$$A^{(1)} \;:=\; \Big\{\lim_{n\to\infty} \widehat{p}_n = p\Big\}.$$

Wenn unsere intuitive Vorstellung von Wahrscheinlichkeiten richtig ist, sollte $P(A^{(1)})$ gleich Eins sein; siehe auch die Einleitung dieses Buches. Dieses Ereignis wird offensichtlich nicht von endlich vielen Münzwürfen determiniert. Man kann es jedoch wie folgt darstellen:

$$A^{(1)} \;=\; \bigcap_{k\in\mathbf{N}} \bigcup_{N\in\mathbf{N}} \bigcap_{n\geq N} \Big\{|\widehat{p}_n - p| \leq \frac{1}{k}\Big\}.$$

Diese Darstellung in Worten: Für beliebige $k \in \mathbf{N}$ existiert ein $N \in \mathbf{N}$, so dass $|\widehat{p}_n - p| \leq 1/k$ für alle $n \geq N$. Folglich können wir das Ereignis $A^{(1)}$ durch *abzählbar viele* Mengenoperationen aus einfachen Ereignissen, die nur von endlich vielen Münzwürfen abhängen, darstellen.

Ein anderes Beispiel für ein komplizierteres Ereignis betrifft eine "Irrfahrt auf $\mathbf{Z}$". Sei $W_0 := 0$ und

$$W_t \;:=\; \sum_{i=1}^{t}(2X_i - 1) \quad \text{für } t \in \mathbf{N}.$$

Diese Folge $(W_t)_{t=0}^\infty$ beschreibt die Positionen eines Teilchens in $\mathbf{Z}$, welches zum Zeitpunkt Null in 0 startet und sich zu jedem Zeitpunkt $n \in \mathbf{N}$ einen Schritt nach links oder rechts weiterbewegt. Zur Illustration zeigt Abbildung 9.1 eine mögliche Realisation von $(X_i)_{i=1}^n$ und die entsprechende Folge $(W_t)_{t=0}^n$ für $n = 100$.

Auch das Ereignis

$$A^{(2)} \;:=\; \Big\{\sup_{t\geq 0} W_t = \infty \text{ und } \inf_{t\geq 0} W_t = -\infty\Big\}$$

kann man durch abzählbar viele Mengenoperationen aus einfachen Ereignissen aufbauen; siehe Aufgabe 9.1. Die Frage ist nun, ob es Wahrscheinlichkeit Eins hat.

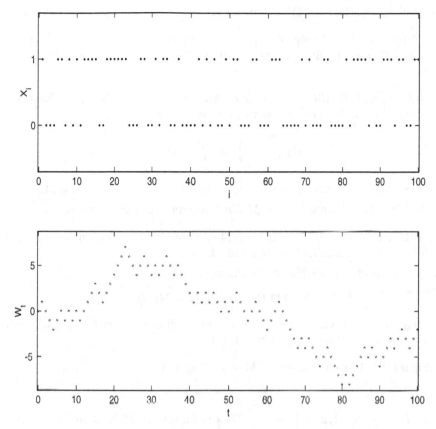

Abb. 9.1. 100 Münzwürfe und die entsprechende Irrfahrt

9.1 Die Kolmogorovschen Axiome

Sowohl in Beispiel 9.1 als auch in Beispiel 9.2 betrachten wir eine Grundmenge Ω und möchten für möglichst viele Mengen $A \subset \Omega$ eine Zahl $M(A) \geq 0$ definieren, so dass bestimmte Rechenregeln (siehe unten) gelten. In Beispiel 9.1 soll $M(A)$ der Flächeninhalt von $A \subset \mathbf{R}^2$ sein, in Beispiel 9.2 steht $M(A)$ für die Wahrscheinlichkeit von $A \subset \{0,1\}^{\mathbf{N}}$. Wir können nicht davon ausgehen, dass $M(A)$ für alle $A \subset \Omega$ sondern nur für alle Mengen aus einer Familie $\mathcal{A}$ von Teilmengen von Ω definierbar ist. Hier sind wünschenswerte Eigenschaften von $\mathcal{A}$:

Definition 9.3. *(σ-Algebra) Die Mengenfamilie $\mathcal{A}$ ist eine σ–Algebra über Ω, falls sie folgende Bedingungen erfüllt:*

(i) $\emptyset, \Omega \in \mathcal{A}$;

(ii) für $A, B \in \mathcal{A}$ ist auch $B \backslash A$ Element von $\mathcal{A}$;

(iii) für $A_1, A_2, A_3, \ldots \in \mathcal{A}$ sind auch $\bigcup_{n=1}^{\infty} A_n$ und $\bigcap_{n=1}^{\infty} A_n$ Element von $\mathcal{A}$.

Dass Eigenschaft (iii) sinnvoll ist, zeigen die Ereignisse $A^{(1)}$ und $A^{(2)}$ in Beispiel 9.2. Hier sind wünschenswerte Eigenschaften der Abbildung $M : \mathcal{A} \to [0, \infty]$.

Definition 9.4. *(Maß) Sei $\mathcal{A}$ eine σ–Algebra über Ω. Eine Abbildung $M : \mathcal{A} \to [0, \infty]$ heißt Maß auf $\mathcal{A}$, wenn $M(\emptyset) = 0$ und*

$$M\left(\bigcup_{n=1}^{\infty} A_n\right) = \sum_{n=1}^{\infty} M(A_n)$$

für paarweise disjunkte Mengen $A_1, A_2, A_3, \ldots \in \mathcal{A}$ mit $\bigcup_{n=1}^{\infty} A_n \in \mathcal{A}$.

Ist $M(\Omega) = 1$, dann nennt man M ein Wahrscheinlichkeitsmaß auf $\mathcal{A}$.

Wenn klar ist, um welche σ–Algebra $\mathcal{A}$ es geht, spricht man auch von einem Maß bzw. Wahrscheinlichkeitsmaß auf Ω.

Die Eigenschaften eines Maßes implizieren, dass

$$M(A \cup B) = M(A) + M(B)$$

für disjunkte Mengen $A, B \in \mathcal{A}$. Dazu betrachte man die Folge $(A_n)_n$ mit $A_1 := A$, $A_2 := B$ und $A_n := \emptyset$ für $n \geq 3$.

Beispiel 9.5 Für eine beliebige Menge Ω und $A \subset \Omega$ sei

$$M(A) := \#A,$$

also $M : \Omega \to \{0, 1, 2, \ldots\} \cup \{\infty\}$. Dies definiert ein Maß M auf der Menge $\mathcal{P}(\Omega)$ aller Teilmengen von Ω, das sogenannte "Zählmaß". Dieses Beispiel kann man noch wie folgt verallgemeinern: Für eine "Gewichtsfunktion" $g : \Omega \to [0, \infty[$ definiert

$$M(A) := \sum_{\omega \in A} g(\omega)$$

ein Maß auf $\mathcal{P}(\Omega)$. Diskrete Wahrscheinlichkeitsmaße sind von diesem Typ.

Anmerkung 9.6 Ein Maß M auf einer σ–Algebra $\mathcal{A}$ hat folgende Stetigkeitseigenschaften: Für beliebige Mengen $B_1 \subset B_2 \subset B_3 \cdots$ aus $\mathcal{A}$ ist

$$M\left(\bigcup_{n=1}^{\infty} B_n\right) = \lim_{n \to \infty} M(B_n).$$

Für beliebige Mengen $C_1 \supset C_2 \supset C_3 \supset \cdots$ aus $\mathcal{A}$ mit $M(C_1) < \infty$ ist

$$M\left(\bigcap_{n=1}^{\infty} C_n\right) = \lim_{n \to \infty} M(C_n).$$

Den Beweis dieser Eigenschaften stellen wir als Übungsaufgabe.

Definition 9.7. *(Maßraum, Wahrscheinlichkeitsraum) Ein Maßraum ist ein Tripel $(\Omega, \mathcal{A}, M)$ bestehend aus einer Grundmenge Ω, einer σ–Algebra $\mathcal{A}$ über Ω sowie einem Maß M auf $\mathcal{A}$. Ist M ein Wahrscheinlichkeitsmaß, dann nennt man $(\Omega, \mathcal{A}, M)$ einen Wahrscheinlichkeitsraum.*

9.2 Existenz und Eindeutigkeit von Maßen

Die Existenz und Eindeutigkeit von Maßen auf bestimmten σ–Algebren ist Gegenstand der *Maßtheorie* und soll hier nicht zu sehr vertieft werden. Wir werden einige Resultate nur zitieren und verweisen interessierte Leser auf entsprechende Lehrbücher wie beispielsweise Billingsley (1995).

Viele für uns wichtige σ–Algebren kann man nur implizit wie im folgenden Lemma beschreiben:

Lemma 9.8. *Sei $\mathcal{D}$ eine beliebige Familie von Teilmengen von Ω. Dann gibt es eine kleinste σ–Algebra $\mathcal{A}$ über Ω, welche $\mathcal{D}$ enthält. Das heißt, ist $\mathcal{B}$ irgendeine σ–Algebra, die $\mathcal{D}$ enthält, dann ist $\mathcal{A} \subset \mathcal{B}$. Man nennt $\mathcal{A}$ die von $\mathcal{D}$ erzeugte σ–Algebra und schreibt auch $\mathcal{A} = \sigma(\mathcal{D})$.*

Beweis. Sei Λ eine beliebige Indexmenge, und für $\lambda \in \Lambda$ sei $\mathcal{B}_\lambda$ eine σ–Algebra über Ω. Man kann sich leicht davon überzeugen, dass der Durchschnitt $\mathcal{A} := \bigcap_{\lambda \in \Lambda} \mathcal{B}_\lambda$, also die Menge aller Mengen $A \subset \Omega$, die zu allen $\mathcal{B}_\lambda$ gehören, ebenfalls eine σ–Algebra über Ω ist. Speziell sei $(\mathcal{B}_\lambda)_{\lambda \in \Lambda}$ die Gesamtheit aller σ–Algebren, welche $\mathcal{D}$ enthalten. Zumindest $\mathcal{P}(\Omega)$ gehört dazu. Dann ist der Durchschnitt $\mathcal{A}$ offensichtlich die kleinste σ–Algebra über Ω, welche $\mathcal{D}$ enthält. $\square$

Beispiel 9.9 Sei $\Omega = \{1, 2, 3, 4\}$ und $\mathcal{D} = \{\{1, 2\}, \{2, 3\}\}$. Jede σ–Algebra $\mathcal{A}$ über Ω mit $\mathcal{D} \subset \mathcal{A}$ enthält alle einpunktigen Teilmengen von Ω. Denn

$$\{1\} = \{1, 2\} \setminus \{2, 3\},$$
$$\{2\} = \{1, 2\} \cap \{2, 3\},$$
$$\{3\} = \{2, 3\} \setminus \{1, 2\},$$
$$\{4\} = \Omega \setminus (\{1, 2\} \cup \{2, 3\}).$$

Da jede Menge $B \subset \Omega$ Vereinigung von endlich vielen einpunktigen Mengen ist, ist $\mathcal{A} = \mathcal{P}(\Omega)$. Folglich ist $\sigma(\mathcal{D}) = \mathcal{P}(\Omega)$.

9.2.1 Wahrscheinlichkeitsmaße auf $\{0, 1\}^{\mathbf{N}}$

Wie in Beispiel 9.2 sei $\Omega = \{0, 1\}^{\mathbf{N}}$, und wir betrachten $X_k(\omega) := \omega_k$ für $k \in \mathbf{N}$ und $\omega = (\omega_i)_{i=1}^{\infty} \in \Omega$. Für diesen Grundraum betrachten wir stets die kleinste σ–Algebra $\mathcal{A}$, welche alle Ereignisse der Form

$$A = \{(X_i)_{i=1}^n = y\}$$

mit $n \in \mathbf{N}$ und $y \in \{0,1\}^n$ enthält. Diese σ–Algebra $\mathcal{A}$ ist nicht identisch mit der Potenzmenge $\mathcal{P}(\Omega)$, aber so reichhaltig, dass man kein einfaches Beispiel für eine Menge $A \in \mathcal{P}(\Omega) \setminus \mathcal{A}$ angeben kann.

Theorem 9.10. *Für beliebige $n \in \mathbf{N}$ und $y \in \{0,1\}^n$ sei $p_n(y)$ eine nichtnegative Zahl, so dass gilt:*

$$p_1(0) + p_1(1) = 1,$$
$$p_{n+1}((y,0)) + p_{n+1}((y,1)) = p_n(y).$$

Dann gibt es genau ein Wahrscheinlichkeitsmaß P auf $\mathcal{A}$, so dass

$$P\left((X_i)_{i=1}^n = y\right) = p_n(y)$$

für alle $n \in \mathbf{N}$ und $y \in \{0,1\}^n$.   □

Dieses Theorem zeigt, dass es tatsächlich ein Modell für den unendlichen Münzwurf gibt. Sei nämlich

$$p_n(y) := \prod_{i=1}^n p^{y_i}(1-p)^{1-y_i}.$$

Dann ist

$$p_1(0) + p_1(1) = (1-p) + p = 1,$$
$$p_{n+1}((y,0)) + p_{n+1}((y,1)) = p_n(y)(1-p) + p_n(y)p = p_n(y).$$

Aufgabe 9.4 behandelt ein weiteres Beispiel für ein Wahrscheinlichkeitsmaß auf $\{0,1\}^{\mathbf{N}}$.

9.2.2 Borelmengen und Volumen im $\mathbf{R}^d$

Als Verallgemeinerung von Beispiel 9.1 betrachten wir den Grundraum $\Omega = \mathbf{R}^d$ für ein $d \in \mathbf{N}$, und möchten für Mengen $A \subset \mathbf{R}^d$ ihr d–dimensionales Volumen Vol(A) definieren. Wie in Abschnitt 9.3 beschreiben wir zunächst eine geeignete σ–Algebra über $\mathbf{R}^d$.

Lemma 9.11. *Sei $\mathcal{A}$ eine σ–Algebra über $\mathbf{R}^d$. Die folgenden Aussagen über $\mathcal{A}$ sind äquivalent:*

(a) *$\mathcal{A}$ enthält alle Rechtecke, also Mengen der Form*

$$J_1 \times J_2 \times \cdots \times J_d$$

  mit Intervallen $J_i \subset \mathbf{R}$.

(b) $\mathcal{A}$ enthält sämtliche Mengen der Form

$$]-\infty, x_1] \times \;]-\infty, x_2] \times \cdots \times \;]-\infty, x_d]$$

mit einem Vektor $x \in \mathbf{R}^d$.

(c) $\mathcal{A}$ enthält sämtliche offenen und abgeschlossenen Mengen.   □

Definition 9.12. *(Borelmengen) Die σ–Algebra der Borelmengen in $\mathbf{R}^d$ ist definiert als die kleinste σ–Algebra über $\mathbf{R}^d$, welche eine der Bedingungen in Lemma 9.11 erfüllt. Wir bezeichnen sie mit* Borel$(\mathbf{R}^d)$.

Wenn wir im Folgenden von Maßen auf $\mathbf{R}^d$ sprechen, so meinen wir Maße auf Borel$(\mathbf{R}^d)$. Für diese σ–Algebra gilt ebenfalls, dass sie zwar nicht identisch ist mit $\mathcal{P}(\mathbf{R}^d)$, aber so reichhaltig, dass es keine einfachen Beispiele für Mengen aus $\mathcal{P}(\mathbf{R}^d) \setminus$ Borel$(\mathbf{R}^d)$ gibt!

Theorem 9.13. *(Lebesguemaß auf $\mathbf{R}^d$)   Das d–dimensionale Volumen von Rechtecken im $\mathbf{R}^d$ lässt sich auf genau eine Art zu einem Maß auf* Borel$(\mathbf{R}^d)$ *fortsetzen. Dieses nennt man das Lebesguemaß auf $\mathbf{R}^d$, und wir bezeichnen es mit* Leb *oder* Leb$_d$.   □

Definiert wird das Lebesguemaß wie folgt: Für eine beliebige Menge $A \subset \mathbf{R}^d$ sei $(R_n)_{n=1}^\infty$ eine Folge von Rechtecken R_n, welche A überdecken, also $A \subset \bigcup_{n=1}^\infty R_n$. Nun betrachten wir die Summe $\sum_{n=1}^\infty \text{Vol}(R_n)$ und versuchen diese zu minimieren. Das Infimum all dieser Summen bezeichnen wir mit Leb(A). Ist A selbst ein Rechteck, dann ist Leb$(A) = \text{Vol}(A)$. Nun kann man zeigen, dass dies ein Maß Leb auf Borel$(\mathbf{R}^d)$ definiert...

9.2.3 Zufallsvariablen und Messbarkeit

Analog wie in Kapitel 4 betrachten wir im Folgenden Wahrscheinlichkeitsräume $(\Omega, \mathcal{A}, P)$ und Abbildungen $X : \Omega \to \mathcal{X}$. Wir sprechen auch hier von einer $\mathcal{X}$–wertigen Zufallsvariable. Allerdings ist jetzt $P^X(B) = P(X \in B)$ nur für solche Mengen $B \subset \mathcal{X}$ wohldefiniert, deren Urbild $\{\omega \in \Omega : X(\omega) \in B\}$ zur σ–Algebra $\mathcal{A}$ gehört. Wir werden immer stillschweigend voraussetzen, dass diese Bedingung für die uns interessierenden Mengen B erfüllt ist. Dazu gehören stets endliche oder abzählbare Mengen sowie, im Falle von $\mathcal{X} = \mathbf{R}^d$, Borelmengen. In der Maßtheorie spricht man dann von einer *messbaren* Abbildung X.

Wenn zwei Abbildungen $X, Y : \Omega \to \mathbf{R}^d$ messbar im obigen Sinne sind, dann gilt dies auch für Abbildungen der Form $\omega \mapsto H(X(\omega), Y(\omega))$ mit einer beliebigen stetigen Abbildung $H : \mathbf{R}^d \times \mathbf{R}^d \to \mathbf{R}^p$. Zum Beispiel ist auch $\lambda X + \mu Y$ für alle reellen Konstanten λ, μ messbar.

9.2.4 Eindeutigkeit von Maßen

Die Sätze 9.10 und 9.13 beinhalteten eine Existenz- und Eindeutigkeitsaussage. Tatsächlich gibt es ein allgemeines Resultat zur Eindeutigkeit von Maßen.

Theorem 9.14. *(Dynkin) Sei $\mathcal{D}$ eine Familie von Teilmengen von Ω, und seien M_1, M_2 Maße auf $\sigma(\mathcal{D})$. Dann ist $M_1(B) = M_2(B)$ für alle $B \in \sigma(\mathcal{D})$, vorausgesetzt, es gelten folgende drei Bedingungen:*

(a) *$M_1(D) = M_2(D)$ für alle $D \in \mathcal{D}$;*
(b) *$\Omega = \bigcup_{n=1}^{\infty} D_n$ mit Mengen $D_1 \subset D_2 \subset D_3 \subset \cdots$ aus $\mathcal{D}$, so dass $M_1(D_n) < \infty$ für alle n;*
(c) *$\mathcal{D}$ ist $\cap$–stabil; das heißt, $D \cap E \in \mathcal{D}$ für alle $D, E \in \mathcal{D}$.* □

Anmerkung 9.15 Dass man auf $\cap$–Stabilität von $\mathcal{D}$ nicht verzichten kann, zeigt Beispiel 9.9: Mit

$$M_1(A) := \frac{\#A}{4} \quad \text{und} \quad M_2(A) := \frac{\#(A \cap \{2,4\})}{2}$$

erhält man zwei unterschiedliche Wahrscheinlichkeitsmaße M_1 und M_2 auf $\mathcal{P}(\Omega)$, doch $M_1(D) = M_2(D) = 1/2$ für $D \in \mathcal{D}$.

Aus Theorem 9.14 und Lemma 9.11 ergibt sich folgende Aussage über Wahrscheinlichkeitsmaße auf $\mathbf{R}^d$:

Korollar 9.16. *Ein Wahrscheinlichkeitsmaß Q auf $\mathrm{Borel}(\mathbf{R}^d)$ ist eindeutig festgelegt durch seine Verteilungsfunktion*

$$\mathbf{R}^d \ni x \mapsto F(x) := Q\big(]-\infty, x_1] \times \cdots \times \,]-\infty, x_d]\big).$$ □

9.3 Bernoullifolgen

Nachdem klar ist, dass es ein Modell für den unendlichen Münzwurf gibt, möchten wir nun die in Beispiel 3.13 aufgeworfenen Fragen beantworten. Sei also $(X_i)_{i=1}^{\infty}$ eine unendlich lange Bernoulli-Folge mit Parameter $p \in [0,1]$.

9.3.1 Bernoullis Gesetz der großen Zahlen

Theorem 9.17. *(Bernoulli) Für beliebige $\Delta > 1/2$ ist*

$$P\left(|\hat{p}_n - p| \geq \sqrt{\frac{\Delta \log n}{n}} \text{ für unendlich viele } n\right) = 0.$$

Mit Wahrscheinlichkeit Eins ist demnach $\hat{p}_n - p = O\left((\log(n)/n)^{1/2}\right)$. Insbesondere hat das in Beispiel 3.13 definierte Ereignis $A^{(1)}$ Wahrscheinlichkeit Eins. Die Aussage von Theorem 9.17 ist gleichbedeutend mit der Aussage, dass

$$\limsup_{n \to \infty} \sqrt{\frac{2n}{\log n}}\, |\hat{p}_n - p| \leq 1 \quad \text{fast sicher.}$$

Dabei ist "fast sicher" ein gängiges Synonym für "mit Wahrscheinlichkeit Eins". Später wurde von A. Kolmogorov bewiesen, dass sogar

$$\limsup_{n \to \infty} \sqrt{\frac{n}{2 \log \log n}}\, |\hat{p}_n - p| = \sqrt{p(1-p)} \quad \text{fast sicher,}$$

und dies ist wiederum ein Spezialfall des allgemeineren Gesetzes vom "Iterierten Logarithmus".

Beweis von Theorem 9.17. Sei A das betrachtete Ereignis, und sei $\epsilon_n := (\Delta \log(n)/n)^{1/2}$. Man kann schreiben

$$A = \{\forall N \in \mathbf{N}, \exists n \geq N, |\hat{p}_n - p| \geq \epsilon_n\} = \bigcap_{N \in \mathbf{N}} A_N$$

mit

$$A_N := \bigcup_{n \geq N} \{|\hat{p}_n - p| \geq \epsilon_n\}.$$

Wegen $A_1 \supset A_2 \supset A_3 \supset \cdots$ ist

$$P(A) = \lim_{N \to \infty} P(A_N) \leq \lim_{N \to \infty} \sum_{n=N}^{\infty} P\left(|\hat{p}_n - p| \geq \epsilon_n\right) = 0,$$

sofern wir zeigen können, dass

$$\sum_{n=1}^{\infty} P\left(|\hat{p}_n - p| \geq \epsilon_n\right) < \infty.$$

Doch dies ergibt sich aus der Hoeffdingschen Ungleichung in Kapitel 7. Denn nach dieser ist

$$P\left(|\hat{p}_n - p| \geq \epsilon_n\right) \leq 2\exp(-2n\epsilon_n^2) = 2\exp(-2\Delta \log n) = 2n^{-2\Delta},$$

und aus $\Delta > 1/2$ folgt, dass $\sum_{n=1}^{\infty} 2n^{-2\Delta} < \infty$. $\qquad\square$

9.3.2 Die Irrfahrt auf Z

Mit $W_0 := 0$ und $W_t := \sum_{i=1}^{t}(2X_i - 1)$ beschreibt $W = (W_t)_{t=0}^{\infty}$ die Irrfahrt eines Teilchens, das zum Zeitpunkt Null im Punkt 0 startet und sich in jedem Zeitpunkt zufällig und unabhängig vom bisherigen Verlauf einen Schritt nach rechts oder nach links bewegt. Wir betrachten nur die symmetrische Irrfahrt, das heißt,

$$p = 1/2.$$

Über das Langzeitverhalten von W existieren zahlreiche Resultate. Wir betrachten hier exemplarisch das Ereignis

$$\{\#\{t : W_t = z\} = \infty \text{ für alle } z \in \mathbf{Z}\},$$

also das Ereignis, dass unser Teilchen jeden Punkt $z \in \mathbf{Z}$ unendlich oft besucht. Nun zeigen wir, dass dieses Ereignis mit Wahrscheinlichkeit Eins eintritt.

Theorem 9.18. *Für beliebige $r \in \mathbf{N}$ und $n \in \mathbf{N}$ gilt:*

$$P\Big(\max_{t \leq n} W_t \geq r\Big) = P(W_n \geq r) + P(W_n > r).$$

Desweiteren ist

$$P\big(\#\{t : W_t = z\} = \infty \text{ für alle } z \in \mathbf{Z}\big) = 1.$$

Beweis von Theorem 9.18. Den ersten Teil dieses Theorems beweisen wir mit Hilfe des *Spiegelungsprinzips*. Sei Pf_n der Wertebereich von $(W_t)_{t=0}^n$, also die Menge aller $(v_t)_{t=0}^n$, so dass $v_0 = 0$ und $|v_t - v_{t-1}| = 1$ für $1 \leq t \leq n$. Für beliebige Mengen $B \subset \mathrm{Pf}_n$ ist dann

$$P\big((W_t)_{t=0}^n \in B\big) = \frac{\#B}{2^n}.$$

Speziell ist

$$
\begin{aligned}
P\Big(\max_{t \leq n} W_t \geq r\Big) &= P(W_n \geq r) + P\Big(\max_{t \leq n} W_t \geq r > W_n\Big) \\
&= P(W_n \geq r) + 2^{-n}\#\Big\{v \in \mathrm{Pf}_n : \max_{t \leq n} v_t \geq r > v_n\Big\} \\
&= P(W_n \geq r) + 2^{-n}\#\{v \in \mathrm{Pf}_n : v_n > r\} \\
&= P(W_n \geq r) + P(W_n > r).
\end{aligned}
$$

Denn für $v \in \mathrm{Pf}_n$ sei $v^{(r)} \in \mathrm{Pf}_n$ der "an r gespiegelte Pfad v"; das heißt,

$$
v_t^{(r)} := \begin{cases} v_t & \text{falls } \max_{i \leq t} v_i < r, \\ r - (v_t - r) = 2r - v_t & \text{falls } \max_{i \leq t} v_i \geq r. \end{cases}
$$

Dann ist $v \mapsto v^{(r)}$ eine bijektive Abbildung von Pf_n nach Pf_n. Folglich ist

$$\#B = \#\{v^{(r)} : v \in B\}$$

für beliebige Mengen $B \subset \mathrm{Pf}_n$, und speziell ist

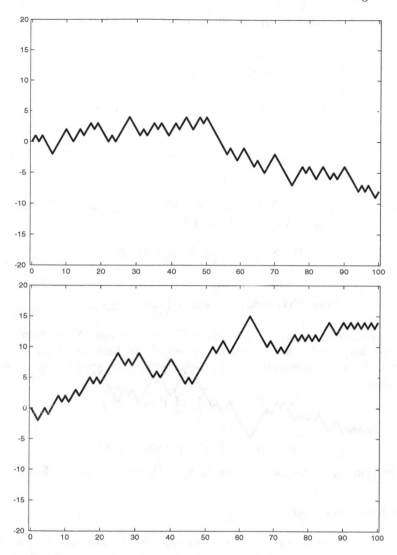

Abb. 9.2. Zum Spiegelungsprinzip

$$\left\{ v^{(r)} : v \in \mathrm{Pf}_n \ \text{mit} \ \max_{t \leq n} v_t \geq r > v_n \right\} = \{ v \in \mathrm{Pf}_n : v_n > r \}.$$

Zur Illustration des Spiegelungsprinzips zeigt Abbildungen 9.2 zwei Pfade $v \in \mathrm{Pf}_n$ und ihre Spiegelung $v^{(r)}$, wobei $n = 100$ und $r = 5$. Zwischen verschiedenen Zeitpunkten aus $\{0, 1, \ldots, n\}$ wurde linear interpoliert.

Aus Symmetriegründen ist $P(W_n > r) = P(W_n < -r)$, also

$$P(W_n \geq r) + P(W_n > r) = 1 - P(-r \leq W_n < r).$$

Für große Werte von n kann man diese Wahrscheinlichkeit wie folgt abschätzen:

$$1 - P(-r \leq W_n < r) = 1 - P\left(\frac{n-r}{2} \leq \sum_{i=1}^{n} X_i < \frac{n+r}{2}\right)$$

$$\geq 1 - r \max_{k \in \{0,\ldots,n\}} \binom{n}{k} \Big/ 2^n$$

$$= 1 - r \binom{n}{\lfloor n/2 \rfloor} \Big/ 2^n$$

$$\geq 1 - Dr/\sqrt{n}$$

für eine Konstante $D > 0$. Letztere Ungleichung folgt aus der Stirlingschen Formel; siehe Anhang A.2. Doch hieraus folgt, dass

$$P\left(\sup_{t \geq 0} W_t \geq r\right) = \lim_{n \to \infty} P\left(\max_{t \leq n} W_t \geq r\right) = 1,$$

und

$$P\left(\sup_{t \geq 0} W(t) = \infty\right) = \lim_{r \to \infty} P\left(\sup_{t \geq 0} W_t \geq r\right) = 1.$$

Aus Symmetriegründen ist auch $\inf_{t \in \mathbb{N}} W_t = -\infty$ mit Wahrscheinlichkeit Eins, und der Durchschnitt zweier Ereignisse mit Wahrscheinlichkeit Eins hat ebenfalls Wahrscheinlichkeit Eins. In Aufgabe 9.1 wird aber gezeigt, dass die Ereignisse

$$\left\{\sup_{t \geq 0} W_t = \infty \text{ und } \inf_{t \geq 0} W_t = -\infty\right\}$$

und

$$\{\#\{t : W_t = z\} = \infty \text{ für alle } z \in \mathbb{Z}\}$$

identisch sind. Also hat das letztere Ereignis Wahrscheinlichkeit Eins. $\square$

9.3.3 Smirnovs Test

Das Spiegelungsprinzip ist zu schön, um nur einmal angewandt zu werden. Wir beschreiben hier noch eine statistische Anwendung: Angenommen für Langstreckenläufer wurde eine neue Trainingsmethode oder Diät vorgeschlagen. Um nachzuweisen, dass sich diese neue "Behandlung" günstig auswirkt, werden rein zufällig n von insgesamt $2n$ Läufern dieser Behandlung unterzogen. Nach einer gewissen Zeit veranstaltet man einen Wettlauf und ermittelt so eine Rangfolge. Der schnellste Läufer erhält Rang 1, der zweitschnellste Läufer Rang 2 und so weiter. Wenn die neue Methode sich tatsächlich positiv auswirkt, sollten unter den ersten Läufern viele aus der Behandlungsgruppe sein. Diesen Effekt möchten wir quantifizieren. Dazu definieren wir

$$Y_i := \begin{cases} 1 \text{ falls Läufer mit Rang } i \text{ aus Behandlungsgruppe,} \\ -1 \text{ falls Läufer mit Rang } i \text{ aus Kontrollgruppe,} \end{cases}$$

und $W = (W_t)_{t=0}^{2n}$ mit

$$W_t := \sum_{i=1}^{t} Y_i$$

(wobei $\sum_{i=1}^{0}(\cdot) := 0$). Da genau n Werte Y_i gleich Eins beziehungsweise -1 sind, ist $W_{2n} = 0$. Als Testgröße für einen potentiellen positiven Effekt verwenden wir nun

$$\max(W) := \max_{t=0,1,\ldots,2n} W_t.$$

Unter der Nullhypothese, dass die neue Behandlung keinen Effekt hat, ist W uniform verteilt auf der Pfadmenge

$$\{v \in \mathrm{Pf}_{2n} : v_{2n} = 0\}.$$

Das heißt, für $r \in \mathbf{N}_0$ ist

$$P_o(\max(W) \geq r) = \frac{\#\{v \in \mathrm{Pf}_{2n} : v_{2n} = 0, \max(v) \geq r\}}{\#\{v \in \mathrm{Pf}_{2n} : v_{2n} = 0\}}.$$

Das Subscript "o" deutet an, dass wir Wahrscheinlichkeiten unter der Nullhypothese berechnen. Den Zähler ermitteln wir mithilfe des Spiegelungsprinzips:

$$\#\{v \in \mathrm{Pf}_{2n} : v_{2n} = 0, \max(v) \geq r\}$$
$$= \#\{v^{(r)} : v \in \mathrm{Pf}_{2n}, v_{2n} = 0, \max(v) \geq r\}$$
$$= \#\{w \in \mathrm{Pf}_{2n} : w_{2n} = 2r, \max(w) \geq r\}$$
$$= \#\{v \in \mathrm{Pf}_{2n} : v_{2n} = 2r\}.$$

Nun stellt sich die Frage, wieviele Elemente letztere Pfadmenge hat. Ein Pfad $v \in \mathrm{Pf}_{2n}$ wird durch seine $2n$ Zuwächse $v_t - v_{t-1} \in \{-1, 1\}$ eindeutig beschrieben. Sind a seiner Zuwächse gleich 1 und $(2n - a)$ Zuwächse gleich -1, so landet er beim Wert $v_{2n} = a - (2n - a) = 2(a - n)$. Dies ist gleich $2r$ genau dann, wenn $a = n + r$. Folglich ist

$$\#\{v \in \mathrm{Pf}_{2n} : v_{2n} = 2r\}$$
$$= \#\{v \in \mathrm{Pf}_{2n} : n + r \text{ Zuwächse von } v \text{ sind gleich } 1\} = \binom{2n}{n+r},$$

und dies führt zu der Formel

$$P_o(\max(W) \geq r) = \binom{2n}{n+r} \Big/ \binom{2n}{n} = \prod_{i=1}^{r} \frac{n+1-i}{n+i} \quad \text{für } r \in \mathbf{N}_0$$

(mit $\prod_{i=1}^{0}(\cdot) := 0$).

Das resultierende statistische Verfahren ist *Smirnovs Tests*: Zu vorgegebener Risikoschranke $\alpha \in {]0, 1[}$ wählt man den kritischen Wert

$$c_\alpha := \min\Big\{r \in \mathbf{N}_0 : \prod_{i=1}^{r} \frac{n+1-i}{n+i} \le \alpha\Big\}.$$

Im Falle von $\max(W) \ge c_\alpha$ kann man mit einer Sicherheit von $1 - \alpha$ behaupten, die neue Behandling wirke sich positiv aus. Übrigens ist die Ungleichung $\max(W) \ge c_\alpha$ äquivalent zu der Ungleichung

$$\prod_{i=1}^{\max(W)} \frac{n+1-i}{n+i} \le \alpha.$$

Deshalb berechnet man in der Praxis nicht den kritischen Wert c_α sondern die Zahl auf der linken Seite, den sogenannten P-Wert.

Als Zahlenbeispiel betrachten wir $2n = 30$. Die Ränge der Läufer der Behandlungsgruppe seien

$$1, 2, 4, 6, 8, 9, 10, 11, 13, 14, 16, 17, 21, 22, 28,$$

und die Ränge der Kontrollgruppe seien

$$3, 5, 7, 12, 15, 18, 19, 20, 23, 24, 25, 26, 27, 29, 30.$$

Den resultierenden Pfad W sieht man in Abbildung 9.3. Hier ergibt sich der P-Wert

$$\prod_{i=1}^{\max(W)} \frac{n+1-i}{n+i} = \prod_{i=1}^{7} \frac{16-i}{15+i} \approx 0.038.$$

Verwendet man also die Standardschranke $\alpha = 5\%$, dann kann man hier mit einer Sicherheit von 95 % behaupten, die neue Behandlung wirke sich positiv aus.

9.4 Wahrscheinlichkeitsmaße auf R

Wir greifen noch einmal Korollar 9.16 auf.

Definition 9.19. *(Verteilungsfunktion)*

(a) Sei Q ein Wahrscheinlichkeitsmaß auf Borel$(\mathbf{R})$. *Seine Verteilungsfunktion $F : \mathbf{R} \to [0, 1]$ wird definiert durch*

$$F(r) := Q(]-\infty, r]).$$

(b) Sei X eine reellwertige Zufallsvariable auf einem Wahrscheinlichkeitsraum $(\Omega, \mathcal{A}, P)$. Ihre Verteilungsfunktion $F : \mathbf{R} \to [0, 1]$ wird definiert durch

$$F(r) := P(X \le r).$$

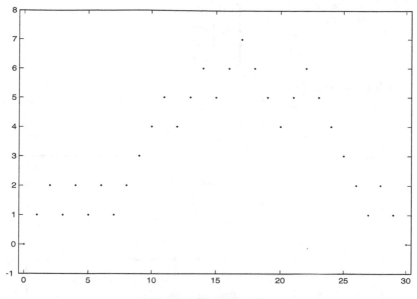

Abb. 9.3. Smirnovs Test

Mit anderen Worten, F ist die Verteilungsfunktion von P^X im Sinne von Teil (a).

(c) Eine beliebige Funktion $F : \mathbf{R} \to [0,1]$ heißt (Wahrscheinlichkeits-) Verteilungsfunktion, wenn sie folgende drei Eigenschaften hat:

(c.1) F ist monoton wachsend.

(c.2) $F(\infty) := \lim_{r \to \infty} F(r) = 1$ und $F(-\infty) := \lim_{r \to -\infty} F(r) = 0$.

(c.3) F ist rechtsseitig stetig, das heißt, $F(r) = \lim_{s \downarrow r} F(s)$ für alle $r \in \mathbf{R}$.

Dass die Verteilungsfunktionen F in Teil (a,b) die Forderungen (c.1–3) erfüllen, ergibt sich aus den Eigenschaften von Wahrscheinlichkeitsmaßen. Desweiteren ist

$$F(r-) := \sup_{q < r} F(q) = \begin{cases} Q(]-\infty, r[) \\ P(X < r) \end{cases}$$

$$F(r) - F(r-) = \begin{cases} Q(\{r\}) \\ P(X = r) \end{cases}$$

Die Verteilungsfunktion F ist also unstetig an einer Stelle $r \in \mathbf{R}$ genau dann, wenn $Q(\{r\})$ bzw. $P(X = r)$ strikt positiv ist.

Beispiel 9.20 Sei $Q(\{1\}) = Q(\{2\}) = 1/4$ und $Q(\{3\}) = 1/2$, das heißt, $Q(\{1, 2, 3\}) = 1$. Dann ist

$$F(r) = \begin{cases} 0 & \text{für } r < 1, \\ 1/4 & \text{für } r \in [1,2[, \\ 1/2 & \text{für } r \in [2,3[, \\ 1 & \text{für } r \geq 3; \end{cases}$$

siehe auch Abbildung 9.4.

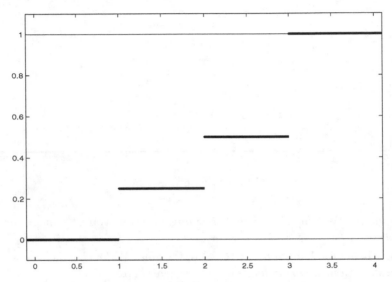

Abb. 9.4. Die Verteilungsfunktion von Q in Beispiel 9.20

9.4.1 Uniforme Verteilungen und Quantiltransformationen

Nun werden wir zeigen, dass zu einer *beliebigen* Verteilungsfunktion F im Sinne von Definition 9.19 (c) eine reellwertige Zufallsvariable X existiert, deren Verteilungsfunktion gleich F ist.

Ausgehend vom unendlichen Münzwurf konstruieren wir eine reellwertige Zufallsvariable X, so dass $P(X \leq r) = F(r)$ für alle $r \in \mathbf{R}$. Unsere Konstruktion besteht aus zwei Schritten. Zunächst konstruieren wir eine Zufallsvariable U mit Wertebereich $[0,1]$, welche auf diesem Intervall "uniform verteilt" ist. Dann definieren wir $X := F^{-1}(U)$ mit der "Quantilfunktion" F^{-1} von F und erhalten so eine Zufallsvariable mit der gewünschten Eigenschaft.

Definition 9.21. *(Uniforme Verteilungen auf einem Intervall) Eine reellwertige Zufallsvariable U heißt uniform verteilt (gleichverteilt) auf $[a,b]$, wobei $-\infty < a < b < \infty$, falls*

$$P(U \in J) \ = \ \frac{\text{Länge}(J \cap [a,b])}{b-a} \quad \text{für alle Intervalle } J \subset \mathbf{R}.$$

Das entsprechende Wahrscheinlichkeitsmaß auf Borel(**R**) wird mit $\mathcal{U}([a,b])$ bezeichnet. Die entsprechende Verteilungsfunktion F ist gegeben durch

$$F(r) \ = \ \begin{cases} 0 & \text{falls } r \le a, \\ (r-a)/(b-a) & \text{falls } r \in [a,b], \\ 1 & \text{falls } r \ge b; \end{cases}$$

siehe Abbildung 9.5.

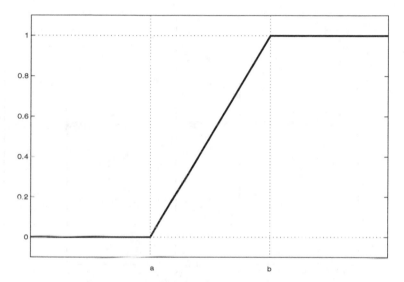

Abb. 9.5. Verteilungsfunktion von $\mathcal{U}([a,b])$

Ist U eine auf $[a,b]$ uniform verteilte Zufallsvariable, dann ist $P\{U = r\} = 0$ für beliebige Zahlen $r \in \mathbf{R}$. Insbesondere werden die Randpunkte a, b mit Wahrscheinlichkeit Null angenommen, so dass $P(a < U < b) = 1$.

Ist U eine auf $[0,1]$ uniform verteilte Zufallsvariable, dann kann man leicht zeigen, dass $a + (b-a)U$ auf $[a,b]$ uniform verteilt ist. Das folgende Theorem beschreibt nun eine spezielle Konstruktion einer solchen Zufallsvariable U.

Theorem 9.22. *Sei* $(X_i)_{i=1}^{\infty}$ *eine unendliche Bernoullifolge mit Parameter* $p = 1/2$ *wie in Abschnitt 9.3. Dann ist*

$$U \ := \ \sum_{n=1}^{\infty} 2^{-n} X_n$$

eine auf $[0,1]$ *uniform verteilte Zufallsvariable. Das heißt, für beliebige Intervalle* $J \subset [0,1]$ *ist* $P\{U \in J\} = \text{Länge}(J)$.

Die in Theorem 9.22 definierte Zufallsvariable kommt durch eine zufällige Intervallschachtelung zustande: Ausgehend von $[A_0, B_0] := [0, 1]$ wählt man induktiv für $n = 1, 2, 3, \ldots$ das Intervall

$$[A_n, B_n] := \begin{cases} [A_{n-1}, (A_{n-1} + B_{n-1})/2] & \text{falls } X_n = 0, \\ [(A_{n-1} + B_{n-1})/2, B_{n-1}] & \text{falls } X_n = 1, \end{cases}$$

also die linke beziehungsweise rechte Hälfte von $[A_{n-1}, B_{n-1}]$. Der Durchschnitt all dieser Intervalle $[A_n, B_n]$ ist gleich $\{U\}$. Abbildung 9.6 zeigt die ersten zehn Intervalle $[A_n, B_n]$ für zwei Realisierungen von $(X_i)_{i=1}^{10}$.

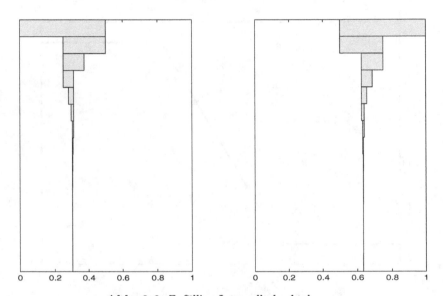

Abb. 9.6. Zufällige Intervallschachtelungen

Beweis von Theorem 9.22. Offensichtlich ist

$$0 \le U \le \sum_{n=1}^{\infty} 2^{-n} = 1.$$

Zu zeigen ist nun, dass für beliebige $r \in [0, 1[$ das Ereignis $\{U \le r\}$ Wahrscheinlichkeit r hat. Zu diesem Zweck stellen wir r als Binärfolge $\rho \in \{0, 1\}^{\mathbb{N}}$ dar:

$$r = \sum_{n=1}^{\infty} 2^{-n} \rho_n.$$

Wir können ohne Einschränkung annehmen, dass die Folge ρ unendlich viele Nullen enthält. Dann ist $U \le r$ genau dann, wenn eine der beiden folgenden Bedingungen erfüllt ist:

(i) $(X_i)_{i=1}^\infty = \rho$;

(ii)   es existiert ein $n \in \mathbf{N}$ mit $X_k = \rho_k$ für $k < n$, $X_n = 0$ und $\rho_n = 1$.

Die entsprechenden Ereignisse sind paarweise disjunkt, so dass

$$P(U \leq r) = P\left(X_k = \rho_k \text{ für alle } k\right)$$

$$+ \sum_{n=1}^\infty P\left(X_k = \rho_k \text{ für } k < n, X_n = 0, \rho_n = 1\right)$$

$$= 0 + \sum_{n=1}^\infty \rho_n 2^{-n} = r. \qquad \square$$

Definition 9.23. *(Quantilfunktion)   Sei F eine Verteilungsfunktion auf **R**. Ihre Quantilfunktion $F^{-1} :]0, 1[\to \mathbf{R}$ wird definiert durch*

$$F^{-1}(u) := \min\left\{r \in \mathbf{R} : F(r) \geq u\right\}.$$

Die Eigenschaften (c.1–3) einer Verteilungsfunktion F garantieren, dass F^{-1} auf $]0, 1[$ wohldefiniert ist. Ist F stetig und streng monoton wachsend von **R** nach $]0, 1[$, dann ist F^{-1} die übliche Umkehrabbildung von F.

Forts. von Beispiel 9.20 Hier ist

$$F^{-1}(u) = \begin{cases} 1 \text{ für } u \in]0, 1/4], \\ 2 \text{ für } u \in]1/4, 1/2], \\ 3 \text{ für } u \in]1/2, 1[. \end{cases}$$

Theorem 9.24. *Sei F eine beliebige Verteilungsfunktion auf **R**, und sei U eine beliebige auf $[0, 1]$ uniform verteilte Zufallsvariable. Dann ist*

$$X := F^{-1}(U)$$

eine reellwertige Zufallsvariable mit Verteilungsfunktion F; das heißt,

$$P(X \leq r) = F(r) \quad \text{für alle } r \in \mathbf{R}.$$

(Dabei kann man $F^{-1}(0)$ und $F^{-1}(1)$ beliebig festlegen.)

Theorem 9.24 ist die Grundlage vieler Simulationsroutinen für Computer. Ausgehend von einer auf $[0, 1]$ uniform verteilten (Pseudo-) Zufallszahl U berechnet man $X := F^{-1}(U)$ und erhält damit eine (Pseudo-) Zufallszahl X, die mit Wahrscheinlichkeit $F(s) - F(r)$ im Intervall $]r, s]$ liegt; siehe auch Kapitel 11.

Beweis von Theorem 9.24. Aus der Monotonie von F und der Definition von F^{-1} kann man ablesen, dass für $0 < u < 1$ und $r \in \mathbf{R}$ gilt:

$$F^{-1}(u) \leq r \quad \text{genau dann, wenn} \quad u \leq F(r).$$

Folglich ist

$$P\{X \leq r\} = P\{U \leq F(r)\} = F(r). \qquad \square$$

9.4.2 Beispiele von Verteilungs- und Quantilfunktionen

Wir nennen nun einige Beispiele von Verteilungsfunktionen und ihre entsprechenden Quantilfunktionen. In allen Fällen handelt es sich um Verteilungsfunktionen mit einer *Dichtefunktion* $f : \mathbf{R} \to [0, \infty[$ in dem Sinne, dass

$$F(r) = \int_{-\infty}^{r} f(x)\,dx.$$

Für eine Zufallsvariable X mit Verteilungsfunktion F gilt dann die Gleichung

$$P(X \in J) = \int_{\inf(J)}^{\sup(J)} f(x)\,dx \quad \text{für Intervalle } J \subset \mathbf{R}.$$

Beispiel 9.25 (Uniforme Verteilung $\mathcal{U}[a,b]$) Hier ist $f(x) = 1\{a < x < b\}/(b - a)$ und

$$F(r) = \min\left(\left(\frac{r - a}{b - a}\right)^{+}, 1\right), \ F^{-1}(u) = a + (b - a)u.$$

Dabei sei $s^{+} := \max(s, 0)$ für reelle Zahlen s.

Beispiel 9.26 (Exponentialverteilung mit Parameter $\mu > 0$) Diese Verteilung ist das kontinuierliche Analogon zur geometrischen Verteilung. Ihre Dichtefunktion ist gegeben durch $f(x) = 1\{x > 0\}\lambda\exp(-\lambda x)$, und

$$F(r) = (1 - \exp(-\lambda r))^{+}, \ F^{-1}(u) = -\log(1 - u)/\lambda.$$

Was den Zusammenhang zur geometrischen Verteilung anbelangt, sei X_n geometrisch verteilt mit Parameter λ/n für ein $\lambda > 0$. Für $r \geq 0$ ist dann

$$P(X_n/n \geq r) = P(X_n \geq \lceil nr \rceil) = (1 - \lambda/n)^{\lceil nr \rceil - 1},$$

und für $n \to \infty$ konvergiert dies gegen $\exp(-\lambda r)$. Somit ist X_n/n für großes n näherungsweise exponentialverteilt mit Parameter λ.

Beispiel 9.27 (Logistische Verteilung) Dies ist eine Verteilung mit glockenförmiger Dichtefunktion $f(x) = \exp(x)/(1 + \exp(x))^2$, und

$$F(r) = \frac{\exp(r)}{1 + \exp(r)}, \ F^{-1}(u) = \log\left(\frac{u}{1 - u}\right).$$

Beispiel 9.28 (Cauchyverteilung) Diese Verteilung dient zur Simulation von Datensätzen mit großen Ausreißern. Die Dichtefunktion ist $f(x) = \pi^{-1}(1 + x^2)^{-1}$, und

$$F(r) = \frac{1}{2} + \frac{\arctan(r)}{\pi}, F^{-1}(u) = \tan(\pi(u - 1/2)).$$

9.4.3 Folgen stochastisch unabhängiger Zufallsvariablen

Mit Hilfe des unendlichen Münzwurfs kann man nicht nur eine Zufallsvariable mit vorgegebener Verteilung auf $\mathbf{R}$ sondern ganze Folgen von unabhängigen Zufallsvariablen und andere komplizierte Objekte konstruieren. Zu diesem Zweck ordnen wir eine unendliche Bernoullifolge $(X_i)_{i=1}^{\infty}$ mit Parameter $p = 1/2$ wie folgt um:

$$
\begin{pmatrix}
X_{1,1}\ X_{1,2}\ X_{1,3}\ X_{1,4}\ \cdots \\
X_{2,1}\ X_{2,2}\ X_{2,3}\ \cdots \\
X_{3,1}\ X_{3,2}\ \cdots \\
X_{4,1}\ \cdots \\
\vdots
\end{pmatrix}
:=
\begin{pmatrix}
X_1\ X_2\ X_4\ X_7\ \cdots \\
X_3\ X_5\ X_8\ \cdots \\
X_6\ X_9\ \cdots \\
X_{10}\ \cdots \\
\vdots
\end{pmatrix}
$$

Dies liefert uns eine ganze Folge von unabhängigen Bernoullifolgen, und

$$
U_n := \sum_{k=1}^{\infty} 2^{-k} X_{n,k}
$$

definiert eine Folge von stochastisch unabhängigen, auf $[0, 1]$ uniform verteilten Zufallsvariablen. Nun kann man noch zu beliebigen vorgegebenen Verteilungsfunktionen $F_1, F_2, F_3, \ldots$ auf $\mathbf{R}$ reellwertige Zufallsvariablen $Y_1, Y_2, Y_3, \ldots$ mit diesen Verteilungsfunktionen definieren:

$$
Y_n := F_n^{-1}(U_n).
$$

9.5 Übungsaufgaben

Aufgabe 9.1 (Irrfahrt) Betrachten Sie den unendlichen Münzwurf und die entsprechende Irrfahrt $(W_t)_{t=0}^{\infty}$ wie in Beispiel 9.2.

(a) Stellen Sie nun das Ereignis $\{\sup_{t \geq 0} W_t = \infty\}$ mit Hilfe von Ereignissen der Form $\{W_t \geq z\}$ dar.

(b) Beweisen oder widerlegen Sie, dass die folgenden zwei Ereignisse identisch sind:

$$
\Big\{ \sup_{t \geq 0} W_t = \infty \ \text{und} \ \inf_{t \geq 0} W_t = -\infty \Big\},
$$

$$
\{ \#\{t : W_t = z\} = \infty \ \text{für alle} \ z \in \mathbf{Z} \}.
$$

Aufgabe 9.2 Beweisen Sie die Stetigkeitseigenschaften eines Maßes in Anmerkung 9.6.

Aufgabe 9.3 Sei M ein Maß auf einer σ–Algebra $\mathcal{A}$ über Ω. Zeigen Sie, dass für beliebige Mengen A und $A_1, A_2, A_3, \ldots$ aus $\mathcal{A}$ mit $A \subset \bigcup_{n=1}^{\infty} A_n$ gilt:

$$M(A) \leq \sum_{n=1}^{\infty} M(A_n).$$

Aufgabe 9.4 In einer Urne befinden sich zunächst eine weiße und eine schwarze Kugel. Zu jedem Zeitpunkt $i \in \mathbf{N}$ wird rein zufällig eine Kugel aus der Urne gezogen, und man notiert $X_i := 1\{$gez. Kugel ist schwarz$\}$. Danach wird diese Kugel zusammen mit einer zusätzlichen Kugel der gleichen Farbe wieder in die Urne zurückgelegt, und alle Kugeln werden gründlich gemischt.

(a) Bestimmen Sie ein Wahrscheinlichkeitsmaß P auf $\{0,1\}^{\mathbf{N}}$, welches dieses Experiment beschreibt. Genauer: Wie sehen für $n \in \mathbf{N}$ und $y \in \{0,1\}^n$ die Elementarwahrscheinlichkeiten

$$p_n(y) := P\left((X_i)_{i=1}^n = y\right)$$

aus?

(b) Welchen Wert haben $P(X_1 = X_2)$ und $P(X_2 = X_3)$?

(c) Zeigen Sie, dass die Zufallsvariable $\sum_{i=1}^n X_i$ auf der Menge $\{0,1,\ldots,n\}$ uniform verteilt ist.

Aufgabe 9.5 Sei $\Omega = \{1,2,3,4,5\}$ und $\mathcal{D} = \{\{1,3\},\{2,4\},\{3,5\}\}$. Beschreiben Sie möglichst kurz die von $\mathcal{D}$ erzeugte σ–Algebra.

Aufgabe 9.6 Seien $D_1, D_2, \ldots, D_n$ Teilmengen von Ω. Zeigen Sie, dass die von diesen Mengen erzeugte σ–Algebra aus höchstens 2^{2^n} Mengen besteht.

Aufgabe 9.7 Sei $\Omega = \{1,2,\ldots,m\}$ mit $m \geq 3$, und $\mathcal{D}$ sei eine Familie von Teilmengen von Ω. Beweisen oder widerlegen Sie folgende Aussagen:

(a) $\sigma(\mathcal{D}) = \mathcal{P}(\Omega)$, falls es zu jedem $\omega \in \Omega$ zwei Mengen $D, E \in \mathcal{D}$ gibt, so dass $\omega \in E \setminus D$.

(b) $\sigma(\mathcal{D}) = \mathcal{P}(\Omega)$, falls zu zwei beliebigen verschiedenen Punkten $\omega, \omega' \in \Omega$ eine Menge $D \in \mathcal{D}$ existiert, so dass $D \cap \{\omega,\omega'\} = \{\omega\}$ oder $D\{\omega,\omega'\} = \{\omega'\}$.

(c) $\sigma(\mathcal{D}) = \mathcal{P}(\Omega)$ falls $\#\mathcal{D} > m$.

(d) $\sigma(\mathcal{D}) = \mathcal{P}(\Omega)$ falls $\#\mathcal{D} > 2^{m-1}$. (Hinweis: Teil (b).)

Tipp: Um nachzuweisen, dass $\sigma(\mathcal{D}) = \mathcal{P}(\Omega)$, genügt es zu zeigen, dass alle einpunktigen Teilmengen von Ω zu $\sigma(\mathcal{D})$ gehören.

Aufgabe 9.8 Sei $W = (W_t)_{t=0}^{\infty}$ die Irrfahrt mit $p = 1/2$. Bestimmen Sie die Wahrscheinlichkeit, dass $W_t = 0$ für ein $t \in \{1,2,\ldots,n\}$.

Aufgabe 9.9 Skizzieren Sie folgende Verteilungsfunktion F und die entsprechende Quantilfunktion:

$$F(x) := 1\{x \geq 0\}\frac{\lfloor x \rfloor}{1 + \lfloor x \rfloor}.$$

Die Verteilungsfunktion F beschreibt ein diskretes Wahrscheinlichkeitsmaß P auf $\mathbf{R}$. Bestimmen Sie seine Einzelpunktgewichte $P(\{r\})$, $r \in \mathbf{R}$.

Aufgabe 9.10 Bestimmen Sie die Quantilfunktion F^{-1} sowie die Wahrscheinlichkeitsdichte $f = F'$ für folgende Verteilungsfunktionen F:

(a) $F(x) := \exp(-\exp(-x))$

(b) $F(x) := \dfrac{1}{2}\left(1 + \dfrac{x}{\sqrt{1+x^2}}\right)$

Aufgabe 9.11 (a) Berechnen Sie die Verteilungsfunktion F für das Wahrscheinlichkeitsmaß Q mit Dichtefunktion

$$f(x) = 1\{|x| \le 1\}(3/4)(1 - x^2).$$

Das heißt, $F(r) = \int_{-\infty}^{r} f(x)\,dx$. Skizzieren Sie f und F.
(b) Schreiben Sie ein Programm, das zu jeder Zahl $u \in \,]0,1[$ den Wert von $F^{-1}(u)$ exakt oder approximativ berechnet.

Aufgabe 9.12 Angenommen n Personen rufen zu Zeitpunkten X_1, X_2, $\ldots$, X_n eine Auskunftsstelle an. Betrachten Sie die Zeitpunkte X_i als unabhängige Zufallsvariablen, die im Intervall $[0,T]$ gleichverteilt sind.
(a) Berechnen Sie die Wahrscheinlichkeiten für folgende Ereignisse:

(a.1)   Die erste Anfrage erfolgt bereits vor dem Zeitpunkt $r \in [0,T]$.
(a.2)   Im Zeitintervall $J \subset [0,T]$ gibt es genau $k \in \mathbf{N}_0$ Anfragen.

(b) Wie verhalten sich diese Wahrscheinlichkeiten für $n \to \infty$, wenn man r durch $n^{-1}r_o$ und J durch $n^{-1}J_o = \{n^{-1}x : x \in J_o\}$ ersetzt? Dabei ist r_o eine beliebige Zahl und J_o ein beliebiges Intervall aus $[0,\infty[$.

Aufgabe 9.13 Wir möchten zu vorgegebenem $p \in \,]0,1[$ und $n \in \mathbf{N}$ ein Tupel $(X_i)_{i=1}^n$ von stochastisch unabhängigen Zufallsvariablen X_i simulieren, so dass $P(X_i = 1) = 1 - P(X_i = 0) = p$. Genauer gesagt soll ein Programm

$$(X_i)_{i=1}^n \leftarrow \mathtt{Muenzwurf}(n,p,U)$$

geschrieben werden, welches *eine einzige* auf $[0,1]$ uniform verteilte Zufallsvariable U in ein solches Tupel umwandelt.
Anleitung. (a) Der Fall $n = 1$ ist einfach. Man setze $X_1 := 1\{U \le p\}$.
(b) Beweisen Sie nun folgende Tatsache: Definiert man

$$(X_1, U') := \begin{cases} \left(1, \dfrac{U}{p}\right) & \text{falls } U \le p, \\[2ex] \left(0, \dfrac{U-p}{1-p}\right) & \text{falls } U > p, \end{cases}$$

so erhält man zwei stochastisch unabhängige Zufallsvariablen X_1 und U', so dass U' uniform verteilt ist auf $[0, 1]$.

(c) Verwenden Sie Teil (b), um das besagte Programm zu schreiben.

Warnung. Da vom Computer erzeugte Pseudozufallsvariablen U in einer zwar großen, aber endlichen Teilmenge von $[0, 1]$ liegen, ist das hier beschriebene Programm nur von theoretischem Interesse!

Integrale und Erwartungswerte

Eine letzte noch ausstehende Verallgemeinerung betrifft Erwartungswerte von Zufallsvariablen. Sowohl der Erwartungswert $E(X)$ einer reellwertigen Zufallsvariable X auf einem diskreten Wahrscheinlichkeitsraum (Ω, P) als auch das Riemann-Integral $\int_a^b f(x)\,dx$ einer Funktion $f : [a, b] \to \mathbf{R}$ sind Beispiele für ein *Lebesgue-Integral*, das wir nun beschreiben. Auch in diesem Kapitel werden einige Tatsachen ohne Beweise zitiert.

10.1 Lebesgue-Integrale

Sei $(\Omega, \mathcal{A}, M)$ ein Maßraum. Eine Funktion $f : \Omega \to [-\infty, \infty]$ nennt man messbar, wenn für beliebige Intervalle $J \subset [-\infty, \infty]$ das Urbild $\{f \in J\}$ zu $\mathcal{A}$ gehört.

Schritt 1. Wir betrachten zunächst die Menge $\mathcal{G}_1$ aller Funktionen g der Form

$$g(\omega) = \sum_{i=1}^{m} 1_{A_i}(\omega)\,\lambda_i$$

mit $m \in \mathbf{N}$, $\lambda_i \in [0, \infty[$ und $A_i \in \mathcal{A}$. Dabei ist 1_A die Indikatorfunktion einer Menge A. Für eine solche Funktion g definiert man ihr *(Lebesgue-) Integral bezüglich M* als die Zahl

$$\int g\,dM := \sum_{i=1}^{m} M(A_i)\lambda_i.$$

Man kann zeigen, dass diese Zahl nicht von der speziellen Darstellung von g abhängt.

Schritt 2. Nun betrachten wir eine messbare Funktion $f : \Omega \to [0, \infty]$. Zu einer solchen Funktion f existiert eine Folge $(f_n)_{n=1}^{\infty}$ in $\mathcal{G}_+$, so dass $(f_n(\omega))_n$ für alle $\omega \in \Omega$ monoton wachsend gegen $f(\omega)$ konvergiert. Als konkretes Beispiel für eine solche Folge $(f_n)_n$ betrachten wir

$$f_n := \sum_{i=1}^{n2^n-1} 1_{\{2^{-n}i \leq f < 2^{-n}(i+1)\}} 2^{-n}i + 1_{\{f \geq n\}} n.$$

Abbildung 10.1 zeigt eine Funktion f auf $[0,1]$ sowie die Approximationen f_1, f_2 und f_3.

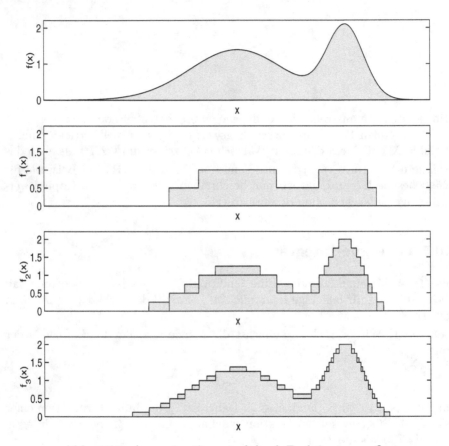

Abb. 10.1. Approximation von f durch Funktionen aus $\mathcal{G}_+$

Für eine beliebige Folge $(f_n)_n$ in $\mathcal{G}_+$, die punktweise monoton wachsend gegen f konvergiert, definieren wir das *Integral von f bezüglich M* als den Grenzwert

$$\int f \, dM := \lim_{n \to \infty} \int f_n \, dM. \qquad (10.1)$$

Dieser Grenzwert hängt nicht von der speziellen Folge $(f_n)_n$ ab. Tatsächlich kann man zeigen, dass er identisch ist mit dem Supremum von $\int g \, dM$ über alle Funktionen $g \in \mathcal{G}_+$, die nirgends größer sind als f. Außerdem gibt es noch eine dritte Darstellung des Integrals, die in einigen Fällen nützlich ist:

$$\int f\,dM \;=\; \int_0^\infty M(\{f \ge r\})\,dr \;=\; \int_0^\infty M(\{f > r\})\,dr \qquad (10.2)$$

Dabei setzen wir voraus, dass $M(\{f \ge r\}) < \infty$ für alle $r > 0$. Anderenfalls ist die linke Seite ohnehin gleich ∞.

Eine wichtige Tatsache ist, dass für messbare Funktionen $f, g : \Omega \to [0, \infty]$ sowie relle Konstanten $\lambda, \mu \ge 0$ gilt:

$$\int (\lambda f + \mu g)\,dM \;=\; \lambda \int f\,dM + \mu \int g\,dM.$$

Außerdem ist $\int f\,dM \le \int g\,dM$ sofern $f \le g$.

Schritt 3. Für eine reelle Zahl $s \in \mathbf{R}$ seien

$$s^+ := \max(s, 0) \quad \text{und} \quad s^- := \max(-s, 0)$$

ihr Positiv- bzw. Negativteil. Dann ist $s^\pm \ge 0$ und $s = s^+ - s^-$ sowie $|s| = s^+ + s^-$.

Eine messbare Funktion $f : \Omega \to \mathbf{R}$ heißt *integrierbar bezüglich* M ($M-$*integrierbar*), wenn das Integral $\int |f|\,dM = \int f^+\,dM + \int f^-\,dM$ endlich ist. Dann definiert man das *(Lebesgue-) Integral von* f *bezüglich* M als die reelle Zahl

$$\int f\,dM \;:=\; \int f^+\,dM - \int f^-\,dM.$$

Aus dieser Definition folgt direkt, dass

$$\left| \int f\,dM \right| \;\le\; \int |f|\,dM$$

Zwei zusätzliche Schreibweisen. Für eine Funktion f auf Ω und $A \in \mathcal{A}$ definiert man

$$\int_A f\,dM \;:=\; \int 1_A f\,dM,$$

falls letzteres Integral definiert ist, und spricht von dem Integral von f (bezüglich M) über der Menge A. Insbesondere ist $\int f\,dM = \int_\Omega f\,dM$.

Mitunter schreibt man $\int_A f(\omega)\, M(d\omega)$ anstelle von $\int_A f\,dM$.

Die folgenden zwei Sätze enthalten wesentliche Eigenschaften des Lebesgue-Integrals.

Theorem 10.1. *(Linearität) Seien f und g $M-$integrierbare Funktionen auf Ω. Für reelle Zahlen λ und μ ist dann auch $\lambda f + \mu g$ eine $M-$integrierbare Funktion, und es gilt:*

$$\int (\lambda f + \mu g)\,dM \;=\; \lambda \int f\,dM + \mu \int g\,dM.$$

Ferner ist $\int f\,dM \le \int g\,dM$ falls $f \le g$.

Theorem 10.2. *(Folgen von Funktionen und ihre Integrale) Seien f_1, f_2, f_3, ... messbare Funktionen von Ω nach $[-\infty, \infty]$, so dass für alle Punkte $\omega \in \Omega$ der Grenzwert $f(\omega) := \lim_{n \to \infty} f_n(\omega)$ existiert. Dann ist auch diese Funktion f messbar, und es gilt die Gleichung*

$$\int f \, dM = \lim_{n \to \infty} \int f_n \, dM,$$

wenn eine der folgenden zwei Bedingungen erfüllt ist:

(A) (Satz von der monotonen Konvergenz)
  Alle Funktionen f_n sind nichtnegativ, und $f_1 \le f_2 \le f_3 \cdots$.

(B) (Satz von der majorisierten Konvergenz)
  Es gibt eine M–integrierbare Funktion g, so dass $|f_n| \le g$ für alle $n \in \mathbf{N}$.

Anmerkung 10.3 (Lebesgue-Maß und Riemann-Integrale) Das Lebesgue-Integral ist eine Verallgemeinerung des Riemann-Integrals, und letzteres ist ein essentielles Hilfsmittel für konkrete Berechnungen: Sei Leb $=$ Leb das Lebesguemaß auf Borel$(\mathbf{R})$, also Leb$(B) =$ Länge(B) für Intervalle $B \subset \mathbf{R}$. Ist nun f Riemann-integrierbar auf $[a, b]$, dann ist

$$\int_a^b f(x) \, dx = \int_{[a,b]} f \, d\,\text{Leb}.$$

Für eine beliebige Dimension d schreibt man anstelle von $\int_A f \, d\,\text{Leb}_d$ oder $\int_A f(x) \, \text{Leb}_d(dx)$ oft $\int_A f(x) \, dx$. Dabei ist A eine Borelmenge im $\mathbf{R}^d$, und f ist eine bezüglich Leb_d integrierbare Funktion auf $\mathbf{R}^d$.

Anmerkung 10.4 (Wahrscheinlichkeitsdichten)   Sei $(\Omega, \mathcal{A}, M)$ ein Maßraum und f eine nichtnegative messbare Funktion auf Ω, so dass $\int f \, dM = 1$. Dann definiert

$$P(A) := \int_A f \, dM$$

ein Wahrscheinlichkeitsmaß P auf $\mathcal{A}$, und f nennt man die *Dichtefunktion* von P bezüglich M. Für eine weitere messbare Funktion g auf Ω ist

$$\int g \, dP = \int gf \, dM.$$

Dabei ist das Integral auf der linken Seite genau dann wohldefiniert, wenn dies für das Integral auf der rechten Seite gilt.

Im Falle von $\Omega = \mathbf{R}^d$ und $M = \text{Leb}_d$ spricht man auch einfach von einer *Dichtefunktion* oder *Lebesguedichtefunktion*.

10.2 Erwartungswerte

Sei X eine reellwertige Zufallsvariable auf einem Wahrscheinlichkeitsraum $(\Omega, \mathcal{A}, P)$. Der *Erwartungswert* von X ist das Integral

$$E(X) := \int_\Omega X \, dP$$

von X bezüglich P, falls letzteres wohldefiniert ist.

Die Darstellung von $E(X)$ als Integral über dem Grundraum Ω ist vor allem für theoretische Überlegungen hilfreich. Zum Beispiel sind die Rechenregeln von Theorem 6.9 auch im allgemeinen Rahmen gültig. Das gleiche gilt für die Gleichungen und Ungleichungen für Produkte von Zufallsvariablen, die in Kapitel 6 hergeleitet wurden. Auch die Definition von Varianz und Standardabweichung bleibt im wesentlichen unverändert.

Wenn man einen Erwartungswert konkret ausrechnen will, kann man auch die Verteilung P^X von X, also ein Wahrscheinlichkeitsmaß auf $\mathbf{R}$, heranziehen. Denn

$$E(X) = \int_{\mathbf{R}} x \, P^X(dx).$$

Wenn X nur Werte in einer abzählbaren Menge R annimmt, dann ist

$$E(X) = \sum_{r \in R} P(X = r) \, r.$$

Wenn dagegen X nach einer Lebesgue-Dichtefunktion f verteilt ist, also $P(X \in J) = \int_J f(x) \, dx$ für Intervalle $J \subset \mathbf{R}$, dann ist

$$E(X) = \int_{\mathbf{R}} x f(x) \, dx.$$

Allgemeiner sei Y eine $\mathbf{R}^d$-wertige Zufallsvariable auf $(\Omega, \mathcal{A}, \Gamma)$ mit Verteilung P^Y. Nun sei $X = h(Y)$ mit einer Abbildung $h : \mathbf{R}^d \to \mathbf{R}$. Dann ist

$$E(X) = \int_{\mathbf{R}^d} h \, dP^Y.$$

Schließlich kann man mit Hilfe der Verteilungsfunktion $F(r) := P(X \le r)$ und der Formel (10.2) auch schreiben:

$$E(X) = \int_0^\infty (1 - F(r)) \, dr - \int_0^\infty F(-r) \, dr.$$

Beispiel 10.5 Sei X exponentialverteilt mit Parameter Eins. Das heißt, $P(X \in B) = \int_B f(x) \, dx$ mit der Lebesgue-Dichtefunktion

$$f(x) = 1\{x > 0\} e^{-x}.$$

Dann ist

$$E(X) = \int_{\mathbf{R}} x f(x) \, dx = \int_0^\infty x e^{-x} \, dx = 1$$

nach der allgemeinen Formel $\int_0^\infty y^n e^{-y} \, dy = n!$ für $n \in \mathbf{N}_0$. Ferner ist

$$\mathrm{Var}(X) = E(X^2) - 1 = \int_0^\infty x^2 e^{-x} \, dx - 1 = 1.$$

Beispiel 10.6 (Momente von Ordnungsstatisiken) Seien $U_1, U_2, \ldots, U_n$ stochastisch unabhängige, uniform auf $[0,1]$ verteilte Zufallsvariablen auf einem Wahrscheinlichkeitsraum $(\Omega, \mathcal{A}, P)$. Nun ordnen wir die Werte U_i der Größe nach und erhalten die 'Ordnungsstatistiken' $U_{(1)} \leq U_{(2)} \leq \cdots \leq U_{(n)}$. Uns interessiert die Verteilung von $U_{(k)}$ für eine feste Zahl $k \in \{1, 2, \ldots, n\}$. Als erstes berechnen wir die Verteilungsfunktion von $U_{(k)}$: Für $r \in [0,1]$ ist

$$
\begin{aligned}
F(r) &:= P(U_{(k)} \leq r) \\
&= P(\text{mindestens } k \text{ Werte } U_i \text{ sind in } [0, r]) \\
&= \sum_{\ell=k}^{n} P(\text{genau } \ell \text{ Werte } U_i \text{ sind in } [0, r]) \\
&= \sum_{\ell=k}^{n} \binom{n}{\ell} r^{\ell} (1 - r)^{n-\ell}.
\end{aligned}
$$

Diese Verteilungsfunktion F ist stetig differenzierbar mit Ableitung

$$
f(x) = \frac{d}{dx} F(x) = n \binom{n-1}{k-1} x^{k-1} (1 - x)^{n-k},
$$

und $F(0) = 0$, $F(1) = 1$; siehe auch den Beweis von Lemma 5.4. Also ist f die Lebesgue-Dichtefunktion der Verteilung von $U_{(k)}$. Insbesondere ist $\int_0^1 f(x)\, dx = 1$, und wir erhalten folgende Formel als Nebenprodukt:

$$
\int_0^1 x^a (1 - x)^b \, dx = (a + b + 1)^{-1} \binom{a+b}{a}^{-1} \qquad \text{für } a, b \in \mathbf{N}_0. \tag{10.3}
$$

Daraus ergibt sich die Formel

$$
\begin{aligned}
E(U_{(k)}) &= \int_0^1 x f(x)\, dx \\
&= n \binom{n-1}{k-1} \int_{[0,1]} x^k (1 - x)^{n-k} \, dx \\
&= n \binom{n-1}{k-1} (n+1)^{-1} \binom{n}{k}^{-1} \\
&= \frac{k}{n+1}.
\end{aligned}
$$

Ferner ist

$$
\begin{aligned}
\operatorname{Var}(U_{(k)}) &= E(U_{(k)}^2) - \frac{k^2}{(n+1)^2} \\
&= n \binom{n-1}{k-1} \int_0^1 x^{k+1} (1 - x)^{n-k} \, dx - \frac{k^2}{(n+1)^2}
\end{aligned}
$$

$$= \frac{(k+1)k}{(n+2)(n+1)} - \frac{k^2}{(n+1)^2}$$

$$= \frac{k}{n+1}\left(1 - \frac{k}{n+1}\right)/(n+2)$$

$$\leq \frac{1}{4(n+2)}.$$

Also weicht der k–tgrößte Wert von n stochastisch unabhängigen, auf $[0,1]$ uniform verteilten Zufallsvariablen nur wenig von $k/(n+1)$ ab, wenn die Zahl n groß ist.

10.3 Der Satz von Fubini

Der Satz von Fubini ist ein allgemeines Hilfsmittel der Maßtheorie, um Integrale in höherdimensionalen Räumen auf Integrale in niedrigdimensionalen Räumen zurückzuführen. Hier erwähnen wir nur zwei Spezialfälle, die besonders häufig auftreten.

Das Lebesguemaß auf $\mathbf{R}^d$

Für eine messbare Funktion $f : \mathbf{R}^d \to \mathbf{R}$ kann man ihr Integral

$$\int_{\mathbf{R}^d} f(x)\, dx$$

wie folgt berechnen: Für $y \in \mathbf{R}^{d-1}$ sei

$$g(y) := \int_{\mathbf{R}} f(y_1, \ldots, y_{d-1}, r)\, dr.$$

Man fixiert also beim Argument von f alle bis auf eine Komponente, und berechnet ein eindimensionales Integral, um letztere "loszuwerden". Dann ist

$$\int_{\mathbf{R}^d} f(x)\, dx = \int_{\mathbf{R}^{d-1}} g(y)\, dy.$$

Im Falle von $d > 2$ kann man dies induktiv weiterführen und erhält schließlich die Formel

$$\int_{\mathbf{R}^d} f \, d\mathrm{Leb}_d = \int_{\mathbf{R}} \left(\int_{\mathbf{R}} \left(\cdots \left(\int_{\mathbf{R}} f(x_1, x_2, \ldots, x_d)\, dx_d \right) \cdots \right) dx_2 \right) dx_1. \quad (10.4)$$

Die Reihenfolge, in welcher wir die eindimensionalen Integrationen vornehmen, kann man beliebig abändern.

Beispiel 10.7 Sei $X = (X_i)_{i=1}^d$ eine Zufallsvariable mit Werten in $\mathbf{R}^d$, deren Verteilung durch eine Dichtefunktion f beschrieben wird. Angenommen f ist von der Form

$$f(x_1, \ldots, x_d) = f_1(x_1) f_2(x_2) \ldots f_d(x_d)$$

mit Dichtefunktionen $f_1, \ldots, f_d : \mathbf{R} \to [0, \infty[$, dann sind die Zufallsvariablen $X_1, \ldots, X_d$ stochastisch unabhängig, und die Verteilung von X_i wird durch die Dichtefunktion f_i beschrieben.

Beweis. Für beliebige Intervalle $B_1, \ldots, B_d \subset \mathbf{R}$ folgt aus Gleichung (10.4), dass

$$P(X_i \in B_i \text{ für } i \leq d) = \prod_{i=1}^d \int_{B_i} f_i(s) \, ds.$$

Setzt man hier $B_i = \mathbf{R}$ für alle bis auf einen Index i, dann zeigt sich, dass $\int_{B_i} f_i(s) \, ds = P(X_i \in B_i)$. □

Unabhängige Zufallsvariablen

Seien X und Y stochastisch unabhängige Zufallsvariablen auf einem Wahrscheinlichkeitsraum $(\Omega, \mathcal{A}, P)$ mit Werten in $\mathcal{X}$ beziehungsweise $\mathcal{Y}$. Nun betrachten wir eine Zufallsvariable der Form

$$H(X, Y)$$

mit einer Funktion $H : \mathcal{X} \times \mathcal{Y} \to \mathbf{R}$. Für einen festen Punkt $x \in \mathcal{X}$ sei

$$G(x) := EH(x, Y).$$

Dann gilt die Gleichung

$$EH(X, Y) = EG(X). \tag{10.5}$$

Die gleiche Formel kann man mit Integralen wie folgt schreiben:

$$EH(X, Y) = \int_{\mathcal{X}} \left(\int_{\mathcal{Y}} H(x, y) \, P^Y(dy) \right) P^X(dx).$$

Die Zahl $G(x)$ kann man als "bedingten Erwartungswert von $H(X, Y)$ gegeben $X = x$" betrachten.

Wir empfehlen dem Leser, die Formel (10.5) im Spezialfall einer abzählbaren Menge $\mathcal{X}$ zu verifizieren.

Beispiel 10.8 (Ein Inspektionsparadoxon)   Eine bestimmte Buslinie fährt laut Fahrplan zu Zeitpunkten $0, 1, 2, 3, \ldots$ in einer geeigneten Zeiteinheit. Angenommen man kommt zu einem "rein zufälligen" Zeitpunkt $T \geq 0$ an die Haltestelle. Genauer gesagt, sei $T \bmod 1 = T - \lfloor T \rfloor$ uniform verteilt auf $[0, 1]$;

siehe auch Aufgabe 10.3. Wenn die Busse ohne Verspätung abfahren, dann ist die Wartezeit gleich

$$W = 1 - (T \bmod 1).$$

Folglich ist die mittlere Wartezeit gleich

$$E(W) = \int_0^1 (1-t)\, dt = 1/2.$$

Nun seien die tatsächlichen Abfahrtszeiten gleich $V_0, 1 + V_1, 2 + V_2, 3 + V_3, \ldots$ mit zufälligen Verspätungen $V_n \in [0,1[$. Wir nehmen an, dass die Variablen T, $V_1, V_2, V_3, \ldots$ stochastisch unabhängig sind, und dass die V_i identisch verteilt sind mit Erwartungswert μ und Standardabweichung σ. Wie lange muss man jetzt im Mittel auf den Bus warten?

Wir nehmen ohne Einschränkung an, dass T uniform verteilt ist auf $[0,1]$. Dann ist die Wartezeit gleich

$$\begin{aligned}
W &= 1\{T \le V_0\}(V_0 - T) + 1\{T > V_0\}(1 + V_1 - T) \\
&= 1\{T \le V_0\}V_0 + 1\{T > V_0\}(1 + V_1) - T.
\end{aligned}$$

Betrachtet man vorübergehend (V_0, V_1) als festes Paar und bildet den Erwartungswert bezüglich T, dann ergibt sich die neue Größe

$$\begin{aligned}
W' &= \int_0^1 (1\{t \le V_0\}V_0 + 1\{t > V_0\}(1 + V_1) - t)\, dt \\
&= 1/2 + V_0^2 + V_1 - V_0 - V_0 V_1.
\end{aligned}$$

Doch wegen der Unabhängigkeit und identischen Verteilung von V_0 und V_1 ist der Erwartungswert dieses Ausdrucks gleich

$$E(W') = 1/2 + E(V_0^2) - \mu^2 = 1/2 + \mathrm{Var}(V_0).$$

Die mittlere Wartezeit nimmt also um die Varianz $\mathrm{Var}(V_0)$ der Verspätungen zu!

Hier ist eine heuristische Erklärung für dieses Phänomen: Die Zeitintervalle zwischen den Abfahrtszeiten sind unterschiedlich lang. Bei zufälliger Ankunft an der Haltestelle sind die Chancen, in einem bestimmten Zeitintervall zu landen, umso größer, je länger dieses Intervall ist.

10.4 Die Transformationsformel für das Lebesguemaß

Im vorigen Abschnitt lernten wir für Funktionen $f : \mathbf{R}^d \to \mathbf{R}$ den Satz von Fubini zur Berechnung von $\int_{\mathbf{R}^d} f(x)\, dx$ kennen. In diesem Abschnitt möchten wir noch ein weiteres wichtiges Hilfsmittel erklären und anwenden.

Zunächst eine Anmerkung zur Interpretation von f: Angenommen f ist stetig an einer Stelle x_o. Dann gilt für Borelmengen $B \subset \mathbf{R}^d$ mit $0 < \mathrm{Leb}(B) < \infty$:

$$\frac{\int_B f(x)\,dx}{\mathrm{Leb}(B)} \;\to\; f(x_o) \quad \text{falls } \sup_{x \in B} \|x - x_o\| \to 0.$$

Nun betrachten wir zwei offene Teilmengen Ω und $\widetilde{\Omega}$ des $\mathbf{R}^d$, und $T : \Omega \to \widetilde{\Omega}$ sei eine bijektive und stetig differenzierbare Abbildung mit nichtsingulärer Jacobi-Matrix

$$DT(x) \;=\; \left(\frac{\partial T_i(x)}{\partial x_j}\right)^d_{i,j=1} \;\in\; \mathbf{R}^{d \times d}$$

für alle $x \in \Omega$. Dann gilt für beliebige Funktionen $f : \widetilde{\Omega} \to \mathbf{R}$ die Gleichung

$$\int_\Omega f(T(x))\,|\det DT(x)|\,dx \;=\; \int_{\widetilde{\Omega}} f(y)\,dy.$$

Dabei ist das Integral auf der linken Seite genau dann wohldefiniert, wenn dies für das Integral auf der rechten Seite gilt.

Begründung. Wir geben eine heuristische Erklärung der Transformationsformel für den Spezialfall, dass f stetig ist. Sei $C_1, C_2, C_3, \dots$ eine Partition von Ω in paarweise disjunkte Borelmengen mit "kleinem" Durchmesser. Dann ist auch $T(C_1), T(C_2), T(C_3), \dots$ eine Partition von $\widetilde{\Omega}$ in "kleine" Mengen, und für beliebige Punkte $x_i \in C_i$ ist

$$\mathrm{Leb}(T(C_i)) \;\approx\; |\det DT(x_i)|\,\mathrm{Leb}(C_i).$$

Denn auf C_i kann man T durch die affin lineare Funktion $z \mapsto T(x_i) + DT(x_i)(z - x_i)$ approximieren, so dass die besagte Gleichung aus der linearen Algebra vertraut ist. Folglich ist

$$\begin{aligned}
\int_\Omega f(T(x))\,|\det DT(x)|\,dx &= \sum_i \int_{C_i} f(T(x))\,|\det DT(x)|\,dx \\
&\approx \sum_i \mathrm{Leb}(C_i) f(T(x_i))\,|\det DT(x_i)| \\
&\approx \sum_i \mathrm{Leb}(T(C_i)) f(T(x_i)) \\
&\approx \sum_i \int_{T(C_i)} f(y)\,dy \\
&= \int_{\widetilde{\Omega}} f(y)\,dy. \qquad \square
\end{aligned}$$

Beispiel 10.9 (Affine Transformationen) Sei $X \in \mathbf{R}^d$ ein Zufallsvektor, dessen Verteilung durch eine Dichtefunktion f beschrieben wird. Für $\mu \in \mathbf{R}^d$ und eine nichtsinguläre Matrix $B \in \mathbf{R}^{d \times d}$ sei

$$Y := \mu + BX.$$

Die Verteilung von Y wird dann durch die Dichtefunktion g mit

$$g(y) := \frac{f(B^{-1}(y - \mu))}{|\det B|}$$

beschrieben.

Beweis. Die zugrundeliegende affin lineare Transformation $x \mapsto T(x) := \mu + Bx$ erfüllt die Voraussetzungen der Transformationsformel mit $\Omega = \widetilde{\Omega} = \mathbf{R}^d$, und $|\det DT(x)| = |\det B|$. Ferner ist

$$T^{-1}(y) = B^{-1}(y - \mu).$$

Für beliebige Borelmengen $C \subset \mathbf{R}^d$ ist also

$$\begin{aligned}
P(Y \in C) &= P(T(X) \in C) \\
&= \int 1\{T(x) \in C\} f(x)\, dx \\
&= \int 1\{T(x) \in C\} \underbrace{\frac{f(B^{-1}(T(x) - \mu))}{|\det B|}}_{=\, g(T(x))} |\det DT(x)|\, dx \\
&= \int 1\{y \in C\} g(y)\, dy \\
&= \int_C g(y)\, dy. \qquad \square
\end{aligned}$$

Beispiel 10.10 (Das Integral der Gaußschen Glockenkurve) Im Zusammenhang mit sogenannten Normalverteilungen wird uns die Funktion $s \mapsto \exp(-s^2/2)$ auf $\mathbf{R}$ noch begegnen. Hier möchten wir zeigen, dass

$$\int_{\mathbf{R}} \exp(-s^2/2)\, ds = \sqrt{2\pi}.$$

Dazu betrachten wir die Funktion $f : \mathbf{R}^2 \to \mathbf{R}$ mit $f(y) := \exp(-\|y\|^2/2)$. Einerseits kann man schreiben $f(y) = g(y_1)g(y_2)$ mit $g(s) := \exp(-s^2/2)$, und aus dem Satz von Fubini folgt, dass

$$\int_{\mathbf{R}^2} f(y)\, dy = \left(\int_{\mathbf{R}} g(s)\, ds\right)^2.$$

Andererseits kann man y schreiben als $T(r, \theta) := (r\cos(\theta), r\sin(\theta))$ mit $r = \|y\| \geq 0$ und einem Winkel $\theta \in [0, 2\pi[$. Die Abbildung T ist bijektiv von $\Omega :=]0, \infty[\times]0, 2\pi[$ nach $\widetilde{\Omega} := \mathbf{R}^2 \setminus ([0, \infty[\times \{0\})$. Ferner ist $\mathrm{Leb}_2([0, \infty[\times \{0\}) = 0$, und

$$DT(r,\theta) = \begin{pmatrix} \cos(\theta) & -r\sin(\theta) \\ \sin(\theta) & r\cos(\theta) \end{pmatrix},$$

also $\det DT(r,\theta) = r$. Folglich ist $\int_{\mathbf{R}^2} f(y)\,dy$ gleich

$$\int_{\widetilde{\Omega}} f(y)\,dy = \int_{\Omega} f(T(r,\theta))|\det DT(r,\theta)|\,d(r,\theta)$$

$$= \int_{]0,\infty[\times]0,2\pi[} \exp(-r^2)r\,d(r,\theta)$$

$$= 2\pi \int_0^\infty \exp(-r^2)r\,dr$$

$$= 2\pi \left(-\exp(-r^2/2)\right)\big|_{r=0}^\infty$$

$$= 2\pi.$$

Dabei folgt die drittletzte Gleichung ebenfalls aus dem Satz von Fubini. $\quad\square$

10.5 Starke Gesetze der großen Zahlen

In diesem Abschnitt beweisen und verwenden wir eine Verfeinerung der Tshebyshev-Ungleichung.

Lemma 10.11. *(Kolmogorov) Seien $Z_1, Z_2, \ldots, Z_n$ stochastisch unabhängige Zufallsvariablen auf einem Wahrscheinlichkeitsraum $(\Omega, \mathcal{A}, P)$, so dass $E(Z_i) = 0$ und $E(Z_i^2) < \infty$. Für $1 \le k \le n$ sei $S_k := \sum_{i=1}^{k} Z_i$. Dann ist*

$$P\left(\max_{k=1,2,\ldots,n} |S_k| \ge \eta\right) \le \sum_{i=1}^n E(Z_i^2)/\eta^2$$

für beliebige $\eta > 0$.

Beweis von Lemma 10.11. Sei

$$T := \min\left(\{k \le n : |S_k| \ge \eta\} \cup \{\infty\}\right).$$

Deutet man die Indizes von Z_i und S_k als Zeitpunkte, dann ist T derjenige Zeitpunkt k, zu welchem erstmalig der Absolutbetrag von S_k größer oder gleich η ist. Die Wahrscheinlichkeit, dass $\max_{k \le n} |S_k|$ größer oder gleich η ist, kann man nun schreiben als

$$P(T \le n) = \sum_{k=1}^n P(T = k) \le \sum_{k=1}^n E\left(1\{T = k\}S_k^2\right)/\eta^2,$$

denn $T = k$ impliziert ja, dass $S_k^2 \ge \eta^2$. Aber $Y := 1\{T = k\}S_k$ ist eine Funktion von $Z_1, \ldots, Z_k$ mit $E(Y^2) < \infty$. Folglich ist

$$E\big(1\{T=k\}S_n^2\big) = E\big(1\{T=k\}(S_k+(S_n-S_k))^2\big)$$
$$\geq E\big(1\{T=k\}S_k^2\big) + 2E\big(1\{T=k\}S_k(S_n-S_k)\big)$$
$$= E\big(1\{T=k\}S_k^2\big) + 2\sum_{i=k+1}^{n}\underbrace{E(YZ_i)}_{=0}$$
$$= E\big(1\{T=k\}S_k^2\big).$$

Folglich ist $P(T \leq n)$ nicht größer als

$$\sum_{k=1}^{n} E\left(1\{T=k\}S_n^2\right)/\eta^2 \;=\; E\left(1\{T\leq n\}S_n^2\right)/\eta^2 \;\leq\; E(S_n^2)/\eta^2. \qquad \square$$

Lemma 10.11 impliziert, dass gewisse Reihen von Zufallsvariablen mit Wahrscheinlichkeit Eins konvergieren:

Theorem 10.12. (Konvergenz zufälliger Reihen). *Seien $Z_1, Z_2, Z_3, \ldots$ stochastisch unabhängige Zufallsvariablen auf $(\Omega, \mathcal{A}, P)$ mit $E(Z_i) = 0$ und $\sum_{i=1}^{\infty} E(Z_i^2) < \infty$. Dann gibt es eine reellwertige Zufallsvariable S auf $(\Omega, \mathcal{A}, P)$, so dass*

$$P\Big(\lim_{n\to\infty}\sum_{i=1}^{n} Z_i = S\Big) \;=\; 1.$$

Beweis von Satz 10.12. Sei $S_k := \sum_{i=1}^{k} Z_i$. Für ein beliebiges $\omega \in \Omega$ konvergiert die Folge $\sum_{i=1}^{\infty} Z_i(\omega) = (S_n(\omega))_{n=1}^{\infty}$ genau dann, wenn es sich um eine Cauchy-Folge handelt. Das heißt, wenn für beliebige $\epsilon > 0$ ein $N(\omega) \in \mathbf{N}$ existiert, so dass

$$|S_m(\omega) - S_{N(\omega)}(\omega)| \;\leq\; \epsilon \quad \text{für alle } m \geq N(\omega).$$

Mit dem Ereignis

$$A_\epsilon := \bigcup_{N=1}^{\infty}\big\{|S_m - S_N| \leq \epsilon \text{ für alle } m \geq N\big\} \;=\; \bigcup_{N=1}^{\infty}\big\{\sup_{m\geq N}|S_m - S_N| \leq \epsilon\big\}$$

ist also

$$P\Big\{\sum_{i=1}^{\infty} Z_i \text{ konvergiert}\Big\} \;=\; P\Big(\bigcap_{\epsilon>0} A_\epsilon\Big) \;=\; \lim_{\epsilon\to 0} P(A_\epsilon).$$

Dabei verwenden wir die Tatsache, dass $A_\epsilon \subset A_\delta$ für $0 < \epsilon < \delta$. Es genügt also zu zeigen, dass $P(A_\epsilon) = 1$ für ein beliebiges $\epsilon > 0$. Man kann schreiben

$$P(A_\epsilon) = \lim_{N\to\infty} P\Big(\sup_{m\geq N}|S_m - S_N| \leq \epsilon\Big)$$
$$= \lim_{N\to\infty}\inf_{M>N} P\Big(\max_{N<k\leq M}|S_k - S_N| \leq \epsilon\Big)$$

$$= \lim_{N \to \infty} \inf_{M > N} P\left(\max_{N < k \le M} \Big| \sum_{i=N+1}^{k} Z_i \Big| \le \epsilon \right)$$

$$\ge \lim_{N \to \infty} \inf_{M > N} \left(1 - \epsilon^{-2} \sum_{k=N+1}^{M} E(Z_i^2) \right)$$

$$= 1 - \epsilon^{-2} \lim_{N \to \infty} \sum_{k=N+1}^{\infty} E(Z_i^2)$$

$$= 1.$$

Dabei verwendeten wir die Kolmogorov-Ungleichung (Lemma 10.11) und die Endlichkeit von $\sum_{i=1}^{\infty} E(Z_i^2)$. □

Beispiel 10.13 (Harmonische Reihe mit zufälligen Vorzeichen) Bekanntlich divergiert die harmonische Reihe $\sum_{k=1}^{\infty} 1/k$. Andererseits konvergiert $\sum_{k=1}^{\infty} (-1)^{k-1}/k$ gegen $\log 2$. Aus Satz 10.12 folgt, dass auch eine zufällige Reihe $\sum_{k=1}^{\infty} X_k/k$ mit stochastisch unabhängigen Vorzeichen X_k fast sicher konvergiert, sofern $P(X_k = \pm 1) = 1/2$. Denn mit $Z_k := X_k/k$ ist $E(Z_k) = 0$ und $\sum_{k=1}^{\infty} E(Z_k^2) = \sum_{k=1}^{\infty} 1/k^2$ ist endlich.

Eine wichtige Anwendung der Kolmogorovschen Ungleichung ist das starke Gesetz der großen Zahlen. Hiervon gibt es verschiedene Varianten, und wir behandeln eine, die auch eine für statistische Anwendungen interessante Schranke beinhaltet.

Theorem 10.14. *Seien* $X_1, X_2, X_3, \ldots$ *stochastisch unabhängige Zufallsvariablen mit Erwartungswert* μ *und* $\mathrm{Var}(X_i) \le \sigma^2 < \infty$. *Dann ist*

$$P\left(\lim_{n \to \infty} \bar{X}_n = \mu \right) = 1,$$

wobei $\bar{X}_n := n^{-1} \sum_{i=1}^{n} X_i$. *Für beliebige* $N \in \mathbf{N}$ *und* $\epsilon > 0$ *gilt die Ungleichung*

$$P\left(\sup_{n \ge N} |\bar{X}_n - \mu| > \epsilon \right) \le \frac{4\sigma^2}{N\epsilon^2}. \tag{10.6}$$

Beweis von Satz 10.14. Man kann sich schnell davon überzeugen, dass es genügt, Ungleichung (10.6) zu beweisen. Mit $Z_i := X_i - \mu$ und $S_n := \sum_{i=1}^{n} Z_i$ ergibt sich diese aus der Kolmogorovschen Ungleichung wie folgt:

$$P\left(\sup_{n \ge N} |\bar{X}_n - \mu| > \epsilon \right) = P\left(\sup_{n \ge N} |n^{-1} S_n| > \epsilon \right)$$

$$\le \sum_{\ell=0}^{\infty} P\left(\max_{N 2^\ell \le k < N 2^{\ell+1}} |k^{-1} S_k| > \epsilon \right)$$

$$\le \sum_{\ell=0}^{\infty} P\left(\max_{k \le N 2^{\ell+1}} |S_k| > \epsilon N 2^\ell \right)$$

$$\leq \sum_{\ell=0}^{\infty} \frac{N2^{\ell+1}\sigma^2}{\epsilon^2 N^2 (2^{\ell})^2}$$

$$= \frac{2\sigma^2}{N\epsilon^2} \sum_{\ell=0}^{\infty} 2^{-\ell}$$

$$= \frac{4\sigma^2}{N\epsilon^2}. \qquad \square$$

10.6 Übungsaufgaben

Aufgabe 10.1 (Gammaverteilungen) Sei X eine Zufallsvariable mit Verteilung Gamma(a), $a > 0$. Das heißt, für beliebige Intervalle $B \subset [0, \infty[$ ist

$$P(X \in B) = \int_B f_a(x)\,dx$$

mit $f_a(x) := \Gamma(a)^{-1} x^{a-1} \exp(-x)$ und $\Gamma(a) := \int_0^{\infty} y^{a-1} \exp(-y)\,dy$.

(a) Bestimmen Sie den Erwartungswert und die Standardabweichung von X. (Hinweis: $\Gamma(b+1) = b\,\Gamma(b)$ für $b > 0$.)

(b) Zeigen Sie, dass

$$\lim_{a \to \infty} \frac{f_a(a + \sqrt{a}y)}{f_a(a)} = \exp\left(-\frac{y^2}{2}\right).$$

Hinweis: Verwenden Sie die Tatsache, dass $\log(1 + s) = s - s^2/2 + O(s^3)$ für $s \to 0$.

Aufgabe 10.2 (Gammaverteilungen II) Sei X eine Zufallsvariable mit Verteilung Gamma(a), $a > 0$; siehe Aufgabe 10.1.

(a) Zeigen Sie, dass

$$E \exp(tX) = (1 - t)^{-a} \quad \text{für } t < 1.$$

(b) Leiten Sie mit Hilfe von Teil (a) und Korollar 7.7 eine möglichst präzise Ungleichung für $P(X \geq a + \eta)$ und $P(X \leq a - \eta)$ her, wobei $\eta > 0$.

(c) Zu welchem Ergebnis käme man in Teil (c) mithilfe der Tshebyshev-Ungleichung?

Aufgabe 10.3 (Rundungsreste) Uniforme Verteilungen tauchen als approximative Verteilungen auf, wenn man Rundungsreste betrachtet: Sei X eine Zufallsvariable, deren Verteilung durch eine Dichtefunktion f auf **R** beschrieben wird. Für ein $m \in \mathbf{R}$ sei f monoton wachsend auf $]-\infty, \mu]$ und monoton fallend auf $[\mu, \infty[$.

(a) Zeigen Sie, dass die Zufallsvariable $Y := X - \lfloor X \rfloor \in [0, 1[$ nach der Dichtefunktion

$$g(x) := 1\{0 \le x < 1\} \sum_{z \in \mathbf{Z}} f(x + z)$$

verteilt ist.

(b) Zeigen Sie, dass $|g(x) - g(y)| \le (\mu)$ für beliebige $x, y \in [0, 1[$. Wenn also die Verteilung von X recht "diffus" ist in dem Sinne, dass $\max(f)$ recht klein ist, dann ist Y nahezu uniform verteilt auf $[0, 1]$.

Aufgabe 10.4 (Tip-Top) Ein Kind spielt mit seinem Vater 'Tip-Top': Dazu stellen sie sich in beliebiger Entfernung auf und bewegen sich abwechselnd um eine Fußlänge aufeinander zu. Wer zuletzt noch einen Fuß setzen kann, ohne die Füße des anderen Spielers zu berühren, gewinnt. Erfahrungsgemäß gewinnt das Kind häufiger als sein Vater. Wie kann man dieses Phänomen erklären?

Anleitung: Seien ℓ_K und ℓ_V die Fußlängen von Kind und Vater, und sei $\Delta > 0$ ihr anfänglicher Abstand. Unter welcher Bedingung an Δ gewinnt das Kind, wenn der Vater den ersten Fuß setzt?

Betrachten Sie nun Δ als Zufallsvariable, so dass $\Delta \bmod (\ell_K + \ell_V)$ gleichverteilt ist auf $[0, \ell_K + \ell_V]$; siehe Aufgabe 10.3. Dabei definiert man allgemein $x \bmod \ell$ als den Rundungsrest $x - \lfloor x/\ell \rfloor \ell \in [0, \ell[$.

Aufgabe 10.5 (Gesetz von Benford-Newcomb)   Im neunzehnten Jahrhundert stellten verschiedene Personen fest, dass in den meisten Datensätzen die Anfangsziffer 1 häufiger vorkommt als alle anderen. Genaue empirische und später auch theoretische Untersuchungen führten zu dem *Gesetz von Benford-Newcomb*, das Sie in dieser Aufgabe begründen sollen.

Betrachten Sie eine Zufallsvariable X mit Werten in $]0, \infty[$ und stetiger Dichtefunktion f. Das heißt, $P\{X \le r\} = \int_0^r f(x)\, dx$ für $0 \le r \le \infty$.

(a) Zeigen Sie, dass die Zufallsvariable $Y := \log_1 0(X)$ ebenfalls eine stetige Dichtefunktion auf $\mathbf{R}$ hat.

(b) Unterstellen Sie nun, dass

$$P(Y \bmod 1 \in J) = \mathrm{Leb}(J)$$

für beliebige Intervalle $J \subset [0, 1]$; siehe Aufgabe 10.3. Welche Gesetzmäßigkeit ergibt sich daraus für die führende Dezimalziffer von X?

Computersimulation von Zufallsvariablen

11.1 Monte-Carlo-Schätzer

In Kapitel 9 haben wir unter anderem eine Folge $(U_i)_{i=1}^\infty$ von stochastisch unabhängigen, auf $[0,1]$ gleichverteilten Zufallsvariablen auf einem geeigneten Wahrscheinlichkeitsraum $(\Omega, \mathcal{A}, P)$ konstruiert. Für beliebige Dimensionen $d \in \mathbf{N}$ kann man nun Vektoren

$$U_j^{(d)} := (U_{(j-1)d+i})_{i=1}^d$$

bilden und für eine Borelmenge $B \subset [0,1]^d$ die Wahrscheinlichkeit

$$P^{(d)}(B) := P(U_1^{(d)} \in B)$$

durch den *Monte-Carlo-Schätzer*

$$\widehat{P}_n^{(d)}(B) := \frac{1}{n} \sum_{j=1}^n 1\left\{U_j^{(d)} \in B\right\}$$

approximieren. Das Wahrscheinlichkeitsmaß $P^{(d)}$ ist das Lebesguemaß auf dem Einheitswürfel $[0,1]^d$. Aus dem starken Gesetz der großen Zahlen folgt, dass

$$\lim_{n \to \infty} \widehat{P}_n^{(d)}(B) = P^{(d)}(B) \tag{11.1}$$

mit Wahrscheinlichkeit Eins. Allgemeiner sei $f : [0,1]^d \to \mathbf{R}$ eine Funktion mit $\int |f|^2 \, dP^{(d)} < \infty$. Dann ist das arithmetische Mittel

$$\frac{1}{n} \sum_{j=1}^n f(U_j^{(d)}) = \int f \, d\widehat{P}_n^{(d)}$$

ein Monte-Carlo-Schätzer für das Integral

$$\int f\, dP^{(d)} \;=\; Ef(U_1^{(d)}).$$

Satz 10.14 besagt, dass

$$\frac{1}{n}\sum_{j=1}^{n} f(U_j^{(d)}) \;=\; \int f\, dP^{(d)} + R_n,$$

wobei

$$\sup_{n\ge N} |R_n| \;=\; O_{\mathrm{p}}(N^{-1/2}).$$

Man hat also in beliebigen Dimensionen eine garantierte Konvergenzrate von $O_{\mathrm{p}}(n^{-1/2})$.

Betrachten wir zum Vergleich numerische Integrationsmethoden (Quadratur). Dort approximiert man das Integral von f über $[0,1]^d$ durch eine Summe der Form

$$\sum_{j=1}^{n} w_j f(x_j)$$

mit festen Gewichten $w_j \in \mathbf{R}$ und Punkten $x_j \in [0,1]^d$. Angenommen f ist differenzierbar mit Gradient ∇f, so dass $\|\nabla f\| \le C < \infty$. Bei geeigneter Wahl der Gewichte w_j und Stützstellen x_j (unabhängig von f) ist

$$\sum_{j=1}^{n} w_j f(x_j) \;=\; \int f\, dP^{(d)} + O(n^{-1/d}).$$

Unter stärkeren Glattheitsannahmen an f ergibt sich der größere Exponent $2/d$ anstelle von $1/d$. Doch auch dann wirkt sich der "Fluch der hohen Dimension" (curse of dimensionality) aus. Wir halten fest, dass unter gewissen Glattheitsannahmen an f und in kleinen Dimensionen die numerische Integration der Monte-Carlo-Integration überlegen ist. Doch im Falle von nichtglatten Funktionen oder hohen Dimensionen ist die Monte-Carlo-Integration effizienter. Ein weiterer Vorteil der Monte-Carlo-Integration ist die Tatsache, dass man n schrittweise erhöhen und den Monte-Carlo-Schätzer mithilfe der Induktionsformel

$$\int f\, d\widehat{P}_{n+1}^{(d)} \;=\; \frac{n}{n+1}\int f\, d\widehat{P}_n^{(d)} + \frac{1}{n+1} f(U_{n+1}^{(d)})$$

sehr einfach aktualisieren kann.

11.2 Pseudozufallszahlen

Ein Problem der vorher beschriebenen Monte-Carlo-Schätzer ist, dass es sich bei $(U_n)_{n=1}^{\infty}$ um eine *Abbildung* von Ω nach $[0,1]^{\mathbf{N}}$ und nicht um eine *konkrete*

Zahlenfolge handelt. Man sucht daher nach konkreten Zahlenfolgen (Pseudo-zufallszahlen) $(U_n)_{n=1}^{\infty}$ im Einheitsintervall, so dass die entsprechenden Monte-Carlo-Schätzwerte $\widehat{P}_n^{(d)}(B)$ nach wie vor brauchbare Approximationen für $P^{(d)}(B)$ liefern.

Wenn eine konkrete Folge von Pseudozufallszahlen nach einem wohldefinierten Algorithmus erzeugt wird, dann sind damit erzielte Resultate auch *reprodu-zierbar*, was in manchen Anwendungen von Bedeutung ist.

Für die Erzeugung solcher Pseudozufallszahlen verwendet man oft Folgen $(z_n)_{n=1}^{\infty}$ in $\{0, 1, \ldots, m-1\}$ mit einer sehr großen ganzen Zahl m. Vermöge $U_n := (z_n + \delta)/m$ mit $0 < \delta < 1$ erhält man dann eine Folge von Zahlen aus dem offenen Einheitsintervall. Eine einfache Methode zur Erzeugung einer solchen Folge $(z_n)_{n=1}^{\infty}$ ist die Iteration einer Abbildung

$$f : \{0, 1, \ldots, m-1\} \to \{0, 1, \ldots, m-1\}.$$

Man wählt also einen Startwert z_0 aus $\{0, 1, \ldots, m-1\}$ und definiert induktiv

$$z_n := f(z_{n-1}) \quad \text{für } n = 1, 2, 3, \ldots.$$

Jede Folge dieser Bauart enthält höchstens m verschiedene Punkte. Falls $z_\tau = z_{\tau+\ell}$ für zwei Zahlen $\tau, \ell \in \mathbf{N}$, dann ist automatisch

$$z_n = z_{n+\ell} \quad \text{für alle } n \geq \tau. \tag{11.2}$$

Die *Periodenlänge* von $(z_n)_{n=1}^{\infty}$ ist definiert als die kleinste Zahl $\ell_* \in \mathbf{N}$, so dass $z_\tau = z_{\tau+\ell_*}$ für ein $\tau \in \mathbf{N}$. Bei der Wahl von f kommt es unter anderem darauf an, eine möglichst große Periodenlänge zu erzielen. Dies ist aber nur eines von vielen Kriterien. Es kommt auch darauf an, dass für möglichst hohe Dimen-sionen $d \in \mathbf{N}$ die Vektoren $U_j^{(d)}$ möglichst gleichmäßig im d-dimensionalen Einheitswürfel verteilt sind.

Eine spezielle Klasse von Abbildungen f zur Generierung von Pseudozufalls-zahlen wurde von D.H. Lehmer (1948) vorgeschlagen. Für $x \in \mathbf{R}$ sei

$$x \bmod m := x - \lfloor x/m \rfloor m \in [0, m[.$$

Im Falle von ganzen Zahlen x ist $x \bmod m \in \{0, 1, \ldots, m-1\}$. Der *Lineare Kongruenzgenerator (LKG) mit Modulus* $m \in \mathbf{N} \setminus \{1\}$, *Faktor* $a \in \mathbf{Z} \setminus \{0\}$, *Inkrement* $r \in \mathbf{Z}$ *und Startwert* $z_0 \in \mathbf{Z}$ ist definiert als die Folge $(z_n)_{n=1}^{\infty}$ mit

$$z_n = (az_{n-1} + r) \bmod m \quad \text{für } n \in \mathbf{N}.$$

Obwohl diese Abbildung sehr einfach ist, kann man bei geeigneter Wahl von (m, a, r) recht gute Pseudozufallszahlen erzeugen. Abbildung 11.1 zeigt für $m = 1024$, $a = 21$ und $r = 401$ den Graphen der Abbildung $x \mapsto f(x) = (ax + r) \bmod m$ von $[0, m[$ nach $[0, m[$. Man sieht dass kleine Änderungen von x große Änderungen von $f(x)$ bewirken können. Dies ist ein wesentlicher

Grund, warum solche Abbildungen als Zufallsgeneratoren in Frage kommen. Aber Vorsicht: Ersetzt man a durch $a \pm km$ für irgendeine natürliche Zahl k, dann ändert sich der entsprechende LKG nicht! Welche Parameter (m, a, r) für einen LKG überhaupt in Frage kommen, ist eine schwierige Frage und geht über den Rahmen dieses Buches hinaus. Wir verweisen den interessierten Leser auf Knuth (1973, 1981) und Niederreiter (1992) für eine ausführliche Behandlung von Pseudozufallsgeneratoren.

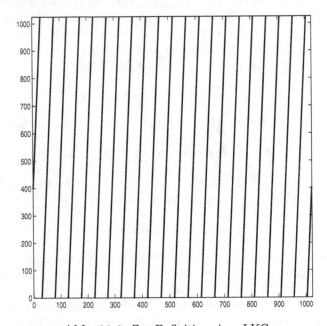

Abb. 11.1. Zur Definition eines LKG

Ausgehend von den Pseudozufallszahlen $U_1, U_2, U_3, \ldots$ kann man diverse Zufallsobjekte simulieren. Zum Beispiel liefert uns

$$X_i := 1\{U_i > 1 - p\}$$

eine (Pseudo-) Bernoullifolge mit Parameter p. Allgemeiner kann man die Werte U_i mit Hilfe beliebiger Quantilfunktionen wie in Abschnitt 9.4.3 transformieren.

11.3 Acceptance-Rejection-Verfahren

Dieser Abschnitt beschreibt Verfahren, bei denen man mit Hilfe einer Zufallsfolge eine neue Zufallsfolge mit bestimmten Eigenschaften erhält, indem man geeignete zufällige Teilfolgen der ersteren bildet. Zunächst illustrieren wir dies an einem Beispiel.

Beispiel 11.1 (symmetrischer Münzwurf mithilfe echter Münzen) Gegeben sei eine Bernoullifolge $(Y_i)_{i=1}^{\infty}$ mit Parameter $p \in]0,1[$. Man denke an das Werfen einer beliebigen Münze oder eines Reißnagels. Unser Ziel ist die Konstruktion einer Bernoullifolge $(X_i)_{i=1}^{\infty}$ mit parameter $1/2$. Zu diesem Zweck bilden wir die Paare $Z_1 = (Y_1, Y_2), Z_2 = (Y_3, Y_4), Z_3 = (Y_5, Y_6), \ldots$ und betrachten alle Indizes $\tau \in \mathbf{N}$ mit

$$Z_\tau \in D := \{(0,1),(1,0)\}.$$

Es ist $P(Z_n \in D) = 2p(1-p)$ und

$$P(Z_n = (1,0) \mid Z_n \in D) \ = \ \frac{p(1-p)}{2p(1-p)} \ = \ \frac{1}{2}.$$

Mit Wahrscheinlichkeit Eins gibt es unendlich viele Indizes τ mit $Z_\tau \in D$. Bezeichnen wir diese Indizes mit $\tau(1) < \tau(2) < \tau(3) < \cdots$ und setzen

$$X_n \ := \ 1\{Z_{\tau(n)} = (1,0)\},$$

dann folgt aus Satz 11.2 (s.u.): Die Variablen $X_1, X_2, X_3, \ldots$ sind stochastisch unabhängig und gleichverteilt auf $\{0,1\}$. Ferner ist $E(\tau(n) - \tau(n-1)) = (2p(1-p))^{-1}$, wobei $\tau(0) := 0$. Man benötigt also im Mittel $(p(1-p))^{-1}$ Variablen Y_k um eine Zufallsziffer X_n zu erzeugen.

Weitere Beispiele für diese Konstruktionsmethode werden in den Übungen behandelt. Hier ist das zugrundeliegende Prinzip:

Theorem 11.2. *Seien $Z_1, Z_2, Z_3, \ldots$ stochastisch unabhängige, identisch verteilte Zufallsvariablen mit Werten in einer Menge $\mathcal{Z}$, und sei D eine Teilmenge von $\mathcal{Z}$ mit*

$$q := P(Z_n \in D) > 0.$$

Dann gibt es mit Wahrscheinlichkeit Eins unendlich viele Indizes $\tau \in \mathbf{N}$ mit $Z_\tau \in D$. Seien $\tau(1) < \tau(2) < \tau(3) < \ldots$ diese Indizes, und sei $\tilde{Z}_n := Z_{\tau(n)}$. Dann sind die Zufallsvariablen

$$\tau(1), \tau(2) - \tau(1), \tau(3) - \tau(2), \ldots \quad \text{und} \quad \tilde{Z}_1, \tilde{Z}_2, \tilde{Z}_3, \ldots$$

stochastisch unabhängig, wobei

$$P(\tau(n) - \tau(n-1) = k) \ = \ (1-q)^{k-1} q \quad \text{für } k \in \mathbf{N},$$

$$P(\tilde{Z}_n \in B) \ = \ P(Z_1 \in B \mid Z_1 \in D) \quad \text{für } B \subset \mathcal{Z}.$$

Die Variablen $\tau(n) - \tau(n-1)$ sind also geometrisch verteilt mit Parameter q und haben Erwartungswert $1/q$.

Beweis. Zu zeigen ist, dass für beliebige $n \in \mathbf{N}$ und $k_1, k_2, \ldots, k_n \in \mathbf{N}$, $B_1, B_2, \ldots, B_n \subset \mathcal{Z}$ gilt:

$$P\big(\tau(j) - \tau(j-1) = k_j \text{ und } \tilde{Z}_j \in B_j \text{ für } 1 \le j \le n\big)$$
$$= \Big(\prod_{j=1}^n g(k_j)\Big)\Big(\prod_{j=1}^n Q(B_j)\Big),$$

wobei $g(k) := (1-q)^{k-1} q$ und $Q(B) := P(Z_1 \in B \mid Z_1 \in D)$. Doch mit $s_\ell := \sum_{i=1}^\ell k_i$ ist

$$P\big(\tau(j) - \tau(j-1) = k_j \text{ und } \tilde{Z}_j \in B_j \text{ für } 1 \le j \le n\big)$$
$$= P\big(Z_i \notin D \text{ für } i \in \{1, 2, \ldots, s_n\} \setminus \{s_1, s_2, \ldots, s_n\}$$
$$\text{und } Z_{s_j} \in D \cap B_j \text{ für } 1 \le j \le n\big)$$
$$= (1-q)^{s_n - n} \prod_{j=1}^n \underbrace{P(Z_1 \in D \cap B_j)}_{= q\, Q(B_j)}$$
$$= (1-q)^{s_n - n} q^n \prod_{j=1}^n Q(B_j)$$
$$= \Big(\prod_{j=1}^n g(k_j)\Big)\Big(\prod_{j=1}^n Q(B_j)\Big). \qquad \square$$

Nun beschreiben wir eine Anwendung dieses Prinzips, die auf John von Neumann zurückgeht. Zunächst ein Spezialfall:

Beispiel 11.3 (Dichtefunktionen auf dem Einheitsintervall) Sei f eine Wahrscheinlichkeitsdichte bezüglich des Lebesgue-Maßes auf $[0,1]$, wobei $f \le C$ für eine Konstante $C < \infty$. Seien $Y_1, U_1, Y_2, U_2, Y_3, U_3, \ldots$ stochastisch unabhängig und uniform verteilt auf $[0,1]$. Wir betrachten nun alle Indizes $\tau \in \mathbf{N}$ mit

$$U_\tau \le f(Y_\tau)/C.$$

Wie wir später zeigen werden, ist $P(U_n \le f(Y_n)/C) = 1/C$ und

$$P\big(Y_n \in B \mid U_n \le f(Y_n)/C\big) = \int_B f(x)\,dx$$

für Borelmengen $B \subset [0,1]$; siehe Satz 11.4. Nun wenden wir Satz 11.2 auf die Zufallsvariablen $Z_n := (Y_n, U_n) \in [0,1]^2$ und die Menge $D := \{(y, u) \in [0,1]^2 : u \le f(y)/C\}$ an. Demzufolge gibt es mit Wahrscheinlichkeit Eins unendlich viele Indizes $\tau \in \mathbf{N}$ mit $(Y_\tau, U_\tau) \in D$, welche wir mit $\tau(1) < \tau(2) < \tau(3) < \ldots$ bezeichnen. Setzt man nun $X_n := Y_{\tau(n)}$, dann sind die Zufallsvariablen $X_1, X_2, X_3, \ldots$ stochastisch unabhängig und ihre Verteilung wird durch die Dichtefunktion f beschrieben; siehe Satz 11.4.

Abbildung 11.2 zeigt den Graphen einer Dichtefunktion f, dividiert durch $C = 2.6$, sowie simulierte Paare (Y_1, U_1), (Y_2, U_2), ..., $(Y_{\tau(n)}, U_{\tau(n)})$ für $n = 1, 5, 20, 50$. Die resultierenden Werte $X_1, X_2, \ldots, X_n$ werden durch einen Linienplot am unteren Rand dargestellt.

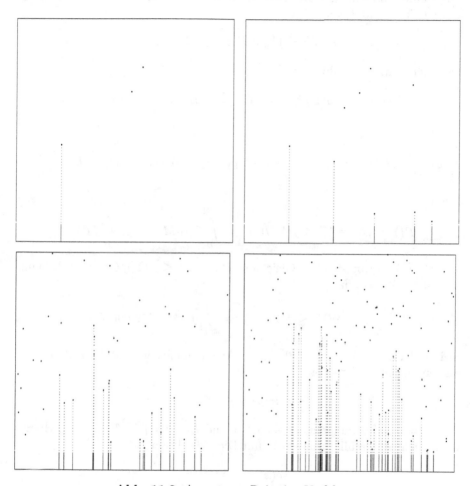

Abb. 11.2. Acceptance-Rejection-Verfahren

Theorem 11.4. *Sei $(\mathcal{X}, \mathcal{B}, M)$ ein Maßraum, und f, g seien Wahrscheinlichkeitsdichten bezüglich M, so dass $f \leq Cg$ für eine Konstante $C < \infty$. Seien Y und U stochastisch unabhängige Zufallsvariablen, wobei $Y \in \mathcal{X}$ mit*

$$P(Y \in B) = \int_B g\, dM \quad \text{für } B \in \mathcal{B},$$

und U sei uniform verteilt auf $[0,1]$. Dann ist $P(Ug(Y) \leq f(Y)/C) = 1/C$ und

$$P(Y \in B \,|\, Ug(Y) \le f(Y)/C) \;=\; \int_B f \, dM \quad \text{für } B \in \mathcal{B}.$$

Beweis. Wegen $f \le Cg$ und $P(g(Y) > 0) = 1$ können wir ohne Einschränkung annehmen, dass $\mathcal{X} = \{g > 0\}$. Für eine feste Menge $B \in \mathcal{B}$ und $y \in \mathcal{X}$, $u \in [0,1]$ sei

$$H(y,u) \;:=\; 1\{y \in B, ug(y) \le f(y)/C\}.$$

Nach dem Satz von Fubini ist

$$P(Y \in B, Ug(Y) \le f(Y)/C) \;=\; EH(Y,U) \;=\; EG(Y),$$

wobei

$$G(y) \;:=\; EH(y,U) \;=\; 1\{y \in B\} P(Ug(y) \le f(y)/C) \;=\; 1\{y \in B\} \frac{f(y)}{Cg(y)}.$$

Somit ist

$$P(Y \in B, Ug(Y) \le f(Y)/C) \;=\; \int_B Gg \, dM \;=\; \frac{1}{C} \int_B f \, dM.$$

Für $B = \mathcal{X}$ ergibt sich die Gleichung $P(Ug(Y) \le f(Y)/C) = 1/C$. Dann kann man ablesen, dass

$$P(Y \in B \,|\, Ug(Y) \le f(Y)/C) \;=\; \int_B f \, dM \quad \text{für alle } B \in \mathcal{B}. \qquad \square$$

Beispiel 11.5 (Gammaverteilungen) Angenommen wir möchten Zufallsvariablen mit Dichtefunktion

$$f(x) \;:=\; \Gamma(a)^{-1} x^{a-1} e^{-x}$$

auf $\mathcal{X} := \,]0,\infty[$ simulieren, wobei $a > 1$ und $\Gamma(a) := \int_0^\infty x^{a-1} e^{-x} \, dx$. Hierzu verwenden wir Zufallsvariablen Y_i mit Dichtefunktion

$$g(x) \;:=\; \delta e^{-\delta x}$$

auf $\mathcal{X}$, wobei $0 < \delta < 1$. Letztere kann man recht einfach simulieren, denn die zu g gehörende Quantilfunktion ist gegeben durch $G^{-1}(u) = -\log(1-u)/\delta$. Für $x > 0$ ist

$$\frac{d}{dx} \log\Big(\frac{f(x)}{g(x)}\Big) = \frac{d}{dx} \big((a-1)\log x - (1-\delta)x\big)$$
$$= (a-1)/x - (1-\delta).$$

Das Maximum des Dichtequotienten f/g wird also an der Stelle $x_o = (a-1)/(1-\delta)$ angenommen und beträgt

$$\Gamma(a)^{-1}\delta^{-1}\widetilde{C} \quad \text{mit } \widetilde{C} := \left(\frac{a-1}{e(1-\delta)}\right)^{a-1}.$$

Wir akzeptieren also ein Paar (Y, U) genau dann, wenn

$$U \le Y^{a-1}\exp(-(1-\delta)Y)/\widetilde{C}.$$

Im Falle von $0 < a - 1 < e$ kann man beispielsweise $\delta = 1 - (a-1)/e$ wählen. Dann ist $\widetilde{C} = 1$, und die Bedingung an U lautet:

$$U \le Y^{a-1}\exp(-(a-1)Y/e).$$

Abbildung 11.3 zeigt für $a = 1.75$ die Dichtefunktionen f und g sowie die entsprechende Schrankenfunktion $y \mapsto y^{a-1}\exp(-(a-1)y/e)$. Um auf diese Weise eine Zufallsvariable mit Dichtefunktion f zu simulieren, müsste man im Mittel $\Gamma(a)^{-1}\delta^{-1} \approx 1.503$ Paare (Y, U) generieren.

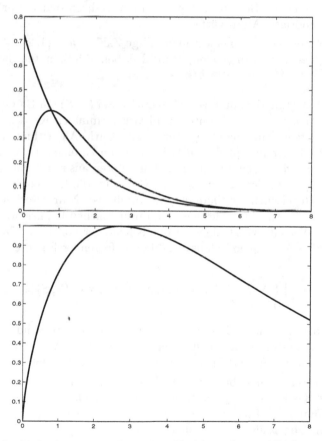

Abb. 11.3. Acceptance-Rejection-Verfahren für zwei Dichten f, g

11.4 Übungsaufgaben

Aufgabe 11.1 Schreiben Sie ein Programm, welches für beliebigen Stichprobenumfang n einen Monte-Carlo-Schätzwert $\widehat{p}_n$ für folgende Zahl p berechnet:

$$p \; := \; \mathrm{Leb}_3\big(\{(u_1, u_2, u_3) \in [0,1]^3 : \exp(u_1 + u_2) \leq 1 + u_3\}\big).$$

Berechnen Sie einen Schätzwert $\widehat{p}_n$ basierend auf $n = 10000$ Simulationen. Geben Sie die Formel und eine obere Schranke für die Standardabweichung von $\widehat{p}_n$ an.

Zusatzaufgabe: Geben Sie ein 99%-Konfidenzintervall für p an.

Aufgabe 11.2 (a) Angenommen Sie wollen eine rein zufällige Zahl X aus $\{1, 2, 3\}$ erzeugen, haben aber nur eine (reale) Münze dabei. Wie können Sie mithilfe von endlich, wenngleich zufällig vielen Münzwürfen eine solche Zufallszahl X erzeugen? Berechnen Sie für Ihr Verfahren den Erwartungswert der Anzahl benötigter Münzwürfe.

(b) Angenommen Sie wollen eine rein zufällige Zahl X aus $\{1, 2, 3, 4, 5\}$ erzeugen, haben aber nur einen (realen) Würfel dabei. Wie könnten Sie sich nun behelfen?

Aufgabe 11.3 (Ein Verfahren von D. Knuth) Sei $(\mathcal{V}, \mathcal{E})$ ein Baum mit Wurzelknoten v_o und einer unbekannten Zahl von terminalen Knoten. Um diese Anzahl zu schätzen, kann man folgenden Monte-Carlo-Algorithmus anwenden: Man erzeugt einen Zufallspfad vom Wurzelknoten zu einem terminalen Knoten, in dem man von jedem nichtterminalen Knoten aus rein zufällig zu einem seiner Nachfolger wandert. Seien $v_o, V_1, V_2, \ldots, V_Z$ die Knoten dieses Pfades, wobei in der Regel auch die Pfadlänge Z zufällig ist. Nun berechnet man für $t = 1, 2, \ldots, Z$ die Anzahl N_t der Knoten, unter welchen V_t ausgewählt wurde. Mit anderen Worten, N_t ist die Zahl der Nachfolger von V_{t-1}. Das Produkt dieser Z Zahlen N_t ist eine Zufallsvariable mit folgender Eigenschaft:

$$E\Big(\prod_{t=1}^{Z} N_t\Big) \; = \; \#\{\text{terminale Knoten von } (\mathcal{V}, \mathcal{E})\}.$$

Wenn man also m solcher Pfade erzeugt und die entsprechenden Produkte $X_1, X_2, \ldots X_m$ bestimmt, dann ist deren arithmetisches Mittel $m^{-1} \sum_{i=1}^{m} X_i$ ein Monte-Carlo-Schätzwert für die Zahl der terminalen Knoten von $(\mathcal{V}, \mathcal{E})$.

(a) Zeichnen Sie einen unbalancierten Baum mit mindestens zwei Verzweigungsebenen. Geben Sie für jeden terminalen Knoten u die Wahrscheinlichkeit des zu ihm führenden Pfades sowie das Produkt der entsprechenden Nachfolgerzahlen an. Überprüfen Sie die obige Formel.

(b) Beweisen Sie die obige Formel.

Markovketten

Bisher betrachteten wir überwiegend unabhängige Zufallsvariablen. Im vorliegenden Kapitel beschäftigen wir uns mit Folgen $(X_t)_{t=0}^{\infty}$ von (möglicherweise) abhängigen Zufallsvariablen X_t mit abzählbarem Wertebereich $\mathcal{X}$, den wir mit der σ-Algebra $\mathcal{P}(\mathcal{X})$ versehen. In vielen Anwendungen beschreibt X_t den Zustand eines Systems zum Zeitpunkt t. Deshalb sprechen wir auch von $\mathcal{X}$ als dem *Zustandsraum*, und im Folgenden ist ein "Zeitpunkt" eine Zahl aus $\mathbf{N}_0$.

12.1 Definition, Beispiele und allgemeine Eigenschaften

Definition 12.1. *(Markovkette)* *Die Folge* $(X_t)_{t=0}^{\infty}$ *heißt Markovkette, falls für beliebige Zahlen* $n \in \mathbf{N}$ *und Zustände* $x_0, x_1, \ldots, x_n, y \in \mathcal{X}$ *gilt:*

$$P(X_{n+1} = y \mid X_t = x_t \text{ für } t \leq n) = P(X_{n+1} = y \mid X_n = x_n)$$

sofern $P(X_t = x_t \text{ für } t \leq n) > 0$.

In Worten: Die bedingte Verteilung von X_{n+1}, *gegeben die komplette Vorgeschichte* $(X_t)_{t=0}^{n}$, *hängt nur vom Zustand zum Zeitpunkt* n *ab.*

Anmerkung 12.2 (Nachweis der Markov-Eigenschaft)   Möchte man die oben beschriebene Markov-Eigenschaft nachweisen, dann genügt es zu zeigen, dass für beliebige $n \in \mathbf{N}$ und Zustände $x_n, y \in \mathcal{X}$ eine Zahl $p_{n,n+1}(x_n, y)$ aus $[0, 1]$ existiert, so dass gilt:

$$P(X_t = x_t \text{ für } t \leq n, X_{n+1} = y) = P(X_t = x_t \text{ für } t \leq n)\, p_{n,n+1}(x_n, y)$$

für alle $x_0, x_1, \ldots, x_{n-1} \in \mathcal{X}$. Diese Zahl $p_{n,n+1}(x_n, y)$ ist automatisch gleich $P(X_{n+1} = y \mid X_n = x_n)$ sofern $P(X_n = x_n) > 0$.

Beweis. Im Falle von $P(X_t = x_t \text{ für } t \leq n) > 0$ folgt aus der Definition von bedingten Wahrscheinlichkeiten, dass die besagte Zahl $p_{n,n+1}(x, y)$ gleich $P(X_{n+1} = y \mid X_t = x_t \text{ für } t \leq n)$ ist. Ferner ist $P(X_n = x_n, X_{n+1} = y)$ gleich

$$\sum_{x_0, x_1, \ldots, x_{n-1} \in \mathcal{X}} P\left(X_t = x_t \text{ für } t \le n, X_{n+1} = y\right)$$

$$= \sum_{x_0, x_1, \ldots, x_{n-1} \in \mathcal{X}} P\left(X_t = x_t \text{ für } t \le n\right) p_{n,n+1}(x_n, y)$$

$$= P(X_n = x_n) p_{n,n+1}(x_n, y).$$

Also ist auch $P(X_{n+1} = y \mid X_n = x_n)$ gleich $p_{n,n+1}(x_n, y)$. $\square$

Im Folgenden nehmen wir stets an, dass $(X_t)_{t=0}^{\infty}$ eine Markovkette ist.

Beispiel 12.3 (Irrfahrt auf $\mathbf{Z}^d$)   Seien $X_0, E_1, E_2, E_3, \ldots$ stochastisch unabhängige, $\mathbf{Z}^d$–wertige Zufallsvariablen, wobei alle E_i identisch verteilt sind. Dann definiert $X_n := X_0 + \sum_{i=1}^{n} E_i$ $(n \in \mathbf{N})$ eine Markovkette mit Zustandsraum $\mathbf{Z}^d$. Denn

$$P\left(X_t = x_t \text{ für } t \le n, X_{n+1} = y\right) = P\left(X_t = x_t \text{ für } t \le n, E_{n+1} = y - x_n\right)$$
$$= P\left(X_t = x_t \text{ für } t \le n\right) P(E_{n+1} = y - x_n),$$

da $(X_t)_{t=0}^{n}$ eine Funktion von $(X_0, E_1, \ldots, E_n)$ und somit von E_{n+1} stochastisch unabhängig ist. Folglich ist die Bedingung von Anmerkung 12.2 erfüllt mit

$$p_{n,n+1}(x, y) := P(E_1 = y - x).$$

Beispiel 12.4 (Urnenmodell von Ehrenfest) Es werden N Kugeln auf zwei Urnen verteilt, und $X_t \in \{0, 1, 2, \ldots, N\}$ sei die Zahl von Kugeln in Urne 1 zum Zeitpunkt t. Zum Zeitpunkt Null startet man mit einer beliebigen festen Zahl $X_0 = x_0$. Nach dem Zeitpunkt $n \in \mathbf{N}_0$ bestimmt man rein zufällig eine der N Kugeln und legt sie in die jeweils andere Urne. War die ausgewählte Kugel in Urne 1, dann ist X_{n+1} gleich $X_n - 1$. Anderenfalls ist $X_{n+1} = X_n + 1$. Die Folge $(X_t)_{t=0}^{\infty}$ ist eine Markovkette mit endlichem Zustandsraum $\{0, 1, 2, \ldots, N\}$ und Übergangswahrscheinlichkeiten

$$P(X_{n+1} = y \mid X_n = x) = \begin{cases} x/N & \text{falls } y = x - 1, \\ 1 - x/N & \text{falls } y = x + 1, \\ 0 & \text{sonst.} \end{cases}$$

Dieses Modell kommt aus der statistischen Physik und beschreibt, wie sich N Gasmoleküle auf zwei Hälften eines Behälters verteilen. Ein "Zeitpunkt" aus $\mathbf{N}_0$ entspricht dem realen Zeitpunkt, an welchem sich ein Molekül von einer Hälfte in die andere bewegt.

Beispiel 12.5 (Kartenmischen) Wir betrachten einen Satz von N Spielkarten, die wir mit den Zahlen $1, \ldots, N$ identifizieren. Einen Stapel mit diesen Karten kann man durch eine Permutation $\pi = (\pi_1, \ldots, \pi_N)$ aus $\mathcal{S}_N$ beschreiben. Auch das Mischen eines Stapels entspricht einem Tupel $\sigma \in \mathcal{S}_N$: An

Position $j \in \{1, \ldots, N\}$ landet diejenige Karte, die sich zuvor auf Position σ_j befand. Aus π entsteht dadurch das neue Tupel

$$\pi \circ \sigma := \left(\pi_{\sigma_1}, \pi_{\sigma_2}, \ldots, \pi_{\sigma_N} \right).$$

Wir modellieren mehrmaliges Mischen nach einer bestimmten Methode durch eine Folge von stochastisch unabhängigen $\mathcal{S}_N$–wertigen Zufallsvariablen $\Pi^{(1)}$, $\Pi^{(2)}$, $\Pi^{(3)}$, … mit

$$P(\Pi^{(n)} = \pi) = q(\pi) \quad \text{für alle } n \in \mathbf{N} \text{ und } \pi \in \mathcal{S}_N.$$

Ausgehend von einer beliebigen Anordnung $X_0 \in \mathcal{S}_N$ führt einmaliges Mischen zu $X_1 := X_0 \circ \Pi^{(1)}$, zweimaliges Mischen zu $X_2 = X_0 \circ \Pi^{(1)} \circ \Pi^{(2)}$, und allgemein erhält man

$$X_n = X_{n-1} \circ \Pi^{(n)} = X_0 \circ \Pi^{(1)} \circ \Pi^{(2)} \circ \cdots \circ \Pi^{(n)}$$

nach n–maligem Mischen, wobei $n \in \mathbf{N}$. Wie in Beispiel 12.3 kann man zeigen, dass die Folge $(X_t)_{t=0}^{\infty}$ eine Markovkette ist, wobei

$$P(X_n = \rho \,|\, X_{n-1} = \pi) = P\left(X_{n-1} \circ \Pi^{(n)} = \rho \,|\, X_{n-1} = \pi \right)$$
$$= P\left(\Pi^{(n)} = \pi^{-1} \circ \rho \right)$$
$$= q(\pi^{-1} \circ \rho).$$

Dabei ist π^{-1} das inverse Element von π in $(\mathcal{S}_N, \circ)$, also $\pi \circ \pi^{-1} = \pi^{-1} \circ \pi = (1, 2, \ldots, N)$.

Beispiel 12.6 (Irrfahrt auf Graphen) Sei $(\mathcal{V}, \mathcal{E})$ ein endlicher und zusammenhängender Graph mit Knotenmenge $\mathcal{V}$ und Kantenmenge $\mathcal{E}$. Angenommen man startet in einem zufälligen Punkt $X_0 \in \mathcal{V}$, und zu jedem Zeitpunkt $n \in \mathbf{N}$ wählt man rein zufällig einen Nachbarn X_n von X_{n-1}. Dann ergibt sich eine Markovkette mit Zustandsraum $\mathcal{V}$. Bezeichnet man mit $m(v)$ die Anzahl aller Nachbarn von $v \in \mathcal{V}$, also $m(v) := \#\{w \in \mathcal{V} : \{v, w\} \in \mathcal{E}\}$, dann ist

$$P(X_n = w \,|\, X_{n-1} = v) = \frac{1\{\{v, w\} \in \mathcal{E}\}}{m(v)}.$$

Beispiel 12.7 (Warteschlangen) An einem Schalter werden Kunden bedient, die zu Zeitpunkten $t \in \mathbf{N}_0$ eintreffen oder abgefertigt werden. Sei X_t die Anzahl der wartenden Kunden kurz nach dem Zeitpunkt $t \in \mathbf{N}_0$. Wir nehmen an, dass zum Zeitpunkt $n \in \mathbf{N}$ folgende Ereignisse eintreten können:

• Von den bisher Wartenden wird niemand abgefertigt, und es kommt ein neuer Kunde hinzu; also $X_n = X_{n-1} + 1$.
• Von den bisher Wartenden wird eine Person abgefertigt, und es kommt niemand hinzu; also $X_n = X_{n-1} - 1$. Dies setzt natürlich voraus, dass $X_{n-1} >$

0.

• Niemand wird abgefertigt oder kommt hinzu; also $X_n = X_{n-1}$.

Ferner modellieren wir $(X_t)_{t=0}^\infty$ als Markov-Kette mit Zustandsraum $\mathbf{N}_0$ und nehmen an, dass für Zahlen $a, b > 0$ mit $a + b \leq 1$ gilt:

$$P(X_n = y \mid X_{n-1} = x) = \begin{cases} a & \text{falls } y = x + 1, \\ b & \text{falls } y = x - 1, \\ 1 - a & \text{falls } x = y = 0, \\ 1 - a - b & \text{falls } x = y > 0, \\ 0 & \text{sonst.} \end{cases}$$

Definition 12.8. *(Übergangswahrscheinlichkeiten) Für Zeitpunkte $0 \leq s < t$ und Zustände $x, y \in \mathcal{X}$ definieren wir*

$$p_{s,t}(x,y) := P(X_t = y \mid X_s = x) \quad \text{falls } P(X_s = x) > 0.$$

Dies ist die Übergangswahrscheinlichkeit von Zustand x in den Zustand y im Zeitintervall $]s, t]$. Im Falle von $P(X_s = x) = 0$ sei $p_{s,t}(x,y)$ eine beliebige Zahl in $[0, 1]$, wobei wir auch hier voraussetzen, dass $\sum_{y \in \mathcal{X}} p_{s,t}(x,y) = 1$.

Man kann induktiv zeigen, dass für $n \in \mathbf{N}$ und $x_0, x_1, \ldots, x_n \in \mathcal{X}$ gilt:

$$P(X_t = x_t \text{ für } t \leq n) = P(X_0 = x_0) \prod_{t=1}^{n} p_{t-1,t}(x_{t-1}, x_t). \qquad (12.1)$$

Ausgehend von dieser Formel kann man diverse bedingte Wahrscheinlichkeiten ausrechnen. Insbesondere kann man die Charakterisierung von Markovketten wie folgt ausweiten:

Lemma 12.9. *Für eine natürliche Zahl n sei V eine beliebige Teilmenge von $\mathcal{X}^n$ und W eine messbare[1] Teilmenge von $\mathcal{X}^{\mathbf{N}}$. Dann gilt für alle $x \in \mathcal{X}$:*

$$P\big((X_t)_{t=n+1}^\infty \in W \mid (X_s)_{s=0}^{n-1} \in V, X_n = x\big)$$
$$= P\big((X_t)_{t=n+1}^\infty \in W \mid X_n = x\big)$$

sofern $P\big((X_s)_{s=0}^{n-1} \in V, X_n = x\big) > 0$. Insbesondere ist jede Teilfolge $(X_{t(s)})_{s=0}^\infty$ von $(X_t)_{t=0}^\infty$ mit festen Zeitpunkten $t(0) < t(1) < t(2) < \cdots$ ebenfalls eine Markovkette mit Übergangswahrscheinlichkeiten

$$P(X_{t(v)} = y \mid X_{t(u)} = x) = p_{t(u),t(v)}(x,y) \quad \text{für } 0 \leq u < v.$$

Die Kernaussage von Lemma 12.9 in Worten: Der zukünftige Verlauf einer Markovkette ab dem Zeitpunkt n hängt nur vom Zustand zum Zeitpunkt n ab. Als Folgerung von Lemma 12.9 ergibt sich eine sehr nützliche Gleichung für Übergangswahrscheinlichkeiten:

---

[1] siehe den Beweis dieses Lemmas

Lemma 12.10. *(Chapman-Kolmogorov-Gleichung) Für Zeitpunkte $0 \le s < t < u$ und Zustände $x, z \in \mathcal{X}$ mit $P(X_s = x) > 0$ gilt:*

$$p_{s,u}(x,z) = \sum_{y \in \mathcal{X}} p_{s,t}(x,y) p_{t,u}(y,z).$$

Forts. von Beispiel 12.4 (Ehrenfests Urnenmodell) Für $t \in \mathbf{N}_0$ und $x, z \in \{0, 1, \ldots, N\}$ ist $p_{t,t+2}(x,z)$ von Null verschieden genau dann, wenn $z \in \{x - 2, x, x + 2\}$. Es ist

$$p_{t,t+2}(x, x - 2) = p_{t,t+1}(x, x - 1) p_{t+1,t+2}(x - 1, x - 2)$$
$$= x(x - 1)/N^2,$$
$$p_{t,t+2}(x, x + 2) = p_{t,t+1}(x, x + 1) p_{t+1,t+2}(x + 1, x + 2)$$
$$= (N - x)(N - x - 1)/N^2,$$

und $p_{t,t+2}(x,x) = 1 - p_{t,t+2}(x, x-2) - p_{t,t+2}(x, x+2) = (N + 2x(N - x))/N^2$.

Beweis von Lemma 12.9. Ähnlich wie beim unendlichen Münzwurf versehen wir die Menge $\mathcal{X}^{\mathbf{N}}$ mit der kleinsten σ–Algebra $\mathcal{B}$, welche alle Mengen der Form $\{(x_t)_{t=0}^{\infty} \in \mathcal{X}^{\mathbf{N}} : x_s = w_s \text{ für } s \le m\}$ mit $m \in \mathbf{N}$ und $w_s \in \mathcal{X}$ enthält. Sowohl die rechte als auch die linke Seite der zu beweisenden Gleichung sind, als Funktion von $W \subset \mathcal{X}^{\mathbf{N}}$, Wahrscheinlichkeitsmaße auf $\mathcal{B}$. Nach dem Eindeutigkeitssatz 9.14 genügt es, eine einfache Menge W wie oben zu betrachten. Nun ist

$$P\left((X_t)_{t=0}^{n-1} \in V, X_n = x, (X_t)_{t=n+1}^{n+m} = w\right)$$
$$= \sum_{v \in V} P\left((X_t)_{t=0}^{n-1} = v, X_n = x, (X_t)_{t=n+1}^{n+m} = w\right)$$
$$= \sum_{v \in V} P(X_0 = v_1) \prod_{t=1}^{n} p_{t-1,t}(v_t, v_{t+1}) \prod_{t=n+1}^{N} p_{t-1,t}(w_{t-n-1}, w_{t-n})$$
$$= P\left((X_t)_{t=0}^{n-1} \in V, X_n = x\right) \widetilde{P},$$

wobei $v_{n+1} := w_0 := x$ und

$$\widetilde{P} := \prod_{t=n+1}^{N} p_{t-1,t}(w_{t-n-1}, w_{t-n}).$$

Setzt man speziell $V = \mathcal{X}^n$, dann zeigt diese Formel, dass

$$\widetilde{P} = P((X_t)_{t=n+1}^{n+m} = w \mid X_n = x).$$

Für allgemeines V ergibt sich nun die Behauptung. $\qquad\square$

Beweis von Lemma 12.10. Nach Lemma 12.9 ist $P(X_s = x, X_u = z)$ gleich

$$\sum_{y \in \mathcal{X}} P(X_s = x, X_t = y, X_u = z)$$

$$= \sum_{y \in \mathcal{X}} P(X_s = x, X_t = y) P(X_u = z \mid X_s = x, X_t = y)$$

$$= \sum_{y \in \mathcal{X}} P(X_s = x, X_t = y) P(X_u = z \mid X_t = y)$$

$$= P(X_s = x) \sum_{y \in \mathcal{X}} P(X_t = y \mid X_s = x) P(X_u = z \mid X_t = y)$$

$$= P(X_s = x) \sum_{y \in \mathcal{X}} p_{s,t}(x, y) p_{t,u}(y, z),$$

und Division durch $P(X_s = x)$ liefert die Behauptung. □

12.2 Homogene Markovketten

Wie im letzten Abschnitt betrachten wir eine Markovkette $(X_t)_{t=0}^{\infty}$ mit Zustandsraum $\mathcal{X}$. Von nun an gehen wir sogar davon aus, dass diese Markovkette homogen im Sinne der folgenden Definition ist.

Definition 12.11. *(Homogenität, Markovkern)* *Die Markovkette $(X_t)_{t=0}^{\infty}$ heißt homogen, wenn für beliebige Zustände $x, y \in \mathcal{X}$ eine Zahl $p(x, y)$ aus $[0, 1]$ existiert, so dass*

$$P(X_{t+1} = y \mid X_t = x) \;=\; p(x, y) \quad \text{für alle } t \in \mathbf{N}_0 \text{ mit } P(X_t = x) > 0.$$

Wir setzen ohne Einschränkung voraus, dass $\sum_{y \in \mathcal{X}} p(x, y) = 1$ für alle $x \in \mathcal{X}$. Eine solche Abbildung $p : \mathcal{X} \times \mathcal{X} \to [0, 1]$ nennt man auch einen Markovkern oder Übergangskern.

Bei den Beispielen 12.3 (Irrfahrt auf $\mathbf{Z}^d$), 12.4 (Ehrenfests Urnenmodell), 12.5 (Kartenmischen), 12.6 (Irrfahrt auf Graphen) und 12.7 (Warteschlangen) handelt es sich um homogene Markovketten.

Aufgrund der Homogenität hängen die allgemeinen Übergangswahrscheinlichkeiten $p_{s,t}(x, y)$ im wesentlichen nur von der Zeitdifferenz $t - s$ ab. Definiert man nämlich

$$p_0(x, y) := 1\{x = y\},$$
$$p_1(x, y) := p(x, y)$$

und induktiv

$$p_{n+1}(x, y) \;:=\; \sum_{z \in \mathcal{X}} p_n(x, z) p(z, y)$$

für $n \in \mathbf{N}$, dann folgt aus der Chapman-Kolmogorov-Gleichung, dass

$$p_{s,t}(x,y) = p_{t-s}(x,y) \quad \text{sofern } P(X_s = x) > 0.$$

Anmerkung 12.12 (Stochastische Matrizen) Angenommen $\mathcal{X}$ besteht aus endlich vielen Punkten $x_1, x_2, \ldots, x_d$. Mit

$$\mathbf{P} := \begin{pmatrix} p(x_1,x_1) & p(x_1,x_2) & \cdots & p(x_1,x_d) \\ p(x_2,x_1) & p(x_2,x_2) & \cdots & p(x_2,x_d) \\ \vdots & \vdots & \ddots & \vdots \\ p(x_d,x_1) & p(x_d,x_2) & \cdots & p(x_d,x_d) \end{pmatrix}$$

folgt induktiv aus der Chapman-Kolmogorov-Gleichung, dass

$$\mathbf{P}^n = \begin{pmatrix} p_n(x_1,x_1) & p_n(x_1,x_2) & \cdots & p_n(x_1,x_d) \\ p_n(x_2,x_1) & p_n(x_2,x_2) & \cdots & p_n(x_2,x_d) \\ \vdots & \vdots & \ddots & \vdots \\ p_n(x_d,x_1) & p_n(x_d,x_2) & \cdots & p_n(x_d,x_d) \end{pmatrix}$$

für $n \in \mathbf{N}_0$. Die Matrix $\mathbf{P}$ ist eine *stochastische Matrix*. Das heißt, alle Komponenten sind nichtnegativ und alle Zeilensummen sind gleich Eins. Allgemein beschreibt die i-te Zeile von $\mathbf{P}^n$ die bedingte Verteilung von X_{t+n} gegeben $X_t = x_i$:

$$(\mathbf{P}^n)_{ij} = P(X_{t+n} = x_j \,|\, X_t = x_i).$$

Mit den Zeilenvektoren

$$\pi_t := \big(P(X_t = x_1), P(X_t = x_2), \ldots, P(X_t = x_d)\big)$$

kann man schreiben

$$\pi_{t+n} = \pi_t \mathbf{P}^n.$$

Forts. von Beispiel 12.4 (Ehrenfests Urnenmodell) Hier besteht $\mathcal{X}$ aus den Punkten $x_i = i - 1$, $1 \le i \le N + 1$, und $\mathbf{P}$ ist die Tridiagonalmatrix

$$\mathbf{P} = \begin{pmatrix} 0 & 1 & & & & \\ \frac{1}{N} & 0 & \frac{N-1}{N} & & 0 & \\ & \frac{2}{N} & 0 & \frac{N-2}{N} & & \\ & & \ddots & \ddots & \ddots & \\ & & & \frac{N-2}{N} & 0 & \frac{2}{N} \\ & 0 & & & \frac{N-1}{N} & 0 & \frac{1}{N} \\ & & & & & 1 & 0 \end{pmatrix}.$$

Schreibweise. Im Folgenden sei

$$P_x(\cdot) := P(\cdot \,|\, X_0 = x),$$

die bedingte Verteilung gegeben $X_0 = x$. Desweiteren bezeichnen wir mit $E_x(\cdot)$ den Erwartungswert bezüglich dieser Verteilung P_x. Für messbare Mengen $B \subset \mathcal{X}^{\mathbf{N}}$ ist

$$P_x\left((X_1, X_2, X_3, \ldots) \in B\right)$$

$$= \sum_{y \in \mathcal{X}} P_x(X_1 = y) P\left((X_1, X_2, X_3, \ldots) \in B \mid X_0 = x, X_1 = y\right)$$

$$= \sum_{y \in \mathcal{X}} p(x, y) P\left((X_1, X_2, X_3, \ldots) \in B \mid X_1 = y\right)$$

$$= \sum_{y \in \mathcal{X}} p(x, y) P_y\left((X_0, X_1, X_2, \ldots) \in B\right).$$

Dabei folgt die vorletzte Gleichung aus der Markov-Eigenschaft (Lemma 12.9), und die letzte Gleichung ist eine Konsequenz der Homogenität. Insbesondere gilt für Funktionen H von $\mathcal{X}^{\mathbf{N}}$ nach $[0, \infty]$:

$$E_x H(X_1, X_2, X_3, \ldots) = \sum_{y \in \mathcal{X}} p(x, y) E_y H(X_0, X_1, X_2, \ldots).$$

12.3 Absorptionswahrscheinlichkeiten

In diesem Abschnitt beschäftigen wir uns mit der Frage, mit welcher Wahrscheinlichkeit eine bestimmte Menge $\mathcal{J} \subset \mathcal{X}$ jemals erreicht wird. Mitunter möchte man nicht nur wissen, mit welcher Wahrscheinlichkeit diese Menge $\mathcal{J}$ erreicht wird, sondern welcher Zustand dieser Menge zuerst angenommen wird. Allgemein betrachten wir eine nichtnegative oder beschränkte Funktion

$$f : \mathcal{J} \to \mathbf{R}$$

und definieren

$$h(x) := E_x\left(1\{T < \infty\} f(X_T)\right),$$

wobei

$$T := \min\left(\{t \in \mathbf{N}_0 : X_t \in \mathcal{J}\} \cup \{\infty\}\right).$$

Dabei deuten wir $1\{T < \infty\} f(X_T)$ im Falle von $T = \infty$ als Null. Setzt man $f \equiv 1$, dann ist

$$h(x) = P_x(T < \infty) = P_x(\mathcal{J} \text{ wird jemals erreicht}).$$

Im Falle von $f = 1_{\mathcal{J}_o}$ für eine Menge $\mathcal{J}_o \subset \mathcal{J}$ ist

$$h(x) = P_x(T < \infty \text{ und } X_T \in \mathcal{J}_o)$$

$$= P_x(\mathcal{J} \text{ wird jemals erreicht, erstmalig in einem Punkt aus } \mathcal{J}_o).$$

Die Frage ist nun, ob und wie man diese Funktion h berechnen kann. Das folgende Theorem liefert eine Charakterisierung von h, die in manchen Fällen eine geschlossene Formel liefert.

Theorem 12.13. *Die obige Funktion* $h : \mathcal{X} \to \mathbf{R}$ *hat folgende zwei Eigenschaften:*

$$h(x) = f(x) \quad \text{für alle } x \in \mathcal{J}; \tag{a}$$

$$h(x) = \sum_{y \in \mathcal{X}} p(x,y)h(y) \quad \text{für alle } x \in \mathcal{X} \setminus \mathcal{J}. \tag{b}$$

Angenommen $f \geq 0$. *Ferner sei* $g : \mathcal{X} \to [0,\infty]$ *eine beliebige Funktion mit den obigen Eigenschaften (a) und (b). Dann ist* $g \geq h$.

Beweis. Im Falle von $X_0 = x \in \mathcal{J}$ ist $T = 0$ und $f(X_T) = f(x)$, also $h(x) = f(x)$. Allgemein ist $1\{T < \infty\}f(X_T) = H(X_0, X_1, X_2, \ldots)$ mit einer gewissen Funktion H von $\mathcal{X}^{\mathbf{N}}$ nach $\mathbf{R}$. Im Falle von $X_0 = x \in \mathcal{X} \setminus \mathcal{J}$ ist $T \geq 1$ und $1\{T < \infty\}f(X_T) = H(X_1, X_2, X_3, \ldots)$. Folglich ist

$$h(x) = E_x H(X_1, X_2, X_3, \ldots)$$
$$= \sum_{y \in \mathcal{X}} p(x,y) E_y H(X_0, X_1, X_2, \ldots)$$
$$= \sum_{y \in \mathcal{X}} p(x,y)h(y).$$

Nun zur Zusatzaussage im Falle von $f \geq 0$: Sei g eine beliebige nichtnegative Funktion auf $\mathcal{X}$ mit den Eigenschaften (a) und (b). Für $x \in \mathcal{X} \setminus \mathcal{J}$ ist

$$g(x) = \sum_{y \in \mathcal{X}} p(x,y)g(y)$$
$$= \sum_{y \in \mathcal{J}} p(x,y)f(y) + \sum_{y \in \mathcal{X} \setminus \mathcal{J}} p(x,y)g(y)$$
$$= E_x \left(1\{T = 1\}f(X_1)\right) + E_x \left(1\{T > 1\}g(X_1)\right).$$

Allgemein ist für $n \in \mathbf{N}$ der Erwartungswert $E_x \left(1\{T > n\}g(X_n)\right)$ gleich

$$\sum_{y \in \mathcal{X} \setminus \mathcal{J}} P_x(T > n, X_n = y)g(y)$$
$$= \sum_{y \in \mathcal{X} \setminus \mathcal{J}} \sum_{z \in \mathcal{X}} P_x(T > n, X_n = y)p(y,z)g(z)$$
$$= \sum_{y \in \mathcal{X} \setminus \mathcal{J}} \sum_{z \in \mathcal{X}} P_x \left(X_t \notin \mathcal{J} \text{ für } t < n, X_n = y, X_{n+1} = z\right) g(z)$$
$$= \sum_{z \in \mathcal{X}} P_x(T \geq n + 1, X_{n+1} = z)g(z)$$
$$= E_x \left(1\{T \geq n + 1\}g(X_{n+1})\right)$$
$$= E_x \left(1\{T = n + 1\}f(X_{n+1})\right) + E_x \left(1\{T > n + 1\}g(X_{n+1})\right).$$

Induktiv folgt, dass

$$g(x) = \sum_{n=1}^{N} E_x \left(1\{T=n\}f(X_n)\right) + E_x \left(1\{T>N\}g(X_N)\right)$$

$$\geq \sum_{n=1}^{N} E_x \left(1\{T=n\}f(X_n)\right)$$

für beliebige $N \in \mathbf{N}$, also

$$g(x) \geq \sum_{n \in \mathbf{N}} E_x \left(1\{T=n\}f(X_n)\right) = h(x). \qquad \square$$

Beispiel 12.14 (Gewinnchancen) Wir betrachten eine Irrfahrt $(X_t)_{t=0}^{\infty}$ auf $\mathbf{Z}$ mit festem Startwert $X_0 = x$ und unabhängigen, identisch verteilten Zuwächsen $E_n = X_n - X_{n-1}$ für $n \in \mathbf{N}$, wobei $P(E_n = 1) = 1 - P(E_n = -1) = p \in]0,1[$. Wir deuten X_n als das Kapital eines Glücksspielers nach der n-ten Spielrunde, in welcher er mit Wahrscheinlichkeit p den Betrag Eins hinzugewinnt, ansonsten den Betrag Eins verliert. Angenommen, der Spieler nimmt sich vor, solange zu spielen, bis sein Kapital X_t gleich Null oder gleich $b \in \mathbf{N}$ ist. Wir betrachten also Absorptionswahrscheinlichkeiten für die Menge $J = \{0, b\}$. Der Spieler beendet das Spiel zum Zeitpunkt $T := \min\{t \geq 0 : X_t \in J\}$, und eine naheliegende Frage ist, mit welcher Wahrscheinlichkeit er einen Gewinn macht, also $X_T = b$. Mit $f(0) := 0$ und $f(b) := 1$ geht es um die Berechnung von

$$h(x) := P_x(T < \infty, X_T = b) = E_x \left(1\{T<\infty\}f(X_T)\right).$$

Nach Theorem 12.13 ist $h(0) = 0$, $h(b) = 1$ und

$$h(x) = (1-p)h(x-1) + ph(x+1) \quad \text{für } 1 \leq x < b.$$

Umformen der letzten Gleichung führt zu

$$h(x+1) - h(x) = (h(x) - h(x-1))\rho \quad \text{für } 1 \leq x < b,$$

wobei $\rho := (1-p)/p$. Induktiv folgt hieraus, dass für $1 \leq x \leq b$ gilt:

$$h(x) - h(x-1) = (h(1) - h(0))\rho^{x-1} = h(1)\rho^{x-1} \quad \text{für } 1 \leq x < b.$$

Daher ist $h(x)$ gleich

$$h(1) \sum_{i=0}^{x-1} \rho^i = \begin{cases} h(1)\,x & \text{falls } p = 1/2, \\ h(1)\,(\rho^x - 1)/(\rho - 1) & \text{falls } p \neq 1/2. \end{cases}$$

Nun verwenden wir noch die Gleichung $h(b) = 1$ und gelangen zu folgenden Gewinnwahrscheinlichkeiten für $x \in \{0, 1, \ldots, b\}$:

$$h(x) = \begin{cases} x/b & \text{falls } p = 1/2, \\ (\rho^x - 1)/(\rho^b - 1) & \text{falls } p \neq 1/2. \end{cases}$$

Wenn beispielsweise ein Roulettespieler in jeder Runde einen Jeton auf die Farbe "Rot" oder "Schwarz" setzt, so ist p gleich $18/37 \approx 0.487$. Im Falle von $b = 100$ beträgt seine Gewinnwahrscheinlichkeit nur $h(50) \approx 0.063$. Die auf den ersten Blick harmlose Gewinnwahrscheinlichkeit der Spielbank von $1/37 \approx 0.027$ wirkt sich also drastisch aus.

12.4 Das Langzeitverhalten

In diesem Abschnitt untersuchen wir das Verhalten von X_n beziehungsweise $p_n(\cdot, \cdot)$ für $n \to \infty$. Dabei setzen wir in der Regel voraus, dass unsere homogene Markovkette auch *irreduzibel* ist in dem Sinne, dass man von einem beliebigen Asugangspunkt in endlich vielen Schritten und mit positiver Wahrscheinlichkeit zu einem beliebigen anderen Punkt gelangen kann.

Definition 12.15. *(Irreduzibilität) Die Markovkette $(X_t)_{t=0}^{\infty}$ beziehungsweise der Markovkern $p(\cdot, \cdot)$ heißt irreduzibel, wenn es für beliebige $x, y \in \mathcal{X}$ ein $n \in \mathbf{N}$ gibt, so dass*

$$p_n(x, y) > 0.$$

Das heißt, von einem beliebigen Zustand aus gelangt man mit positiver Wahrscheinlichkeit in endlich vielen Schritten zu einem beliebigen anderen Zustand. Einfache Beispiele für irreduzible Markovketten sind Beispiel 12.4 (Ehrenfests Urnenmodell), Beispiel 12.6 (Irrfahrt auf Graphen) und Beispiel 12.7 (Warteschlangen). In Beispiel 12.3 (Irrfahrt auf $\mathbf{Z}^d$) und Beispiel 12.5 (Kartenmischen) hängt die Irreduzibilität von der Verteilung der Zuwächse E_n beziehungsweise $\Pi^{(n)}$ ab.

12.4.1 Rekurrenz

Betrachtet man die Definition der Irreduzibilität, dann ist eine naheliegende Frage, ob man von einem bestimmten Zustand x aus mit Wahrscheinlichkeit *Eins* zu einem bestimmten anderen Zustand y gelangt. Hierzu betrachten wir die Wartezeiten

$$T_y := \min(\{n \in \mathbf{N} : X_n = y\} \cup \{\infty\}).$$

Definition 12.16. *(Rekurrenz, Transienz) Ein Zustand $y \in \mathcal{X}$ heißt rekurrent, wenn $P_y(T_y < \infty) = 1$. Anderenfalls nennt man ihn transient.*

Anmerkung 12.17 (Starke Markov-Eigenschaft) Für die Untersuchung der Wartezeiten T_y ist folgende Überlegung ganz wesentlich: Seien $(X_t)_{t=0}^{\infty}$ und $(Y_t)_{t=0}^{\infty}$ zwei stochastisch unabhängige Markovketten mit Übergangskern $p(\cdot, \cdot)$, wobei $Y_0 \equiv y$. Definiert man

$$Z_t := \begin{cases} X_t & \text{falls } t \leq T_y, \\ Y_{t-T_y} & \text{falls } t \geq T_y, \end{cases}$$

dann ist $(Z_t)_{t=0}^{\infty}$ genauso verteilt wie $(X_t)_{t=0}^{\infty}$; siehe Aufgabe 12.6.

Theorem 12.18. *Ein Zustand $y \in \mathcal{X}$ ist rekurrent genau dann, wenn*

$$\sum_{n=1}^{\infty} p_n(y,y) = \infty.$$

Ist der Zustand y transient, dann ist $\sum_{n=1}^{\infty} p_n(x,y) \leq 1/P_y(T_y = \infty)$ und insbesondere $\lim_{n\to\infty} p_n(x,y) = 0$ für beliebige $x \in \mathcal{X}$.

Beweis von Theorem 12.18. Angenommen $y \in \mathcal{X}$ ist rekurrent. Zum Startwert y kehrt man also mit Wahrscheinlichkeit Eins zurück. Mithilfe von Anmerkung 12.17 kann man nachweisen, dass man dann sogar unendlich oft zurückkehrt. Also ist

$$\infty = E_y \sum_{n=1}^{\infty} 1\{X_n = y\} = \sum_{n=1}^{\infty} P_y(X_n = y) = \sum_{n=1}^{\infty} p_n(y,y).$$

Andererseits sei $\theta := P_y(T_y < \infty) < 1$. Für einen beliebigen Startwert $x \in \mathcal{X}$ ist

$$\sum_{n=1}^{\infty} p_n(x,y) = E_x(N_y) \quad \text{mit } N_y := \#\{n \in \mathbf{N} : X_n = y\}.$$

Doch $E_x(N_y) = \sum_{k=1}^{\infty} P_x(N_y \geq k)$, und $P_x(N_y \geq k)$ ist gleich

$$\sum_{t=1}^{\infty} P_x(T_y = t)P_y(N_y \geq k-1) = \sum_{t=1}^{\infty} P_x(T_y = t)\theta^{k-1} \leq \theta^{k-1}.$$

Folglich ist

$$\sum_{n=1}^{\infty} p_n(x,y) \leq \sum_{k=1}^{\infty} \theta^{k-1} = \frac{1}{1-\theta}. \qquad \square$$

Im Falle einer irreduziblen Markovkette ist Rekurrenz eine globale Eigenschaft:

Theorem 12.19. *Sei $p(\cdot,\cdot)$ irreduzibel. Dann sind folgende zwei Aussagen äquivalent:*

(i) Für ein $z \in \mathcal{X}$ ist $P_z(T_z < \infty) = 1$;

(ii) für beliebige $x, y \in \mathcal{X}$ ist $P_x(T_y < \infty) = 1$.

Beweis von Theorem 12.19. Offensichtlich umfasst Aussage (ii) auch Aussage (i). Nun gelte Aussage (i). Für $x \in \mathcal{X}$ seien $k, \ell \in \mathbf{N}$, so dass $p_k(x,z)$ und $p_\ell(z,x)$ strikt positiv sind. Dann ist

$$\sum_{n\in\mathbf{N}} p_n(x,x) \geq \sum_{m\in\mathbf{N}} p_k(x,z)p_m(z,z)p_\ell(z,x)$$

$$= p_k(x,z)\Big(\underbrace{\sum_{m\in\mathbf{N}} p_m(z,z)}_{=\infty}\Big)p_\ell(z,x)$$

$$= \infty$$

nach Theorem 12.18. Also ist mit $z \in \mathcal{X}$ auch jeder andere Zustand $x \in \mathcal{X}$ rekurrent.

Für $x,y \in \mathcal{X}$ mit $x \neq y$ seien $0 < \tau_1 < \tau_2 < \tau_3 < \dots$ die Zeitpunkte $n \in \mathbf{N}$ mit $X_n = x$. Bei Startwert $X_0 = x$ gibt es mit Wahrscheinlichkeit Eins unendlich viele solcher Punkte. Mit $\tau_0 := 0$ definieren wir

$$J_k := 1\{X_t = y \text{ für ein } t \in \,]\tau_{k-1},\tau_k]\}.$$

Aus Anmerkung 12.17 kann man ableiten, dass die Zufallsvariablen J_1, J_2, J_3, ... stochastisch unabhängig und identisch verteilt sind. Wegen der Irreduzibilität von $(X_t)_{t=0}^\infty$ ist $\eta := P_x(J_k = 1) > 0$. Also ist

$$P_x(T_y < \infty) = P_x(J_k = 1 \text{ für ein } k \in \mathbf{N}) = 1. \qquad \square$$

Forts. von Beispiel 12.3 (Irrfahrt auf $\mathbf{Z}^d$) Wir betrachten die Partialsummen $X_n := X_0 + \sum_{i=1}^n E_i$ und nehmen nun an, dass

$$P(E_i = \pm e_j) = (2d)^{-1} \quad \text{für } j = 1,\dots,d.$$

Dabei bezeichnet $e_1,\dots,e_d$ die Standardbasis des $\mathbf{R}^d$. Diese Markovkette ist irreduzibel. Nach Theorem 12.18 und 12.19 ist also jeder Zustand rekurrent genau dann, wenn

$$\sum_{n=1}^\infty p_n(0,0) = \sum_{n=1}^\infty P\Big(\sum_{i=1}^n E_i = 0\Big) = \infty.$$

Dies ist genau dann der Fall, wenn $d \leq 2$! Und zwar ist $p_n(0,0)$ gleich Null für ungerade Zahlen n, und wir werden gleich zeigen, dass für $m \in \mathbf{N}$ gilt:

$$P\Big(\sum_{i=1}^{2m} E_i = 0\Big) \begin{cases} \geq \lambda_d m^{-d/2} \text{ für } d \leq 2 \\ \leq \Lambda_d m^{-d/2} \text{ für alle } d \end{cases} \qquad (12.2)$$

mit positiven Konstanten $\lambda_1, \lambda_2, \Lambda_d$.

Beweis von (12.2). Die Wahrscheinlichkeit, dass $\sum_{i=1}^{2m} E_i = 0$, bezeichnen wir mit $p_m^{(d)}$. Im Falle von $d = 1$ sind die Zuwächse E_i auf $\{-1,1\}$ gleichverteilt, und $\sum_{i=1}^{2m} E_i$ ist gleich Null genau dann, wenn m dieser Zuwächse gleich Eins sind. Folglich ist

$$p_m^{(1)} = 2^{-2m}\binom{2m}{m} = \kappa_m m^{-1/2},$$

wobei $\kappa_m > 0$ und $\lim_{m\to\infty} \kappa_m = \pi^{-1/2}$ nach der Stirlingschen Formel; siehe Anhang A.2. Dies beweist (12.2) für $d = 1$.

Im Falle von $d = 2$ drehen wir das Koordinatensystem um 45 Grad und betrachten die Basisvektoren $b_1 := 2^{-1/2}(1,1)$, $b_2 := 2^{-1/2}(-1,1)$. Schreibt man $X_n = \sum_{i=1}^n (\widetilde{E}_{i1} b_1 + \widetilde{E}_{i2} b_2)$, dann sind die Zufallsvektoren $\widetilde{E}_i = (\widetilde{E}_{i1}, \widetilde{E}_{i2})$ stochastisch unabhängig und gleichverteilt auf $\{-1,1\}^2$. Insbesondere sind die Komponenten $\widetilde{E}_{i1}$ und $\widetilde{E}_{i2}$ stochastisch unabhängig, so dass

$$p_m^{(2)} = \left(p_m^{(1)} \right)^2 = \kappa_m^2 m^{-1}.$$

Somit haben wir (12.2) für $d \le 2$ nachgewiesen.

Angenommen die obere Schranke in (12.2) gilt für alle Dimensionen $d' < d$, wobei $d > 2$. Sei K_m die Anzahl aller $i \le 2m$, so dass $E_i \in \{\pm e_d\}$. Also ist $E_i \in \{\pm e_1, \ldots, \pm e_{d-1}\}$ für $2m - K_m$ Indizes $i \le 2m$. Betrachtet man jetzt die bedingte Verteilung von $\sum_{i=1}^{2m} E_i$, gegeben dass $K_m = k$, dann ergibt sich die Formel

$$p_m^{(d)} = \sum_{\ell=0}^m P(K_m = 2\ell) p_\ell^{(1)} p_{m-\ell}^{(d-1)},$$

mit $p_0^{(\cdot)} := 1$. Doch K_m ist binomialverteilt mit Parametern $2m$ und $1/d$. Aus der Hoeffding-Ungleichung in Kapitel 7 folgt daher, dass für beliebige Konstanten $0 < c_1 < 1/d < c_2 < 1$ und ein geeignetes $c_3 > 0$ gilt:

$$P\left(K_m \notin [2mc_1, 2mc_2] \right) \le 2\exp(-c_3 m).$$

Folglich ist

$$p_m^{(d)} \le 2\exp(-c_3 m) + \sum_{\ell=0}^m \mathbb{1}\{c_1 m \le \ell \le c_2 m\} P(K_m = 2\ell) p_\ell^{(1)} p_{m-\ell}^{(d-1)}$$
$$\le 2\exp(-c_3 m) + \Lambda_1 \Lambda_{d-1} (c_1 m)^{-1/2} ((1 - c_2) m)^{-(d-1)/2}$$
$$= O(m^{-d/2}). \qquad \square$$

12.4.2 Invariante Verteilungen

Betrachtet man die Definition der Rekurrenz eines Zustandes, so fragt man sich, wie lange man im Mittel warten muss, bis man erstmalig zu diesem Zustand zurückkehrt. Wie wir in diesem Abschnitt sehen werden, ist diese Frage eng verknüpft mit sogenannten *invarianten Verteilungen*.

Definition 12.20. *(Invariante Verteilung)* *Ein Wahrscheinlichkeitsmaß Q auf $\mathcal{X}$ heißt invariant bezüglich $p(\cdot, \cdot)$, wenn*

$$\sum_{x \in \mathcal{X}} Q\{x\} p(x, y) = Q\{y\} \quad \text{für alle } y \in \mathcal{X}. \tag{12.3}$$

Aus Gleichung (12.3) kann man induktiv ableiten, dass

$$\sum_{x \in \mathcal{X}} Q\{x\} p_n(x, y) = Q\{y\} \quad \text{für alle } n \in \mathbf{N} \text{ und } y \in \mathcal{X}. \tag{12.4}$$

Insbesondere sind alle Variablen X_1, X_2, X_3, ...nach Q verteilt, sofern X_0 nach Q verteilt ist.

Der folgende Satz beschreibt den Zusammenhang zwischen Rekurrenz und invarianten Verteilungen. Insbesondere zeigt er, dass es höchstens eine invariante Verteilung bezüglich $p(\cdot, \cdot)$ gibt.

Theorem 12.21. *Sei $p(\cdot, \cdot)$ irreduzibel. Dann sind die folgenden drei Bedingungen äquivalent:*

(i) Für ein $z \in \mathcal{X}$ ist $E_z(T_z) < \infty$.
(ii) Es existiert ein bezüglich $p(\cdot, \cdot)$ invariantes Maß Q.
(iii) Für beliebige $x, y \in \mathcal{X}$ ist $E_x(T_y) < \infty$.

Im Falle von (ii) ist

$$0 < Q\{y\} = \frac{1}{E_y(T_y)} \quad \text{für alle } y \in \mathcal{X}. \tag{12.5}$$

Im Falle eines endlichen Zustandsraums $\mathcal{X}$ sind die Bedingungen (i–iii) stets erfüllt.

Forts. von Beispiel 12.5 (Kartenmischen) Angenommen die Mischungsvariablen $\Pi^{(n)}$ liefern eine irreduzible Markovkette. Dann ist die Laplace-Verteilung auf $\mathcal{S}_N$ die eindeutige invariante Verteilung. Denn die Invarianz der Laplace-Verteilung lässt sich leicht nachprüfen, und die Eindeutigkeit ergibt sich aus Theorem 12.21. Desweiteren muss man die Karten im Mittel ($N!$)–mal mischen, um zur Ausgangsreihenfolge zurückzukehren.

Hier ist ein einfaches Beispiel für eine konkrete Mischmethode, die eine irreduzible Markovkette induziert: Man unterteilt den Kartenstapel zufällig drei Teilstapel und vertauscht den oberen mit dem unteren ("Über-die-Hand-Mischen"). In Formeln: Seien $(I^{(1)}, J^{(1)})$, $(I^{(2)}, J^{(2)})$, $(I^{(3)}, J^{(3)})$, ...stochastisch unabhängige und identisch verteilte Paare von ganzen Zahlen mit $1 < I^{(n)} < J^{(n)} \leq N$. Mit diesen Paaren definieren wir

$$\Pi^{(n)} := \left(J^{(n)}, \ldots, N, \ I^{(n)}, \ldots, J^{(n)} - 1, \ 1, \ldots, I^{(n)} - 1 \right).$$

Wenn $P(I^{(n)} = i, J^{(n)} = j) > 0$ für alle ganzen Zahlen i, j mit $1 < i < j \leq N$ und $N > 0$, dann ist die resultierende Markovkette irreduzibel; siehe Aufgabe 12.8.

Forts. von Beispiel 12.6 (Irrfahrt auf Graphen) Da der zugrundeliegende Graph $(\mathcal{V}, \mathcal{E})$ nach Voraussetzung zusammenhängend ist, ist diese Markovkette irreduzibel. Insbesondere gibt es nach Theorem 12.21 eine eindeutige invariante Verteilung Q auf der Knotenmenge $\mathcal{V}$. Nun versuchen wir die invariante Verteilung Q zu erraten. Die Invarianzbedingung lautet hier:

$$\sum_{v \in \mathcal{V}} Q\{v\} \frac{1\{\{v, w\} \in \mathcal{E}\}}{m(v)} = Q\{w\} \quad \text{für alle } w \in \mathcal{V},$$

wobei $m(v) = \#\{w \in \mathcal{V} : \{v, w\} \in \mathcal{E}\}$. Man kann diese Gleichung als Massentransportgleichung interpretieren: Zum Zeitpunkt t sitzt in jedem Knoten v die Masse $Q\{v\}$. Diese Masse wird zum Zeitpunkt $t + 1$ an alle Nachbarn von v gleichmäßig verteilt. Für zwei benachbarte Knoten v, w wird also die Masse $Q\{v\}/m(v)$ von v nach w und die Masse $Q\{w\}/m(w)$ von w nach v transportiert. Wenn für alle benachbarten Knoten diese beiden Massen übereinstimmen, ist Q sicherlich invariant. Dies ist der Fall, wenn

$$Q\{v\} = Cm(v)$$

für alle $v \in \mathcal{V}$, wobei $C := \left(\sum_{w \in \mathcal{V}} m(w)\right)^{-1}$. Wenn kein Knoten mit sich selbst benachbart ist, also $\{v\} \notin \mathcal{E}$ für alle $v \in \mathcal{V}$, dann ist $\sum_{w \in \mathcal{V}} m(w) = 2 \#\mathcal{E}$ und

$$Q\{v\} = \frac{m(v)}{2 \#\mathcal{E}}.$$

Da $\#\mathcal{E}$ höchstens gleich $\#\mathcal{V}(\#\mathcal{V} - 1)/2$ ist, ist

$$E_v(T_v) \leq \frac{\#\mathcal{V}(\#\mathcal{V} - 1)}{m(v)}.$$

Forts. von Beispiel 12.7 (Warteschlangen) Wenn eine invariante Verteilung Q existiert, dann ist $Q\{0\} = Q\{0\}(1 - a) + Q\{1\}b$, also

$$Q\{1\} = (a/b)Q\{0\}.$$

Für $n \in \mathbf{N}$ ist $Q\{n\} = Q\{n - 1\}a + Q\{n\}(1 - a - b) + Q\{n + 1\}b$, also

$$Q\{n + 1\} = Q\{n\}(a + b)/b - Q\{n - 1\}(a/b).$$

Hieraus kann man induktiv ableiten, dass

$$Q\{x\} = (a/b)^x Q\{0\} \quad \text{für } x \in \mathbf{N}_0.$$

Eine invariante Verteilung Q existiert also genau dann, wenn $a < b$, und in diesem Falle ist

$$Q\{x\} = \frac{(a/b)^x}{1 - a/b} \quad \text{für } x \in \mathbf{N}_0.$$

Beweis von Theorem 12.21. Angenommen es existiert eine bezüglich $p(\cdot,\cdot)$ invariante Wahrscheinlichkeitsverteilung Q auf $\mathcal{X}$. Aus der Irreduzibilität von $p(\cdot,\cdot)$ und Gleichung (12.4) folgt, dass $Q\{x\} > 0$ für beliebige $x \in \mathcal{X}$. Insbesondere gilt für einen beliebigen festen Zustand $y \in \mathcal{X}$:

$$\infty = \sum_{n=1}^{\infty} Q\{y\} = \sum_{x \in \mathcal{X}} Q\{x\} \sum_{n=1}^{\infty} p_n(x,y) \leq \sup_{x \in \mathcal{X}} \sum_{n=1}^{\infty} p_n(x,y).$$

Nach Theorem 12.18 ist damit y rekurrent. Nun betrachten wir den Fall, dass X_0 nach Q verteilt ist. Dann sind alle Variablen X_t nach Q verteilt, und für beliebige $N \in \mathbf{N}$ ist

$$Q\{y\} = E\widehat{Q}_N\{y\} \quad \text{mit } \widehat{Q}_N\{y\} := \frac{1}{N}\sum_{t=1}^{N} 1\{X_t = y\}.$$

Seien $T^{(1)} < T^{(2)} < T^{(3)} < \cdots$ alle Zeitpunkte $t \in \mathbf{N}$ mit $X_t = y$. Aus Anmerkung 12.17 folgt, dass die Folge $(T^{(k)})_{k=1}^{\infty}$ genauso verteilt ist wie $\left(\sum_{i=1}^{k} \tau_i\right)_{k=1}^{\infty}$ mit stochastisch unabhängigen Zufallsvariablen $\tau_1, \tau_2, \tau_3, \ldots \in \mathbf{N}$, wobei

$$P(\tau_1 = k) = P(T_y = k) \quad \text{und} \quad P(\tau_j = k) = P_y(T_y = k)$$

für $k \in \mathbf{N}$ und $j \in \mathbf{N}\setminus\{1\}$. Insbesondere folgt aus dem schwachen Gesetz der großen Zahlen (Theorem 6.38), dass

$$\lim_{n \to \infty} P\left(T^{(n)}/n \leq \eta\right) = 0 \quad \text{falls } \eta < E_y(T_y),$$

$$\lim_{n \to \infty} P\left(T^{(n)}/n \leq \zeta\right) = 1 \quad \text{falls } \zeta > E_y(T_y).$$

(Dass der Summand τ_1 von $T^{(n)}$ anders verteilt ist als die übrigen, ist unerheblich. Außerdem gilt die erste Schlussfolgerung auch, wenn $E_y(T_y) = \infty$!) Für beliebige $r > 1/E_y(T_y)$ ist daher

$$Q\{y\} \leq r + P\left(\widehat{Q}_N\{y\} \geq r\right)$$
$$= r + P\left(T^{(\lceil Nr \rceil)} \leq N\right)$$
$$= r + P\left(\frac{T^{(\lceil Nr \rceil)}}{\lceil Nr \rceil} \leq \frac{N}{\lceil Nr \rceil}\right)$$
$$\to r \quad (N \to \infty),$$

also

$$Q\{y\} \leq 1/E_y(T_y).$$

Wegen $Q\{y\} > 0$ beweist dies insbesondere, dass $E_y(T_y) < \infty$. Für $0 < r < 1/E_y(T_y)$ ist

$$Q\{y\} \geq r \cdot P\left(\widehat{Q}_N\{y\} \geq r\right)$$

$$= r \cdot P\left(T^{(\lceil Nr \rceil)} \leq N\right)$$

$$= r \cdot P\left(\frac{T^{(\lceil Nr \rceil)}}{\lceil Nr \rceil} \leq \frac{N}{\lceil Nr \rceil}\right)$$

$$\rightarrow r \quad (N \rightarrow \infty),$$

also

$$Q\{y\} \geq 1/E_y(T_y).$$

Somit haben wir die Darstellung (12.5) von Q nachgewiesen.

Nun weisen wir die Äquivalenz der Aussagen (i–iii) nach. Angenommen es gilt Aussage (i), also $E_z(T_z) < \infty$ für einen bestimmten Zustand $z \in \mathcal{X}$. Nun erraten wir eine invariante Verteilung Q. In Anbetracht unseres Beweises von (12.5) sollte das Gewicht $Q\{x\}$ in etwa proportional zu der erwarteten Anzahl von Zeitpunkten $n \in \{1, 2, \ldots, N\}$ mit $X_n = x$ sein, wenn N eine hinreichend große Zahl ist. Um nun die Wartezeit T_z ins Spiel zu bringen, betrachten wir

$$H(x) := E_z\#\{n \in \{1, 2, \ldots, T_z\} : X_n = x\}.$$

Wir zählen also, wie oft der Zustand x angenommen wird, bis die Markovkette $(X_t)_{t=0}^\infty$ erstmals zu ihrem Startpunkt $X_0 = z$ zurückkehrt, und bilden den Erwartungswert dieser Zahl. Insbesondere ist $H(z) = 1$. Man kann auch schreiben

$$H(x) = \sum_{n=1}^\infty P_z(X_n = x, T_z \geq n),$$

und diese Formel liefert die Gleichung

$$\sum_{x \in \mathcal{X}} H(x) = \sum_{n=1}^\infty \sum_{x \in \mathcal{X}} P_z(X_n = x, T_z \geq n) = \sum_{n=1}^\infty P_z(T_z \geq n) = E_z(T_z).$$

Desweiteren ist $H(y) = \sum_{n=1}^\infty P_z(X_n = y, T_z \geq n)$ für beliebige Zustände $y \in \mathcal{X}$ gleich

$$P_z(X_1 = y) + \sum_{n=2}^\infty P_z\left(X_n = y, X_j \neq z \text{ für } 1 \leq j < n\right)$$

$$= p(z, y) + \sum_{n \geq 2} \sum_{x \in \mathcal{X} \setminus \{z\}} P_z\left(X_{n-1} = x, X_n = y, X_j \neq z \text{ für } 1 \leq j < n-1\right)$$

$$= p(z, y) + \sum_{x \in \mathcal{X} \setminus \{z\}} \sum_{n \geq 2} P_z\left(X_{n-1} = x, X_j \neq z \text{ für } 1 \leq j < n-1\right) p(x, y)$$

$$= p(z, y) + \sum_{x \in \mathcal{X} \setminus \{z\}} \sum_{m=1}^\infty P_z(X_m = x, T_z \geq m) p(x, y)$$

$$= p(z, y) + \sum_{x \in \mathcal{X} \setminus \{z\}} H(x) p(x, y)$$

$$= \sum_{x \in \mathcal{X}} H(x) p(x, y).$$

Folglich definiert

$$Q\{x\} \ := \ \frac{H(x)}{E_z(T_z)}$$

ein bezüglich $p(\cdot, \cdot)$ invariantes Wahrscheinlichkeitsmaß Q auf $\mathcal{X}$.

Angenommen, Aussage (ii) ist wahr. Dann zeigt die Formel (12.5), dass $E_y(T_y) < \infty$ für jeden Zustand $y \in \mathcal{X}$. Für einen beliebigen Zustand $x \in \mathcal{X} \setminus \{y\}$ sei n eine minimale Zahl, so dass $p_n(y, x) > 0$. Dann ist

$$\infty > E_y(T_y) \geq E_y \left(1\{X_n = x\} T_y \right) = p_n(y, x) \left(n + E_x(T_y) \right),$$

also auch $E_x(T_y) < \infty$.

Zu zeigen bleibt, dass $E_z(T_z) < \infty$ für ein beliebiges $z \in \mathcal{X}$, sofern $\mathcal{X}$ endlich ist. Ein sehr kurzes Argument basiert auf dem *Brouwerschen Fixpunktsatz*; allerdings ist der Beweis des letzteren sehr anspruchsvoll. Daher führen wir hier einen elementaren Beweis: Für jedes $y \in \mathcal{X} \setminus \{z\}$ wählen wir eine natürliche Zahl $n(y)$ mit $p_{n(y)}(y, z) > 0$. Nun definieren wir

$$n_o := \max_{y \in \mathcal{X} \setminus \{z\}} n(y) \quad \text{und} \quad p_o := \min_{y \subset \mathcal{X} \setminus \{z\}} p_{n(y)}(y, z).$$

Für beliebige $k \in \mathbf{N}_0$ und $y \in \mathcal{X} \setminus \{z\}$ ist dann

$$\Gamma_z \left(z \in \{X_t : k n_o < t \leq (k+1) n_o\} \,\middle|\, X_{k n_o} = y \right) \geq p_o.$$

Hieraus kann man induktiv ableiten, dass $P_z(T_z \geq k n_o)$ für $k \in \mathbf{N}$ nicht größer ist als $(1 - p_o)^{k-1}$. Doch dann ergibt eine einfache Abschätzung der Summe $E_z(T_z) = \sum_{\ell=1}^{\infty} P_z(T_z \geq \ell)$, dass diese nicht größer ist als $n_o(1 + 1/p_o)$. □

12.4.3 Periodizität

Nun widmen wir uns den möglichen Grenzwerten von $p_n(\cdot, \cdot)$. Ein erster wichtiger Schritt ist die Bestimmung sogenannter *Periodenlängen*. Dazu definieren wir für zwei Zustände $x, y \in \mathcal{X}$ die Menge

$$\mathbf{N}(x, y) \ := \ \{n \in \mathbf{N} : p_n(x, y) > 0\}.$$

Definition 12.22. *(Periodenlängen) Die Periodenlänge von $x \in \mathcal{X}$ ist definiert als die Zahl*

$$d(x) \ := \ \mathrm{ggT}(\mathbf{N}(x, x)).$$

Dabei definiert man $\mathrm{ggT}(B)$, *den größten gemeinsamen Teiler einer Menge $B \subset \mathbf{Z}$, als die Zahl* $\sup\{k \in \mathbf{N} : B \subset k\mathbf{Z}\}$.

*Im Falle von $d(x) = 1$ für alle $x \in \mathcal{X}$ nennt man die Markovkette $(X_t)_{t=0}^{\infty}$
beziehungsweise den Markovkern $p(\cdot, \cdot)$ aperiodisch. Im Falle von $d(x) = d > 1$
für alle $x \in \mathcal{X}$ nennt man sie periodisch.*

Der folgende Satz zeigt, dass im Falle eines irreduziblen Übergangskernes $p(\cdot, \cdot)$
alle Zustände ein und dieselbe Periodenlänge d haben.

Theorem 12.23. *Im Falle eines irreduziblen Übergangskerns $p(\cdot, \cdot)$ haben alle Zustände die gleiche Periodenlänge $d \in \mathbf{N}$. Für $x, y \in \mathcal{X}$ existiert eine eindeutige Zahl $r(x, y) \in \{0, 1, \ldots, d-1\}$ mit*

$$\mathbf{N}(x, y) \subset r(x, y) + d\,\mathbf{N}_0,$$

und für eine hinreichend große Zahl $m(x, y) \in \mathbf{N}_0$ ist

$$r(x, y) + m(x, y)d + d\,\mathbf{N}_0 \subset \mathbf{N}(x, y).$$

Das Urnenmodell von Ehrenfest (Beispiel 12.4) beschreibt eine Markovkette mit Periodenlänge $d = 2$. Unser Warteschlangenmodell (Beispiel 12.7) ist dagegen aperiodisch. Denn wegen seiner Irreduzibilität genügt es, die Periodenlänge eines Zustandes x, sagen wir $x = 0$, zu bestimmen. Doch $p_1(0, 0) = 1 - a > 0$, so dass $d(0) = 1$.

Anmerkung 12.24 (Zerlegung einer irreduziblen, periodischen Markovkette) Angenommen $(X_t)_{t=0}^{\infty}$ ist eine irreduzible Markovkette mit festem Startwert $X_0 = x_o \in \mathcal{X}$ und Periodenlänge $d > 1$. Nun definieren wir

$$\mathcal{X}_r := \big\{ y \in \mathcal{X} : \mathbf{N}(x_o, y) \subset r + d\,\mathbf{N}_0 \big\} \quad \text{und} \quad \big(X_t^{(r)}\big)_{t=0}^{\infty} := (X_{r+td})_{t=0}^{\infty}$$

für $r \in \{0, 1, \ldots, d-1\}$. Dann ist $(X_t^{(r)})_{t=0}^{\infty}$ eine homogene, irreduzible Markovkette mit Zustandsraum $\mathcal{X}_r$, Übergangskern $p_d(\cdot, \cdot)$ und Periodenlänge Eins. Mithilfe dieser Zerlegung kann man das Studium beliebiger irreduzibler Markovketten auf das Studium irreduzibler und aperiodischer Markovketten zurückführen.

Anmerkung 12.25 Angenommen der Zustandsraum $\mathcal{X}$ ist endlich und der Übergangskern $p(\cdot, \cdot)$ irreduzibel sowie aperiodisch. Dann existiert eine natürliche Zahl L, so dass

$$p_L(x, y) > 0 \quad \text{für alle } x, y \in \mathcal{X}.$$

Denn nach Theorem 12.23 gibt es für $x, y \in \mathcal{X}$ eine natürliche Zahl $m(x, y)$, so dass $p_m(x, y) > 0$ für $m \geq m(x, y)$. Die Zahl $L := \max_{x, y \in \mathcal{X}} m(x, y) \in \mathbf{N}$ hat demnach die gewünschte Eigenschaft.

Beweis von Theorem 12.23. Für $x, y, z \in \mathcal{X}$ ist

$$\mathbf{N}(x,y) + \mathbf{N}(y,z) \subset \mathbf{N}(x,z),$$

wobei $A \pm B := \{a \pm b : a \in A, b \in B\}$. Denn für $m \in \mathbf{N}(x,y)$ und $n \in \mathbf{N}(y,z)$ ist

$$p_{m+n}(x,z) \geq p_m(x,y)p_n(y,z) > 0$$

nach der Chapman-Kolmogorov-Gleichung und der Definition von $\mathbf{N}(\cdot, \cdot)$. Insbesondere ist

$$\mathbf{N}(x,y) + \mathbf{N}(y,y) + \mathbf{N}(y,x) \subset \mathbf{N}(x,x) \subset d(x)\,\mathbf{N},$$

also

$$\mathbf{N}(y,y) \subset d(x)\,\mathbf{N} - (\mathbf{N}(x,y) + \mathbf{N}(y,x)) \subset d(x)\,\mathbf{Z}.$$

Folglich ist $d(x)$ ein Teiler von allen Zahlen aus $\mathbf{N}(y,y)$, also auch ein Teiler von $d(y)$. Vertauscht man nun die Rollen von x und y, dann folgt die Gleichheit von $d(x)$ und $d(y)$.

Sei nun $d \in \mathbf{N}$ die Periode aller Zustände aus $\mathcal{X}$. Für $m, n \in \mathbf{N}(x,y)$ ist $m - n \in d\mathbf{Z}$. Denn für ein beliebiges $\ell \in N(y,x)$ gehören die Zahlen $m + \ell$, $n + \ell$ zu $\mathbf{N}(x,x) \subset d\mathbf{N}$, weshalb $m - n = (m + \ell) - (n + \ell)$ in $d\mathbf{Z}$ enthalten ist. Setzt man also $r(x,y) := n_o \bmod d$ für ein beliebiges $n_o \in \mathbf{N}(x,y)$, dann ist $\mathbf{N}(x,y) \subset r(x,y) + d\mathbf{N}_0$.

Zu zeigen bleibt, dass

$$r(x,y) + md \in \mathbf{N}(x,y)$$

für hinreichend große Zahlen $m \in \mathbf{N}_0$. Wegen $\mathbf{N}(x,x) + \mathbf{N}(x,y) \subset \mathbf{N}(x,y)$ genügt es, den Fall $x = y$ zu betrachten. Nach Definition von $d(x) = d$ existieren Zahlen $n_1, n_2, \ldots, n_k$ aus $\mathbf{N}(x,x)$, deren größter gemeinsamer Teiler gleich d ist, und der *Euklidische Algorithmus* liefert ganze Zahlen $b_1, b_2, \ldots, b_k$ mit

$$\sum_{i=1}^{k} b_i n_i = d.$$

Nun sei

$$m_o := (n_1/d) \sum_{i=1}^{k} |b_i| n_i.$$

Dann ist

$$(m_o + \ell)d \in N(x,x) \quad \text{für alle } \ell \in \mathbf{N}_0.$$

Schreibt man nämlich $\ell = cn_1 + r$ mit $c \in \mathbf{N}_0$ und $0 \leq r < n_1$, so ist

$$(m_o + \ell)d = n_1 \sum_{i=1}^{k} |b_i| n_i + cn_1 d + r \sum_{i=1}^{k} b_i n_i$$

$$= (cd)n_1 + \sum_{i=1}^{k} (n_1|b_i| + rb_i)n_i$$

$$\in \mathbf{N}(x,x),$$

denn alle Koeffizienten der Zahlen n_i liegen in $\mathbf{N}_0$, und mindestens einer ist strikt positiv. $\qquad\qquad\square$

12.4.4 Konvergenz von $p_n(\cdot, \cdot)$

Nun haben wir alle Voraussetzungen erarbeitet, um zu beweisen, dass die n–Schritt-Übergangswahrscheinlichkeiten $p_n(x, y)$ unter gewissen Bedingungen für $n \to \infty$ konvergieren.

Theorem 12.26. *Sei $p(\cdot, \cdot)$ irreduzibel und aperiodisch mit invarianter Verteilung Q. Dann ist*

$$\lim_{n \to \infty} \sum_{y \in \mathcal{X}} |p_n(x, y) - Q\{y\}| = 0 \quad \text{für beliebige } x \in \mathcal{X}.$$

Dieses Resultat besagt, dass die Verteilung von $(X_t)_{t=n}^{\infty}$ für hinreichend große Vorlaufzeiten n beliebig schwach vom Startwert X_0 abhängt. Insbesondere ist dann X_n approximativ nach Q verteilt. Beim Kartenmischen (Beispiel 12.5) vertraut man auf diesen Effekt. Man geht davon aus, dass die Reihenfolge der Karten nach hinreichend oftmaligem Mischen rein zufällig ist, egal mit welcher Anordnung man startete.

Theorem 12.26 sagt nichts über die Konvergenzgeschwindigkeit aus. In manchen Fällen kann man $\sup_{x,y \in \mathcal{X}} |p_n(x, y) - Q\{y\}|$ durch eine geometrische Folge abschätzen. Bevor wir ein allgemeines Resultat dieser Art angeben, betrachten wir ein einfaches Beispiel.

Beispiel 12.27 (0-1-wertige Markovketten) Sei $\mathcal{X} = \{0, 1\}$. Dann ist

$$\begin{aligned}
p_n(x, 1) &= p_{n-1}(x, 0)p(0, 1) + p_{n-1}(x, 1)p(1, 1) \\
&= (1 - p_{n-1}(x, 1))p(0, 1) + p_{n-1}(x, 1)p(1, 1) \\
&= p(0, 1) + p_{n-1}(x, 1)(p(1, 1) - p(0, 1)).
\end{aligned}$$

Zur Abkürzung schreiben wir $\delta = (p(1, 1) - p(0, 1))$ und nehmen an, dass $|\delta| < 1$. Anderenfalls wäre entweder $p(1, 1) = p(0, 0) = 1$, so dass die Markovkette im Anfangszustand X_0 verharrt, oder $p(1, 0) = p(0, 1) = 1$, so dass die Markovkette zu jedem Zeitpunkt den Zustand wechselt. Im Falle von $|\delta| < 1$ ist

$$\begin{aligned}
p_n(x, 1) &= p(0, 1) + p_{n-1}(x, 1)\delta \\
&= p(0, 1) + p(0, 1)\delta + p_{n-2}(x, 1)\delta^2 \\
&\;\;\vdots \\
&= p(0, 1)(1 + \delta + \delta^2 + \cdots + \delta^{n-1}) + p_0(x, 1)\delta^n \\
&= p(0, 1)\frac{1 - \delta^n}{1 - \delta} + 1\{x = 1\}\delta^n \\
&= Q\{1\} + (1\{x = 1\} - Q\{1\})\delta^n,
\end{aligned}$$

wobei

$$Q\{1\} := \frac{p(0,1)}{1-\delta} = \frac{p(0,1)}{p(1,0)+p(0,1)}.$$

Dies impliziert auch, dass

$$p_n(x,0) = 1 - p_n(x,1) = Q\{0\} + (1\{x=0\} - Q\{0\})\delta^n$$

mit $Q\{0\} = 1 - Q\{1\} = p(1,0)/(p(1,0)+p(0,1))$.

Theorem 12.28. *Sei Q eine invariante Verteilung bezüglich $p(\cdot,\cdot)$. Angenommen für ein $L \in \mathbf{N}$ und ein $\Delta > 0$ ist*

$$\inf_{x_1,x_2 \in \mathcal{X}} \sum_{y \in \mathcal{X}} \min\big(p_L(x_1,y), p_L(x_2,y)\big) \geq \Delta.$$

Dann ist

$$\sum_{y \in \mathcal{X}} |p_n(x,y) - Q\{y\}| \leq 2(1-\Delta)^{\lfloor n/L \rfloor}$$

für beliebige $x \in \mathcal{X}$ und $n \in \mathbf{N}$.

Die Voraussetzung von Theorem 12.28 ist stets erfüllt, wenn $\mathcal{X}$ endlich und $p(\cdot,\cdot)$ irreduzibel sowie aperiodisch ist. Denn nach Anmerkung 12.25 existiert ein $L \in \mathbf{N}$, so dass $\min_{x,y \subset \mathcal{X}} p_L(x,y) > 0$.

Forts. von Beispiel 12.4 (Ehrenfests Urnenmodell) Wir betrachten das Urnenmodell für $N = 10$. Allerdings ersetzen wir $p(x,y)$ durch

$$0.01 \cdot 1\{x=y\} + 0.99 \cdot p(x,y).$$

Mit diesem modifizierten Übergangskern verhält sich die Markovkette $(X_t)_{t=0}^{\infty}$ wie bisher, nur verharrt sie in jedem Zustand für eine zufällige Zeitspanne, die geometrisch verteilt ist mit Parameter 0.99. Diese Modifikation verändert nicht die invariante Verteilung, macht aber aus der periodischen eine aperiodische Markovkette. Die Abbildungen 12.1 und 12.2 zeigen graphische Darstellungen der stochastischen Matrizen $\mathbf{P}$ bzw. $\mathbf{P}^n$ für verschiedene Werte von n. Jede Wahrscheinlichkeit wird durch ein Rechteck mit dieser Fläche dargestellt.

Man sieht anfangs noch deutlich die "Fastperiodizität". Das heißt, in einer geraden Anzahl von Schritten gelangt man mit hoher Wahrscheinlichkeit von einer geraden (ungeraden) zu einer geraden (ungeraden) Zahl. Doch für wachsendes n verschwindet diese Unsymmetrie, und alle Zeilen sind annähernd identisch mit den Gewichten der Binomialverteilung $\text{Bin}(N, 1/2)$; siehe auch Aufgabe 12.7.

Die Sätze 12.26 und 12.28 ermöglichen sogenannte *Markovketten-Monte-Carlo-Verfahren*. Insbesondere kann man zeigen, dass die Monte-Carlo-Schätzer

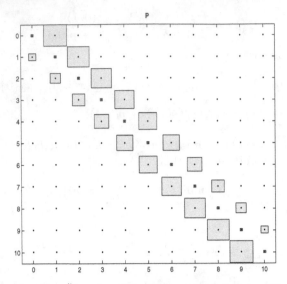

Abb. 12.1. Der Übergangskern **P** für das Modell von Ehrenfest

$$\widehat{Q}_n(B) := \frac{1}{n} \sum_{t=1}^{n} 1\{X_t \in B\}$$

für $Q(B)$ unter recht allgemeinen Bedingungen konsistent sind; das heißt, $P\left(|\widehat{Q}_n(B) - Q(B)| \geq \epsilon\right) \to 0 \ (n \to \infty)$ für beliebige $\epsilon > 0$ und $B \subset \mathcal{X}$. Allgemeiner betrachten wir für eine beschränkte Funktion $f : \mathcal{X} \to \mathbf{R}$ die Zufallsgröße

$$\int f \, d\widehat{Q}_n = \frac{1}{n} \sum_{t=1}^{n} f(X_t)$$

also Monte-Carlo-Schätzer für

$$\int f \, dQ = \sum_{x \in \mathcal{X}} Q\{x\} f(x).$$

Theorem 12.29. *Sei* $p(\cdot, \cdot)$ *irreduzibel, und sei* Q *eine invariante Verteilung bezüglich* $p(\cdot, \cdot)$. *Für jede beschränkte Funktion* $f : \mathcal{X} \to \mathbf{R}$ *ist*

$$\lim_{n \to \infty} E\left(\left(\int f \, d\widehat{Q}_n - \int f \, dQ\right)^2\right) = 0.$$

Im Falle eines endlichen Zustandsraumes $\mathcal{X}$ *ist sogar*

$$E\left(\left(\int f \, d\widehat{Q}_n - \int f \, dQ\right)^2\right) = O\left(\frac{1}{n}\right).$$

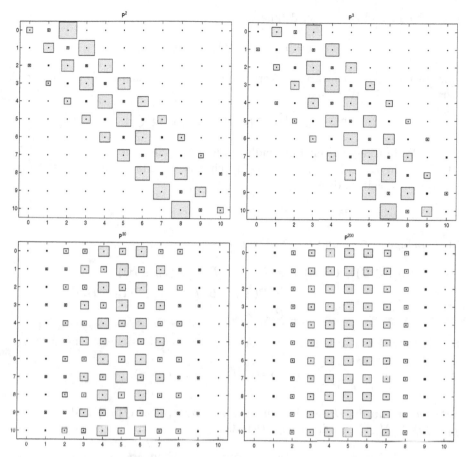

Abb. 12.2. Die Übergangskerne $\mathbf{P}^n$ für $n = 2, 3, 30, 200$

Beweis von Theorem 12.26. Der Beweis beruht auf einem Koppelungsargument. Und zwar betrachten wir zwei stochastisch unabhängige Markovketten $(X_t)_{t=0}^{\infty}$ und $(Y_t)_{t=0}^{\infty}$, beide mit Zustandsraum $\mathcal{X}$ und Übergangskern $p(\cdot, \cdot)$. Ferner sei Y_0 nach Q verteilt.

Nun betrachten wir die Paare $\widetilde{X}_t := (X_t, Y_t)$. Diese bilden eine Markovkette mit Zustandsraum $\widetilde{\mathcal{X}} := \mathcal{X} \times \mathcal{X}$ und Übergangskern

$$\widetilde{p}((x, y), (x', y')) := p(x, x')p(y, y').$$

Für $n \in \mathbf{N}$ sind die entsprechenden n–Schritt-Übergangswahrscheinlichkeiten gleich

$$\widetilde{p}_n((x, y), (x', y')) := p_n(x, x')p_n(y, y').$$

Wegen der Irreduzibilität und Aperiodizität von $p(\cdot, \cdot)$ sind $p_n(x, x')$ und $p_n(y, y')$ strikt positiv für hinreichend große Zahlen n. Dies zeigt, dass auch

$\widetilde{p}(\cdot,\cdot)$ irreduzibel ist. Ferner definiert

$$\widetilde{Q}\{(x,y)\} \ := \ Q\{x\}Q\{y\}$$

eine bezüglich $\widetilde{p}(\cdot,\cdot)$ invariante Verteilung auf $\widetilde{\mathcal{X}}$. Folglich ist $\widetilde{p}(\cdot,\cdot)$ auch rekurrent, und die Wartezeit

$$T \ := \ \min(\{n \in \mathbf{N} : X_n = Y_n\} \cup \{\infty\})$$

ist mit Wahrscheinlichkeit Eins endlich. Denn für ein beliebiges festes $z \in \mathcal{X}$ ist $T \leq \min\{n \in \mathbf{N} : \widetilde{X}_n = (z,z)\}$. Doch aus der Markoveigenschaft kann man leicht ableiten, dass

$$P(X_n \in B, T \leq n) \ = \ P(Y_n \in B, T \leq n)$$

für beliebige $B \subset \mathcal{X}$ und $n \in \mathbf{N}$. Folglich ist

$$\pm\big(P(X_n \in B) - Q(B)\big) = \pm\big(P(X_n \in B) - P(Y_n \in B)\big)$$
$$= \pm\big(P(X_n \in B, T > n) - P(Y_n \in B, T > n)\big)$$
$$\leq P(T > n).$$

Speziell für festen Anfangszustand $X_0 = x \in \mathcal{X}$ ergibt sich die Ungleichung, dass

$$\left|\sum_{y \in B} p_n(x,y) - Q(B)\right| \ \leq \ P(T > n).$$

Setzt man nun für B die Mengen $\{y \in \mathcal{X} : p_n(x,y) > Q\{y\}\}$ und $\{y \in \mathcal{X} : p_n(x,y) < Q\{y\}\}$ ein, dann zeigt sich dass

$$\sum_{y \in \mathcal{X}} |p_n(x,y) - Q\{y\}| \ \leq \ 2P(T > n) \ \to \ 0 \quad \text{für } n \to \infty. \qquad \square$$

Ein wesentliches Hilfsmittel beim Beweis von Theorem 12.28 ist ein elementares Resultat über die Koppelung von Zufallsvariablen.

Lemma 12.30. *Seien Q, R Wahrscheinlichkeitsmaße auf $\mathcal{X}$. Dann existiert eine $\mathcal{X} \times \mathcal{X}$–wertige Zufallsvariable (X, Y), so dass X nach Q und Y nach R verteilt ist, und*

$$P(X = Y) \ = \ \sum_{z \in \mathcal{X}} \min(Q\{z\}, R\{z\}).$$

Beweis von Lemma 12.30. Im Falle von $Q = R$ ist die Aussage trivial. Man wähle einfach $(X, Y) := (X, X)$ mit einer nach Q verteilten Zufallsvariable X. Anderenfalls ist $\delta := \sum_{x \in \mathcal{X}} \min(Q\{x\}, R\{x\}) < 1$. Nun seien $\widetilde{X} \in \mathcal{X}$, $\widetilde{Y} \in \mathcal{X}$, $Z \in \mathcal{X}$ und $W \in \{0, 1\}$ stochastisch unabhängige Zufallsvariablen, wobei

$$P(\widetilde{X} = z) = \frac{Q\{z\} - \min(Q\{z\}, R\{z\})}{1 - \delta} =: \widetilde{Q}\{z\},$$

$$P(\widetilde{Y} = z) = \frac{R\{z\} - \min(Q\{z\}, R\{z\})}{1 - \delta} =: \widetilde{R}\{z\},$$

$$P(Z = z) = \frac{\min(Q\{z\}, R\{z\})}{\delta},$$

$$P(W = 1) = \delta.$$

(Im Falle von $\delta = 0$ ist die Verteilung von Z irrelevant.) Setzt man nun

$$(X, Y) := \begin{cases} (Z, Z) \text{ falls } W = 1, \\ (\widetilde{X}, \widetilde{Y}) \text{ falls } W = 0, \end{cases}$$

dann kann man leicht nachrechnen, dass X nach Q und Y nach R verteilt ist. Ferner ist $P(\widetilde{X} = \widetilde{Y}) = 0$, denn für alle $z \in \mathcal{X}$ ist $\widetilde{Q}\{z\}$ oder $\widetilde{R}\{z\}$ gleich Null. Folglich ist $P(X = Y) = P(W = 1) = \delta$. □

Beweis von Theorem 12.28. Wir gehen von einem beliebigen Paar (X_0, Y_0) $\mathcal{X}$-wertiger Zufallsvariablen aus und konstruieren nun induktiv Zufallsvariablen (X_n, Y_n) für $n = 1, 2, 3, \ldots$ wie folgt: Für $n = kL$ mit $k \in \mathbf{N}_0$ sei das Ereignis A, dass $(X_t, Y_t) = (x_t, y_t)$ für $0 \leq t \leq n$, eingetreten.

Im Falle von $x_n = y_n$ wählen wir $X_t = Y_t$ für $t = n + 1, \ldots, n + L$ nach folgenden Wahrscheinlichkeiten:

$$P(X_t = x_t \text{ für } n < t \leq n + L \,|\, A) = \prod_{t=n+1}^{n+L} p(x_{t-1}, x_t).$$

Im Falle von $x_n \neq y_n$ gehen wir anders vor: Zunächst wählen wir das Paar (X_{n+L}, Y_{n+L}), so dass

$$P(X_{n+L} = z \,|\, A) = p_L(x_n, z) \quad \text{und} \quad P(Y_{n+L} = z \,|\, A) = p_L(y_n, z)$$

für beliebige $z \in \mathcal{X}$, und es sei

$$P(X_{n+L} = Y_{n+L} \,|\, A) = \sum_{z \in \mathcal{X}} \min\{p_L(x_n, z), p_L(y_n, z)\} \geq \Delta.$$

Dies ist möglich gemäß Lemma 12.30. Im Falle von $L > 1$ setzen wir $\mathcal{S} := \{n + 1, \ldots, n + L - 1\}$, $\mathcal{T} := \{0, 1, \ldots, n\} \cup \{n + L\}$ und erzeugen die noch fehlenden Zwischenabschnitte $(X_t)_{t \in \mathcal{S}}$, $(Y_t)_{t \in \mathcal{S}}$ unabhängig voneinander nach folgenden bedingten Wahrscheinlichkeiten:

$$P\big(X_t = x_t \text{ für } t \in \mathcal{S} \,\big|\, (X_t, Y_t) = (x_t, y_t) \text{ für } t \in \mathcal{T}\big) = \frac{\prod_{t=n+1}^{n+L} p(x_{t-1}, x_t)}{p_L(x_n, x_{n+L})},$$

$$P\big(Y_t = y_t \text{ für } t \in \mathcal{S} \,\big|\, (X_t, Y_t) = (x_t, y_t) \text{ für } t \in \mathcal{T}\big) = \frac{\prod_{t=n+1}^{n+L} p(y_{t-1}, y_t)}{p_L(y_n, y_{n+L})}.$$

Sowohl $(X_t)_{t=0}^{\infty}$ als auch $(Y_t)_{t=0}^{\infty}$ ist eine Markovkette mit Übergangskern $p(\cdot, \cdot)$. Für die Wartezeit

$$T := \min(\{kL : k \in \mathbf{N}, X_{kL} = Y_{kL}\} \cup \{\infty\})$$

gilt: $X_t = Y_t$ für alle $t \geq T$, und

$$P(T > n) \leq (1 - \Delta)^{\lfloor n/L \rfloor} \quad \text{für alle } n \in \mathbf{N}.$$

Insbesondere ist $\pm(P(X_n \in B) - P(Y_n \in B))$ gleich

$$\pm(P(X_n \in B, T > n) - P(Y_n \in B, T > n)) \leq P(T > n) \leq (1 - \Delta)^{\lfloor n/L \rfloor}$$

für beliebige $B \subset \mathcal{X}$. Setzt man für B die Menge $\{z \in \mathcal{X} : P(X_n = z) > P(Y_n = z)\}$ bzw. $\{z \in \mathcal{X} : P(X_n = z) < P(Y_n = z)\}$ ein, dann zeigt sich dass

$$\sum_{z \in \mathcal{X}} |P(X_n = z) - P(Y_n = z)| \leq 2(1 - \Delta)^{\lfloor n/L \rfloor}. \tag{12.6}$$

Bisher haben wir die Existenz einer invarianten Verteilung nicht vorausgesetzt. In der Tat könnte man aus (12.6) die Existenz einer solchen ableiten. Setzt man nun $X_0 = x$ für ein beliebiges festes $x \in \mathcal{X}$ und wählt Y_0 nach der invarianten Verteilung Q, dann ergibt (12.6) die Behauptung des Satzes. $\square$

Beweis von Theorem 12.29. Wir beschränken uns auf den Fall, dass $p(\cdot, \cdot)$ aperiodisch ist. Denn den Fall eines periodischen Markovkerns kann man mit Hilfe von Anmerkung 12.24 auf den aperiodischen Fall zurückführen.

Es genügt den Fall $0 \leq f \leq 1$ zu betrachten. Mit $\mu := \int f \, dQ$ und $\widehat{\mu}_n := \int f \, d\widehat{Q}_n$ ist $(\widehat{\mu}_n - \mu)^2 \leq 1$, und

$$E((\widehat{\mu}_n - \mu)^2) = \sum_{x \in \mathcal{X}} P(X_0 = x) E_x((\widehat{\mu}_n - \mu)^2)$$

konvergiert gegen Null genau dann, wenn jeder Summand auf der rechten Seite gegen Null konvergiert (majorisierte Konvergenz). Folglich nehmen wir ohne Einschränkung an, dass X_0 nach Q verteilt ist. Dann ist

$$E(\widehat{\mu}_n - \mu)^2) = n^{-2} \sum_{s,t=1}^{n} E\big((f(X_s) - \mu)(f(X_t) - \mu)\big)$$

$$= n^{-2} \sum_{s,t=1}^{n} E\big((f(X_0) - \mu)(f(X_{|t-s|}) - \mu)\big)$$

$$\leq \frac{2k - 1}{n} + \sup_{\ell \geq k} E\big((f(X_0) - \mu)(f(X_\ell) - \mu)\big)^+ \tag{12.7}$$

für beliebige $k \in \{1, 2, \dots, n\}$, denn es gibt weniger als $(2k - 1)n$ Paare (s, t) von ganzen Zahlen aus $[1, n]$ mit $|t - s| < k$. Ferner ist

$$\sup_{\ell \geq k} E\big((f(X_0) - \mu)(f(X_\ell) - \mu)\big)$$

$$= \sup_{\ell \geq k} \sum_{x,y \in \mathcal{X}} Q\{x\} p_\ell(x,y)(f(x) - \mu)(f(y) - \mu)$$

$$= \sup_{\ell \geq k} \sum_{x \in \mathcal{X}} Q\{x\}(f(x) - \mu) \sum_{y \in \mathcal{X}} (p_\ell(x,y) - Q\{y\})(f(y) - \mu)$$

$$\leq \sum_{x \in \mathcal{X}} Q\{x\} \sup_{\ell \geq k} \sum_{y \in \mathcal{X}} |p_\ell(x,y) - Q\{y\}|$$

$$\to 0 \quad (k \to \infty),$$

denn für jedes $x \in \mathcal{X}$ ist

$$\sup_{\ell \geq k} \sum_{y \in \mathcal{X}} |p_\ell(x,y) - Q\{y\}| \begin{cases} \leq 2, \\ \to 0 \end{cases} \quad (k \to \infty).$$

Wählt man also $k = k_n$ mit $k_n \to \infty$ und $k_n/n \to 0$, dann konvergiert die obere Schranke in (12.7) gegen Null.

Im Falle eines endlichen Zustandsraumes $\mathcal{X}$ und eines irreduziblen, aperiodischen Markovkerns $p(\cdot, \cdot)$ wissen wir nach Theorem 12.28, dass

$$\sum_{y \in \mathcal{X}} |p_k(x,y) - Q\{y\}| \leq \delta_k$$

für beliebige $k \in \mathbf{N}_0$ und $x \in \mathcal{X}$, wobei $\sum_{k=0}^{\infty} \delta_k < \infty$. Doch dann ist

$$E\big((f(X_s) - \mu)(f(X_t) - \mu)\big)$$

$$= \sum_{x,y \in \mathcal{X}} P(X_{\min(s,t)} = x) p_{|t-s|}(x,y)(f(x) - \mu)(f(y) - \mu)$$

$$= \sum_{x \in \mathcal{X}} P(X_{\min(s,t)} = x)(f(x) - \mu) \sum_{y \in \mathcal{X}} (p_{|t-s|}(x,y) - Q\{y\})(f(y) - \mu)$$

$$\leq \sum_{x \in \mathcal{X}} P(X_{\min(s,t)} = x) \delta_{|t-s|}$$

$$= \delta_{|t-s|},$$

so dass

$$E\big((\widehat{\mu}_n - \mu)^2\big) \leq n^{-2} \sum_{s,t=1}^{n} \delta_{|t-s|} \leq 2n^{-1} \sum_{k=0}^{\infty} \delta_k. \qquad \square$$

12.5 Simulated Annealing

Gegeben seien eine endliche Menge $\mathcal{X}$ und eine Funktion $f : \mathcal{X} \to \mathbf{R}$, deren Minimum man bestimmen möchte. Mitunter ist die Menge $\mathcal{X}$ so groß, dass ein systematisches Durchsuchen von $\mathcal{X}$ zu aufwendig wäre. Eine mögliche Strategie ist die Erzeugung von Zufallsvariablen $X_0, X_1, X_2, \ldots \in \mathcal{X}$ und die Berechnung von

$$\widehat{m}_n := \min_{t \leq n} f(X_t)$$

als obere Schranke und Approximation für $\max_{x \in \mathcal{X}} f(x)$. Im Prinzip könnte man unabhängige, identisch verteilte Zufallsvariablen $X_0, X_1, X_2, \ldots$ wählen, was aber in manchen Fällen nicht praktikabel ist. Außerdem lohnt es sich vielleicht, einen Kandidaten $x \in \mathcal{X}$ für eine Minimalstelle von f durch eine lokale Suche noch "leicht abzuändern", um den Wert $f(x)$ zu verkleinern. Man kann beide Gesichtspunkte kombinieren, indem man eine homogene Markovkette $(X_t)_{t=0}^{\infty}$ mit Zustandsraum $\mathcal{X}$ simuliert. Die Übergangswahrscheinlichkeiten $p(\cdot, \cdot)$ seien so beschaffen, dass gilt:

- $p(\cdot, \cdot)$ ist irreduzibel und aperiodisch;
- $p(x, y) = p(y, x)$ für beliebige $x, y \in \mathcal{X}$.

Die letztgenannte Bedingung vereinfacht die theoretischen Überlegungen. Insbesondere impliziert sie, dass

$$\lim_{n \to \infty} p_n(x, y) = \frac{1}{\#\mathcal{X}} \quad \text{für alle } x, y \in \mathcal{X};$$

siehe auch Theorem 12.31 unten.

Nun kann man die gegebene Markovkette derart modifizieren, dass die stationäre Wahrscheinlichkeit $Q\{x\}$ eines Punktes $x \in \mathcal{X}$ umso größer ist, je kleiner $f(x)$ ist. In Analogie zu Modellen aus der statistischen Physik führen wir einen "Temperaturparameter" $\beta \geq 0$ (inverse absolute Temperatur) ein und definieren

$$p^{(\beta)}(x, y) := \begin{cases} p(x, y) \min\{1, \exp(\beta(f(x) - f(y)))\} & \text{falls } x \neq y, \\ 1 - \sum_{z \neq x} p^{(\beta)}(x, z) & \text{falls } x = y. \end{cases}$$

Eine solche Kette kann man wie folgt realisieren: Zum Zeitpunkt $t \in \mathbf{N}_0$ simuliert man zwei unabhängige Zufallsvariablen $\widetilde{X}_{t+1}$ und U, wobei $\widetilde{X}_{t+1}$ nach der Gewichtsfunktion $p(X_t, \cdot)$ auf $\mathcal{X}$ und U uniform auf $[0, 1]$ verteilt ist. Im Falle von

$$U \leq \exp(\beta(f(X_t) - f(\widetilde{X}_{t+1})))$$

definiert man $X_{t+1} := \widetilde{X}_{t+1}$, ansonsten $X_{t+1} := X_t$. Wenn also der Wert $f(\widetilde{X}_{t+1})$ des neuen Kandidaten kleiner oder gleich $f(X_t)$ ist, dann wird er akzeptiert. Anderenfalls wird er mit positiver Wahrscheinlichkeit akzeptiert und mit positiver Wahrscheinlichkeit abgelehnt. Je größer die inverse Temperatur β ist, desto kleiner ist die Wahrscheinlichkeit, einen Zustand mit größerem f–Wert zu akzeptieren.

Theorem 12.31. *Für beliebige $x, y \in \mathcal{X}$ und $\beta \geq 0$ ist*

$$\lim_{n \to \infty} p_n^{(\beta)}(x,y) = Q^{(\beta)}\{y\} := \frac{\exp(-\beta f(y))}{\sum_{z \in \mathcal{X}} \exp(-\beta f(z))}.$$

Anmerkung 12.32 Mit dem Wert $m(f) := \min_{x \in \mathcal{X}} f(x)$ und der Menge $\mathcal{M}(f) := \{x \in \mathcal{X} : f(x) = m(f)\}$ kann man schreiben:

$$Q^{(\beta)}\{y\} = \frac{\exp\big(\beta(m(f) - f(y))\big)}{\sum_{z \in \mathcal{X}} \exp\big(\beta(m(f) - f(z))\big)} \to \frac{1\{y \in \mathcal{M}(f)\}}{\#\mathcal{M}(f)} \quad (\beta \to \infty).$$

Daher wählt man in praktischen Anwendungen keinen festen Temperaturparameter β, sondern wählt $\beta = \beta_t$ mit $\beta_t \to \infty$ für $t \to \infty$. In den physikalischen Modellen entspricht dies dem allmählichen Abkühlen (annealing) des Systems. Wenn man nicht zu schnell abkühlt, dann erreicht das System irgendwann einen Zustand $x \in \mathcal{M}(f)$. Die mathematische Theorie hinter solchen Resultaten über *nicht-homogene* Markovketten geht aber über den Rahmen dieses Buches hinaus. Interessierte Leser verweisen wir auf die Monographie von Behrends (2000) und die dort zitierte Literatur.

Beweis von 12.31. Aus den allgemeinen Resultaten über aperiodische, irreduzible Markov-Ketten mit endlichem Zustandsraum folgt die Existenz einer eindeutigen bezüglich $p^{(\beta)}(\cdot, \cdot)$ invarianten Verteilung $Q^{(\beta)}$, wobei

$$Q^{(\beta)}\{y\} = \lim_{n \to \infty} p_n^{(\beta)}(x,y) > 0$$

für beliebige $x, y \in \mathcal{X}$. Es genügt also zu zeigen, dass für

$$\rho^{(\beta)}(y) := \exp(-\beta f(y))$$

folgende Gleichungen gelten:

$$\rho^{(\beta)}(y) = \sum_{x \in \mathcal{X}} \rho^{(\beta)}(x) p^{(\beta)}(x,y).$$

Doch für $x, y \in \mathcal{X}$ ist

$$\rho^{(\beta)}(x) p^{(\beta)}(x,y) = \rho^{(\beta)}(y) p^{(\beta)}(y,x).$$

Denn für $x = y$ ist diese Aussage trivial, und für $x \neq y$ ist

$$\begin{aligned}
\rho^{(\beta)}(x) p^{(\beta)}(x,y) &= \exp(-\beta f(x)) \min\{1, \exp\big(\beta(f(x) - f(y))\big)\} p(x,y) \\
&= \min\{\exp(-\beta f(x)), \exp(-\beta f(y))\} p(x,y) \\
&= \exp(-\beta f(y)) \min\{1, \exp\big(\beta(f(y) - f(x))\big)\} p(y,x) \\
&= \rho^{(\beta)}(y) p^{(\beta)}(y,x)
\end{aligned}$$

wegen der Symmetrie von $p(\cdot, \cdot)$. Folglich ist

$$\sum_{x \in \mathcal{X}} \rho^{(\beta)}(x) p^{(\beta)}(x,y) = \sum_{x \in \mathcal{X}} \rho^{(\beta)}(y) p^{(\beta)}(y,x) = \rho^{(\beta)}(y). \qquad \square$$

12.6 Übungsaufgaben

Aufgabe 12.1 Ein technisches Gerät bestehe aus zwei identischen Komponenten und sei funktionsfähig, solange mindestens eine Komponente intakt ist. Den Zustand dieses Gerätes beschreiben wir durch stochastisch unabhängige Zufallsvariablen $A_i^{(j)}$, $R_i^{(j)}$ ($j = 1, 2$; $i = 1, 2, 3, \ldots$) mit Werten in $\{0, 1\}$ und folgender Bedeutung:

- $A_i^{(j)} = 1$ bedeutet, dass Komponente j im Laufe des Tages i ausfällt (wenn sie nicht ohnehin schon defekt war).

- $R_i^{(j)} = 1$ bedeutet, dass Komponente j zu Beginn des Tages i überprüft und gegebenenfalls repariert wird.

- Falls beide Komponenten im Laufe des Tages $i - 1$ ausfielen und das Gerät somit defekt war, werden sie zu Beginn des Tages i repariert.

Nun sei X_t die Anzahl intakter Komponenten am Abend des Tages $t \in \mathbf{N}_0$, wobei $X_0 = 2$. Zeigen Sie, dass $(X_t)_{t=0}^{\infty}$ eine homogene Markovkette ist, und bestimmen Sie ihre Übergangswahrscheinlichkeiten $p(x, y)$ für $x, y \in \{0, 1, 2\}$. Dabei sei $P(A_i^{(j)} = 1) = \theta$ und $P(R_i^{(j)} = 1) = \beta$.

Aufgabe 12.2 Ein Zählgerät registriert (wenn überhaupt) für $n \in \mathbf{N}$, ob im Zeitraum $]n - 1, n]$ eine bestimmte Art von Teilchen eintrifft. Seien

$$E_n := 1\{\text{Teilchen trifft ein}\} \quad \text{und} \quad R_n := 1\{\text{Teilchen wird registriert}\}.$$

Wir betrachten $E_1, E_2, E_3, \ldots$ als stochastisch unabhängige Zufallsvariablen mit $P(E_n = 1) = p \in]0, 1[$.

Angenommen, das Zählgerät ist nach jeder Registrierung für $k \in \mathbf{N}$ weitere Zeitabschnitte blockiert. Man beobachtet also

$$R_n = 1\{R_{n-k} = \cdots = R_{n-1} = 0\} E_n,$$

wobei $R_t := 0$ für $t \leq 0$. Zeigen Sie, dass

$$X_t := (R_t, R_{t-1}, R_{t-2}, \ldots, R_{t-k+1})$$

eine homogene Markov-Kette $(X_t)_{t=0}^{\infty}$ definiert, und bestimmen Sie ihre Übergangswahrscheinlichkeiten.

Aufgabe 12.3 Diese Aufgabe behandelt Irrfahrten auf einer endlichen Gruppe $(\mathcal{X}, *)$. Sind $X_0, E_1, E_2, E_3, \ldots$ stochastisch unabhängige Zufallsvariablen mit Werten in $\mathcal{X}$, wobei $P(E_i = x) = q(x)$, dann definiert

$$X_n := X_0 * E_1 * E_2 * \cdots * E_n$$

eine homogene Markov-Kette mit Zustandsraum $\mathcal{X}$ und Übergangswahrscheinlichkeiten

$$p(x, y) = q(\text{inv}(x) * y)$$

mit dem inversen Element $\mathrm{inv}(x)$ von x bezüglich '$*$'.

(a) Die Gruppe bestehe aus den Elementen $1, 2, \ldots, d$. Schreiben Sie ein Programm, welches die Übergangsmatrix

$$\mathbf{P} \;=\; \begin{pmatrix} p(1,1) & p(1,2) & \cdots & p(1,d) \\ p(2,1) & p(2,2) & \cdots & p(2,d) \\ \vdots & \vdots & \ddots & \vdots \\ p(d,1) & p(d,2) & \cdots & p(d,d) \end{pmatrix}$$

als Funktion von $\mathbf{q} = (q(x))_{x=1}^{d}$ und der Matrix (Gruppentafel)

$$\mathbf{V} \;=\; (x * y)_{x,y=1}^{d}$$

berechnet.

(b) Testen Sie Ihr Programm anhand der Gruppe $\mathcal{X} = \{1, 2, \ldots, p-1\}$ mit der Verknüpfung

$$x * y := (xy) \bmod p,$$

wobei $p > 2$ eine Primzahl ist. Berechnen Sie $\mathbf{P}^n$ für $p = 11$ und $n = 1, 2, 3, 10, 100$ für ein (nichttriviales) $\mathbf{q}$ Ihrer Wahl.

Aufgabe 12.4 Zwei medizinische Behandlungen, die wir mit 0 und 1 bezeichnen, sollen an verschiedenen Probanden, die mit $0, 1, 2, 3, \ldots$ durchnummeriert werden, getestet werden. Sei

$$Y_t := 1\{\text{Beh. von Proband } t \text{ erfolgreich}\}.$$

Für Proband 0 wählt man die Behandlung X_0 rein zufällig aus $\{0, 1\}$. Für Proband n, $n \in \mathbf{N}$, wählt man die Behandlung

$$X_n \;=\; \begin{cases} X_{n-1} & \text{falls } Y_{n-1} = 1, \\ 1 - X_{n-1} & \text{falls } Y_{n-1} = 0. \end{cases}$$

(Dies ist die sogenannte "Play-the-winner-Strategie".) Für jeden Probanden sei

$$P(Y_t = 1 \mid X_t = x) = P\big(Y_t = 1 \mid X_s = x_s, Y_s = y_s \text{ für } 0 \le s < t, X_t = x\big)$$
$$= p_x$$

mit $0 < p_0, p_1 < 1$. Zeigen Sie, dass die Behandlungsabfolge $(X_t)_{t=0}^{\infty}$ eine homogene Markovkette ist, und bestimmen sie ihre Übergangswahrscheinlichkeiten.

Aufgabe 12.5 Sei $(X_t)_{t=0}^{\infty}$ eine homogene Markov-Kette mit Werten in der Menge $\mathcal{X} = \{0, 1, 2, \ldots, N\}$ und Übergangswahrscheinlichkeiten

$$p(0,1) \;=\; p(N, N-1) \;=\; 1,$$
$$p(x, x+1) \;=\; \theta(x) \quad \text{und} \quad p(x, x-1) \;=\; 1 - \theta(x) \quad \text{für } 1 \le x < N,$$

wobei $\theta(1), \theta(2), \ldots, \theta(N-1) \in \,]0,1[$. Betrachtet man Absorptionswahrscheinlichkeiten für $J = \{0, N\}$, dann ergibt sich ein Gleichungssystem der Form

$$h(0) \; = \; f(0) \quad \text{und} \quad h(N) = f(N),$$

$$h(x) \; = \; \sum_{y=0}^{N} p(x,y)h(y) \quad \text{für } 1 \le x < N,$$

mit vorgegebenen Zahlen $f(0)$ und $f(N)$.

(a) Zeigen Sie, dass

$$h(x+1) - h(x) \; = \; \frac{1 - \theta(x)}{\theta(x)} \, (h(x) - h(x-1)) \quad \text{für } 1 \le x \le N.$$

Leiten Sie hieraus ab, dass $h \equiv 1$ im Falle von $f(0) = f(N) = 1$.

(b) Berechnen Sie h numerisch für das Urnenmodell von Ehrenfest, also $\theta(x) = 1 - x/N$, wobei $N = 10$ und $f(0) = 0, f(N) = 1$.

Aufgabe 12.6 Beweisen Sie Anmerkung 12.17.

Aufgabe 12.7 Zeigen Sie, dass die invariante Verteilung für Beispiel 12.4 (Ehrenfests Urnenmodell) die Binomialverteilung $\mathrm{Bin}(N, 1/2)$ ist.

Welchen Zahlenwert hat $E_x(T_x)$ für $x = 0, 1, \ldots, N$ im Falle von $N = 20$?

Aufgabe 12.8 Betrachten Sie die für Beispiel 12.5 beschriebene Methode des Kartenmischens: Man unterteilt den Stapel mit $N \ge 4$ Karten zufällig in drei Teilstapel und vertauscht den oberen mit dem unteren ("Über-die-Hand-Mischen"). Zeigen Sie, dass der entsprechende Markovkern irreduzibel ist.

Hinweis: Es genügt zu zeigen, dass man für beliebige $i \in \{2, \ldots, N\}$ mit endlich vielen Mischvorgängen die Karten an den Positionen $i - 1$ und i vertauschen kann. (Stimmt's?) Betrachten Sie zunächst den Fall $N = 4$.

Aufgabe 12.9 Betrachten Sie nochmals die Mischmethode aus Aufgabe 12.8. Wie wir nun wissen, ist der entsprechende Markovkern auf $\mathcal{S}_N$ irreduzibel. Zeigen Sie nun, dass er im Falle von $N \ge 5$ auch aperiodisch ist.

Approximation von Verteilungen

13.1 Die Poissonapproximation

In Kapitel 4 betrachteten wir die Binomialverteilung $\text{Bin}_{n,p}$ mit Parametern $n \in \mathbf{N}$ und $p \in [0,1]$ sowie die Poissonverteilung Poiss_λ mit Parameter $\lambda \geq 0$. Für $k \in \mathbf{N}_0$ haben diese Verteilungen die Gewichte

$$\text{Bin}_{n,p}(\{k\}) = \binom{n}{k} p^k (1-p)^{n-k},$$

$$\text{Poiss}_\lambda(\{k\}) = \exp(-\lambda) \frac{\lambda^k}{k!}.$$

Wir zeigten, dass

$$\lim_{n \to \infty, np \to \lambda} \text{Bin}_{n,p}(\{k\}) = \text{Poiss}_\lambda(\{k\}).$$

Man kann diese Tatsache als Spezialfall eines allgemeineren und auch präziseren Resultates auffassen, welches wir gleich beweisen werden. Die Kernaussage ist, dass die Summe von stochastisch unabhängigen, $\{0,1\}$–wertigen Zufallsvariablen approximativ poissonverteilt ist, wenn jeder einzelne Summand nur einen kleinen Erwartungswert hat.

Bevor wir dieses Resultat behandeln, erinnern wir an zwei wesentliche Eigenschaften von Poisson-Verteilungen. Für zwei stochastisch unabhängige Zufallsvariablen X, Y auf einem Wahrscheinlichkeitsraum $(\Omega, \mathcal{A}, P)$ mit Verteilungen $P^X = \text{Poiss}_\lambda$ und $P^Y = \text{Poiss}_\mu$ ist

$$E(X) = \text{Var}(X) = \lambda \quad \text{und} \quad P^{X+Y} = \text{Poiss}_{\lambda+\mu}.$$

Theorem 13.1. *(LeCam) Seien $X_1, X_2, \ldots, X_n$ stochastisch unabhängige Zufallsvariablen mit $P(X_i = 1) = 1 - P(X_i = 0) = p_i$. Mit $S := \sum_{i=1}^n X_i$ und $\lambda := \sum_{i=1}^n p_i$ ist*

$$\sup_{C \subset \mathbf{N}_0} \left| P(S \in C) - \text{Poiss}_\lambda(C) \right| \leq \sum_{i=1}^{n} p_i^2.$$

Anmerkung. Man kann die Summe $\sum_{i=1}^{n} p_i^2$ durch $\lambda \max_{i \leq n} p_i$ nach oben abschätzen. Speziell für $p_1 = p_2 = \cdots = p_n = p \in [0,1]$ ist $\lambda = np$ und $\sum_{i=1}^{n} p_i^2 = \lambda p = np^2$. Der Unterschied zwischen $\text{Bin}_{n,p}$ und Poiss_{np} wird also beliebig klein, wenn np^2 gegen Null konvergiert.

Beweis von Satz 13.1. Der Beweis wird mithilfe einer Koppelung geführt: Wir konstruieren stochastisch unabhängige Paare $(\widetilde{X}_1, Y_1)$, $(\widetilde{X}_2, Y_2)$, ..., $(\widetilde{X}_n, Y_n)$ von Zufallsvariablen auf einem geeigneten Wahrscheinlichkeitsraum $(\Omega, \mathcal{A}, P)$, so dass

$$P(\widetilde{X}_i = 1) = 1 - P(\widetilde{X}_i = 0) = p_i,$$
$$P^{Y_i} = \text{Poiss}_{p_i},$$
$$P(\widetilde{X}_i \neq Y_i) \leq p_i^2.$$

Die Summe $\widetilde{S} := \sum_{i=1}^{n} \widetilde{X}_i$ ist dann genauso verteilt wie S, die Summe $T := \sum_{i=1}^{n} Y_i$ ist Poisson-verteilt mit Parameter λ, weshalb

$$\begin{aligned}
\left| P(S \in C) - \text{Poiss}_\lambda(C) \right| &= \left| P(\widetilde{S} \in C) - P(T \in C) \right| \\
&= \left| P(\widetilde{S} \in C, \widetilde{S} \neq T) - P(T \in C, T \neq \widetilde{S}) \right| \\
&\leq P(\widetilde{S} \neq T) \\
&\leq \sum_{i=1}^{n} P(\widetilde{X}_i \neq Y_i) \\
&\leq \sum_{i=1}^{n} p_i^2.
\end{aligned}$$

Zur Konstruktion der $(\widetilde{X}_i, Y_i)$: Seien $U_1, U_2, \ldots, U_n$ stochastisch unabhängig und uniform verteilt auf $[0,1]$. Nun verwenden wir die in Kapitel 9.4 eingeführte Quantiltransformation und definieren

$$\widetilde{X}_i := 1\{U_i > 1 - p_i\},$$
$$Y_i := \min\left\{ k \in \mathbf{N}_0 : \sum_{\ell=0}^{k} \exp(-p_i) \frac{p_i^\ell}{\ell!} \geq U_i \right\}.$$

Dann haben die Variablen $\widetilde{X}_i$ und Y_i die gewünschten Verteilungen, und die Paare $(\widetilde{X}_i, Y_i)$ sind stochastisch unabhängig. Man kann sich leicht davon überzeugen, dass

$$(\widetilde{X}_i, Y_i) \begin{cases} = (0,0) & \text{falls } U_i \leq 1 - p_i, \\ = (1,0) & \text{falls } 1 - p_i < U_i \leq \exp(-p_i), \\ = (1,1) & \text{falls } \exp(-p_i) < U_i \leq \exp(-p_i)(1 + p_i), \\ \in \{(1,k) : k \geq 2\} & \text{falls } U_i \geq \exp(-p_i)(1 + p_i). \end{cases}$$

Dabei ist zu beachten, dass stets $\exp(-p_i) \geq 1 - p_i$. Folglich ist $P(\widetilde{X}_i \neq Y_i)$ gleich der Wahrscheinlichkeit, dass $1 - p_i < U_i \leq \exp(-p_i)$ oder $U_i \geq \exp(-p_i)(1 + p_i)$, und diese ist gleich

$$p_i(1 - \exp(-p_i)) \leq p_i^2. \qquad \square$$

Beispiel 13.2 (Telefonauskunft)   Für ein bestimmtes Zeitintervall, sagen wir an einem Montag zwischen 8:00 und 8:05 Uhr, sei S die zufällige Zahl der Anfragen in einer Auskunftsstelle. Man kann S schreiben als $\sum_{j \in \mathcal{J}} X_j$, wobei $\mathcal{J}$ die Menge aller Telefonbenutzer darstellt, und $X_j \in \{0, 1\}$ ist der Indikator, dass Benutzer j in dem besagten Zeitintervall eine Auskunft verlangt. Betrachtet man diese Indikatoren X_j als unabhängige Zufallsvariablen, die jeweils einen sehr kleinen Erwartungswert haben, dann ist S näherungsweise poissonverteilt mit Parameter $\sum_{j \in \mathcal{J}} p_j$, wobei $p_j = E(X_j) = P\{X_j = 1\}$. Dabei kann es durchaus sein, dass die Wahrscheinlichkeiten p_j personenabhängig sind.

Beispiel 13.3 (Keimlinge)   Mehrere Pflanzen einer bestimmten Art produzieren in einem Jahr eine große Menge an Samen, die durch Wind oder Tiere in der Umgebung verstreut werden. Sei S die Zahl der Samen, die in einem bestimmten kleinen Gebiet landen und im folgenden Jahr erfolgreich keimen. Die Chancen für einen einzelnen Samen, in dem besagten Gebiet zu keimen, seien recht gering. Dann kann man S als poissonverteilte Zufallsvariable betrachten.

13.2 Poissonprozesse

Die beiden vorangegangenen Beispiele 13.2 und 13.3 haben eine zeitliche beziehungsweise räumliche Komponente, die wir bisher noch nicht berücksichtigt haben. Im vorliegenden Abschnitt beschreiben und begründen wir Modelle, die solche Prozesse mit räumlicher oder zeitlicher Komponente beschreiben. Allgemein betrachten wir einen Maßraum $(\mathcal{X}, \mathcal{B}, \Lambda)$, wobei $\mathcal{X} = \bigcup_{n=1}^{\infty} B_n$ mit Mengen $B_n \in \mathcal{B}$ derart, dass $\Lambda(B_n) < \infty$.

Definition 13.4. (Poissonprozess)   Ein Poissonprozess auf $\mathcal{X}$ mit Intensitätsmaß Λ ist ein zufälliges Maß M auf $\mathcal{B}$, so dass folgende zwei Bedingungen erfüllt sind:

(i)   Für $B \in \mathcal{B}$ ist $M(B)$ eine Zufallsvariable mit Werten in $\mathbf{N}_0 \cup \{\infty\}$. Im Falle von $\Lambda(B) < \infty$ ist sie Poisson-verteilt mit Parameter $\Lambda(B)$.

(ii)   Für beliebige $d \in \mathbf{N}$ und disjunkte Mengen $B_1, B_2, \ldots, B_d \in \mathcal{B}$ sind die Zufallsvariablen $M(B_1), M(B_2), \ldots, M(B_d)$ stochastisch unabhängig.

Unter einem zufälligen Maß M auf $\mathcal{B}$ verstehen wir eine Abbildung M von einem Wahrscheinlichkeitsraum $(\Omega, \mathcal{A}, P)$ in die Menge aller Maße auf $\mathcal{B}$. Es wird also jedem Punkt $\omega \in \Omega$ ein Maß $M(\omega, \cdot)$ auf $\mathcal{B}$ zugeordnet, wobei das erste Argument in der Regel versteckt wird.

Einen Poissonprozess M kann man sich auch als zufällige Punktwolke vorstellen. Sein Intensitätsmaß Λ spezifiziert für alle $B \in \mathcal{B}$ den Erwartungswert $E(M(B)) = \Lambda(B)$.

In Beispiel 13.2 könnte $\mathcal{X}$ ein größeres Zeitintervall sein, und $M(B)$ ist die zufällige Zahl der Anfragen im Zeitraum $B \subset \mathcal{X}$. Das Intensitätsmaß Λ spiegelt unterschiedliche Belastungen je nach Tageszeit und Wochentag wieder. In Beispiel 13.3 könnte $\mathcal{X}$ eine größere Waldregion sein, und $M(B)$ ist die Zahl der Keimlinge, die in einem bestimmten Jahr im Gebiet $B \subset \mathcal{X}$ Fuß fassen. Das Intensitätsmaß Λ beschreibt dann unterschiedliche Wachstumsbedingungen an verschiedenen Standorten.

Anmerkung 13.5 (Summen unabhängiger Poissonprozesse) Seien M_1 und M_2 stochastisch unabhängige Poissonprozesse auf $\mathcal{X}$ mit Intensitätsmaßen Λ_1 beziehungsweise Λ_2. Dann ist $M_1 + M_2$ ein Poissonprozess auf $\mathcal{X}$ mit Intensitätsmaß $\Lambda_1 + \Lambda_2$.

Nun gehen wir folgenden Fragen nach:
- Existiert zu einem vorgegebenem Maßraum $(\mathcal{X}, \mathcal{B}, \Lambda)$ ein Poissonprozess mit Intensitätsmaß Λ? Wie kann man einen solchen Prozess simulieren?
- Unter welchen Annahmen ist ein solches Modell adäquat?
- Welche Eigenschaften haben Poissonprozesse in bestimmten Spezialfällen?

13.2.1 Existenz und Simulation von Poissonprozessen

Ein wichtiges Hilfsmittel ist eine Verallgemeinerung von Binomialverteilungen.

Definition 13.6. *(Multinomialverteilung)* Für ganze Zahlen $n \geq 0$ und $d > 1$ seien $p_1, \ldots, p_d$ nichtnegative Zahlen, so dass $p_1 + \cdots + p_d = 1$. Eine $\mathbf{N}_0^d$-wertige Zufallsvariable $N = (N_j)_{j=1}^d$ heißt multinomialverteilt mit Parametern n und $p_1, \ldots, p_d$, wenn

$$P(N_1 = n_1, \ldots, N_d = n_d) = \binom{n}{n_1 \ldots n_d} p_1^{n_1} \cdots p_d^{n_d} \qquad (13.1)$$

für $n_1, \ldots, n_d \in \mathbf{N}_0$. Dabei verwenden wir den Multinomialkoeffizienten

$$\binom{n}{n_1 \ldots n_d} := \begin{cases} \dfrac{n!}{n_1! \cdots n_d!} & \text{falls } n_1 + \cdots + n_d = n, \\[2mm] 0 & \text{sonst.} \end{cases}$$

Die Verteilung eines solchen Tupels N heißt Multinomialverteilung mit Parametern n und $p_1, \ldots, p_d$ und wird mit $\mathrm{Mult}(n; p_1, \ldots, p_d)$ bezeichnet.

Anmerkung 13.7 Multinomialverteilungen treten in folgender Situation auf: Seien $X_1, X_2, \ldots, X_n$ stochastisch unabhängige, identisch verteilte Zufallsvariablen mit Werten in $\{1, 2, \ldots, d\}$. Sei $p_j := P(X_i = j)$ und

$$N_j := \#\{i \leq n : X_i = j\}.$$

Dann ist das Tupel $N = (N_j)_{j=1}^d$ multinomialverteilt mit Parametern n und $p_1, \ldots, p_d$. Sei nämlich x ein festes Tupel in $\{1, 2, \ldots, d\}^n$, so dass für $j \leq d$ die Menge $\mathcal{M}_j := \{i \leq n : x_i = j\}$ genau n_j Punkte enthält. (Insbesondere ist dann $n_1 + \cdots + n_d$ gleich n.) Dann ist

$$P\big(X_i = x_i \text{ für alle } i \leq n\big) = \prod_{i=1}^n p_{x_i} = p_1^{n_1} \cdots p_d^{n_d}.$$

Die Frage ist nur noch, wieviele solche Tupel x existieren. Es gibt $\binom{n}{n_1}$ Möglichkeiten für die Wahl von $\mathcal{M}_1$, danach $\binom{n-n_1}{n_2}$ Möglichkeiten für die Wahl von $\mathcal{M}_2$, danach $\binom{n-n_1-n_2}{n_3}$ Möglichkeiten für die Wahl von $\mathcal{M}_3$, und so weiter. Also gibt es insgesamt

$$\binom{n}{n_1}\binom{n-n_1}{n_2}\binom{n-n_1-n_2}{n_3}\cdots\binom{n-n_1-\cdots-n_{d-2}}{n_{d-1}}\binom{n_d}{n_d}$$

solche Tupel x, und dieses Produkt von Binomialkoeffizienten ist identisch mit dem Multinomialkoeffizienten $\binom{n}{n_1 \ldots n_d}$.

Anmerkung 13.8 Angenommen M ist ein Poissonprozess auf $\mathcal{X}$ mit Intensitätsmaß Λ. Nun seien $B_1, \ldots, B_d$ paarweise disjunkte Mengen aus $\mathcal{B}$, so dass $0 < \Lambda(B_j) < \infty$ für $1 \leq j \leq d$. Definiert man nun

$$p_j := \Lambda(B_j)/\Lambda(B_*) \quad \text{mit } B_* := B_1 \cup \cdots \cup B_d,$$

dann ist die bedingte Verteilung von $(M(B_j))_{j=1}^d$, gegeben dass $M(B_*) = n$, eine Multinomialverteilung mit Parametern n und $p_1, \ldots, p_d$. Denn $M(B_*)$ ist poissonverteilt mit Parameter $\Lambda(B_*)$, so dass für beliebige Zahlen $n_1, \ldots, n_d$ aus $\mathbf{N}_0$ mit Summe n gilt:

$$P\big(M(B_j) = n_j \text{ für } 1 \leq j \leq d \,\big|\, M(B_*) = n\big)$$

$$= \frac{\prod_{j=1}^d \exp(-\Lambda(B_j))\Lambda(B_j)^{n_j}/n_j!}{\exp(-\Lambda(B_*))\Lambda(B_*)^n/n!} = \binom{n}{n_1 \ldots n_d} p_1^{n_1} \cdots p_d^{n_d}.$$

Nun beschreiben wir eine explizite Konstruktion eines Poissonprozesses:

Lemma 13.9. *Sei $0 < \Lambda(\mathcal{X}) < \infty$, und sei $P(B) := \Lambda(B)/\Lambda(\mathcal{X})$ für $B \in \mathcal{B}$. Nun seien $N, X_1, X_2, X_3, \ldots$ stochastisch unabhängige Zufallsvariablen, wobei N nach $\text{Poiss}_{\Lambda(\mathcal{X})}$ und X_i nach P verteilt ist. Dann definiert*

$$M(B) := \sum_{i=1}^{N} 1\{X_i \in B\}$$

(mit der Konvention $\sum_{i=1}^{0} := 0$) einen Poissonprozess mit Intensitätsmaß Λ.

Möchte man also einen Poissonprozess mit Intensitätsmaß Λ simulieren, wobei $\Lambda(\mathcal{X}) < \infty$, dann erzeugt man zunächst eine poissonverteilte Zufallsvariable mit Mittelwert $\Lambda(\mathcal{X})$. Dann simuliert man N stochastisch unabhängige und identisch verteilte Zufallsvariablen mit Verteilung $P = \Lambda(\mathcal{X})^{-1}\Lambda$. Jeder dieser N Punkte erhält die Masse Eins. Das resultierende diskrete Maß M mit Gesamtgewicht $M(\mathcal{X}) = N$ ist dann eine Realisation des besagten Prozesses.

Beweis von Lemma 13.9. Wir betrachten beliebige disjunkte Mengen B_1, $\ldots$, B_d aus $\mathcal{B}$. Zu zeigen ist, dass die Zufallsvariablen $M(B_1)$, $\ldots$, $M(B_d)$ stochastisch unabhängig und Poisson-verteilt sind mit Parametern $\Lambda(B_1)$, $\ldots$, $\Lambda(B_d)$. Ohne Einschränkung sei $\mathcal{X} = B_1 \cup \cdots \cup B_d$. Anderenfalls müsste man noch eine Menge aus $\mathcal{B}$ hinzunehmen. Für beliebige Zahlen $n_1, \ldots, n_d \in \mathbf{N}_0$ und deren Summe $n = n_1 + \cdots + n_d$ ist

$$P\big(M(B_j) = n_j \text{ für } j \leq d\big)$$
$$= P\big(N = n, M(B_j) = n_j \text{ für } j \leq d\big)$$
$$= P(N = n)P\big(M(B_j) = n_j \text{ für } j \leq d \,\big|\, N = n\big)$$
$$= P(N = n) \binom{n}{n_1 \ldots n_d} P(B_1)^{n_1} \cdots P(B_d)^{n_d} \quad \text{(Anmerkung 13.7)}$$
$$= \exp(-\Lambda(\mathcal{X}))\Lambda(\mathcal{X})^n \frac{1}{n_1! \cdots n_d!} P(B_1)^{n_1} \cdots P(B_d)^{n_d}$$
$$= \prod_{j=1}^{d} \exp(-\Lambda(B_j)) \frac{\Lambda(B_j)^{n_j}}{n_j!}$$
$$= \prod_{k=1}^{d} \mathrm{Poiss}_{\Lambda(B_j)}(\{n_j\}). \qquad \square$$

13.2.2 Rechtfertigung des Modells

Nun werden wir begründen, weshalb Poissonprozesse in vielen Anwendungen ein adäquates Modell sind. Zu diesem Zweck betrachten wir stochastisch unabhängige Zufallsvariablen $X_1, X_2, \ldots, X_n$ mit Werten in $\bar{\mathcal{X}} := \mathcal{X} \cup \{x_\infty\}$. Dabei sei $x_\infty \notin \mathcal{X}$. Mit Hilfe dieser Variablen definieren wir ein zufälliges Maß $\widehat{M}$ auf $\mathcal{B}$:

$$\widehat{M}(B) := \#\{i \leq n : X_i \in B\}.$$

(Wir betrachten also ausschließlich Mengen $B \subset \mathcal{X}$.)

In Beispiel 13.2 sei $\mathcal{X}$ ein bestimmtes Zeitintervall, und $X_1, X_2, \ldots, X_n$ seien die Anfragezeiten aller potentiellen Kunden. Im Falle von $X_i = x_\infty$ nimmt Kunde i die Auskunft im Zeitraum $\mathcal{X}$ nicht in Anspruch.

In Beispiel 13.3 sei $X_i \in \mathcal{X}$ der Ort, an welchem der i-te Pflanzensame keimt. Im Falle von $X_i = x_\infty$ erfolgt keine Keimung, beispielsweise wegen Frost oder Wildfraß.

Wenn die Ereignisse, dass $X_i = x_\infty$, recht wahrscheinlich sind, so kann man das Maß $\widehat{M}$ recht gut durch einen Poissonprozess approximieren:

Theorem 13.10. *Das zufällige Maß $\widehat{M}$ auf $\mathcal{B}$ kann man mit einem Poissonprozess M auf $\mathcal{X}$ mit Intensitätsmaß*

$$B \mapsto \Lambda(B) := \sum_{i=1}^{n} P(X_i \in B)$$

koppeln, so dass

$$P(\widehat{M} \neq M) \leq \sum_{i=1}^{n} P(X_i \in \mathcal{X})^2.$$

Beweis von Theorem 13.10. Die Koppelung von $\widehat{M}$ und M bedeutet die Existenz eines Wahrscheinlichkeitsraumes $(\Omega, \mathcal{A}, P)$, auf welchem Zufallsvariablen $\tilde{X}_1, \tilde{X}_2, \ldots, \tilde{X}_n$ und M mit folgenden Eigenschaften definiert sind:
- $(\tilde{X}_1, \tilde{X}_2, \ldots, \tilde{X}_n)$ ist verteilt wie $(X_1, X_2, \ldots, X_n)$,
- M ist ein Poissonprozess mit Intensitätsmaß Λ,
- Mit $\check{M}(B) := \#\{i \leq n : \tilde{X}_i \in B\}$ ist $P(\check{M} \neq M) \leq \sum_{i=1}^{n} P(X_i \in \mathcal{X})^2$.

Mit $p_i := P(X_i \in \mathcal{X})$ betrachten wir stochastisch unabhängige Zufallsvariablen

$$(N_1, \tilde{N}_1),\ Y_{1,1}, Y_{1,2}, Y_{1,3}, \ldots,$$
$$(N_2, \tilde{N}_2),\ Y_{2,1}, Y_{2,2}, Y_{2,3}, \ldots,$$
$$\vdots \qquad\qquad \vdots$$
$$(N_n, \tilde{N}_n),\ Y_{n,1}, Y_{n,2}, Y_{n,3}, \ldots,$$

so dass gilt:

$$N_i \text{ hat Verteilung Poiss}_{p_i},$$
$$P(\tilde{N}_i = 1) = 1 - P(\tilde{N}_i = 0) = p_i,$$
$$P(N_i \neq \tilde{N}_i) \leq p_i^2,$$
$$P(Y_{i,j} \in B) = P(X_i \in B \mid X_i \in \mathcal{X}).$$

Die Existenz von $(N_i, \tilde{N}_i)$ mit den angegebenen Eigenschaften ergibt sich aus dem Beweis von Theorem 13.1. Nun definieren wir

$$M := M_1 + M_2 + \cdots + M_n$$

mit
$$M_i(B) := \#\{j \le N_i : Y_{i,j} \in B\}.$$

Unser Existenzbeweis für Poissonprozesse und Anmerkung 13.5 zeigen, dass M ein Poissonprozess auf $\mathcal{X}$ mit dem gewünschten Intensitätsmaß Λ ist. Mit

$$\tilde{X}_i := \begin{cases} Y_{i,1} \text{ falls } N_i = 1 \\ x_\infty \text{ falls } N_i = 0 \end{cases}$$

ist $(\tilde{X}_1, \tilde{X}_2, \ldots, \tilde{X}_n)$ genauso verteilt wie $(X_1, X_2, \ldots, X_n)$, und das zufällige Maß $B \mapsto \check{M}(B) := \#\{i \le n : \tilde{X}_i \in B\}$ erfüllt die Ungleichung

$$P(\check{M} \ne M) \le P(\tilde{N}_i \ne N_i \text{ für ein } i \le n) \le \sum_{i=1}^{n} P(X_i \in \mathcal{X})^2. \qquad \square$$

13.2.3 Poissonprozesse auf $[0, \infty[$

In Anlehnung an Beispiel 13.2 betrachten wir jetzt Poissonprozesse auf $\mathcal{X} = [0, \infty[$, wobei $\mathcal{B}$ aus allen Borelmengen in $\mathcal{X}$ besteht. Nun betrachten wir das spezielle Intensitätsmaß $\Lambda = \lambda \cdot \text{Leb}$, also $\Lambda(B) = \lambda \cdot \text{Länge}(B)$ für Intervalle $B \subset [0, \infty[$. Ein Poissonprozess mit diesem Intensitätsmaß heißt auch *Poissonprozess mit Parameter λ*.

Die Existenz eines solchen Prozesses folgt nicht direkt aus Lemma 13.9, da $\Lambda(\mathcal{X}) = \infty$. Man könnte stochastisch unabhängige Poissonprozesse M_1, M_2, M_3, ... mit Intensitätsmaßen $\Lambda_1, \Lambda_2, \Lambda_3, \ldots$ konstruieren und aufsummieren, wobei $\Lambda_j(B) := \Lambda(B \cap [j-1, j[)$. Das folgende Theorem impliziert eine elegantere Methode.

Theorem 13.11. *Sei M ein Poissonprozess auf $[0, \infty[$ mit Parameter $\lambda > 0$. Mit Wahrscheinlichkeit Eins erfüllt M die folgenden zwei Bedingungen:*

$$M(\{x\}) \le 1 \quad \text{für alle } x \ge 0,$$

$$\lim_{x \to \infty} \frac{M([0, x])}{x} = \lambda.$$

Seien $T_1 < T_2 < T_3 < \cdots$ alle Punkte $x \in [0, \infty[$ mit $M(\{x\}) = 1$. Dann sind die Variablen $Y_1 := T_1, Y_2 := T_2 - T_1, Y_3 := T_3 - T_2, \ldots$ stochastisch unabhängig und exponentialverteilt mit Parameter λ. Das heißt,

$$P(Y_i \le r) = 1 - \exp(-\lambda r) \quad \text{für alle } r \ge 0.$$

Zur Simulation eines Poissonprozesses M auf $[0, \infty[$ mit Parameter $\lambda > 0$ erzeuge man also stochastisch unabhängige, exponentialverteilte Zufallsvariablen $Y_1, Y_2, Y_3, \ldots$ mit Parameter λ, bilde die Partialsummen $T_k := \sum_{i=1}^{k} Y_i$ und definiere

$$M(B) \; := \; \#\{k \in \mathbf{N} : T_k \in B\}.$$

Beweis von Theorem 13.11. Für $n \in \mathbf{N}$ sei

$$I_{n,1} := [0, 1/n], \; I_{n,2} :=]1/n, 2/n], \; I_{n,3} :=]2/n, 3/n] \ldots$$

Dann ist $P(M(I_{n,k}) > 1)$ gleich

$$1 - \mathrm{Poiss}_{\lambda/n}(\{0, 1\}) \; = \; 1 - \exp(-\lambda/n) - \exp(-\lambda/n)\lambda/n \; \leq \; (\lambda/n)^2,$$

weshalb

$$P\big(M(\{x\}) > 1 \text{ für ein } x \geq 0\big)$$
$$\leq \lim_{n \to \infty} P\big(M(I_{n,k}) > 1 \text{ für ein } k \leq n^{3/2}\big) \; \leq \; \lim_{n \to \infty} n^{3/2}(\lambda/n)^2 \; = \; 0.$$

Aus dem starken Gesetz der großen Zahlen, angewandt auf die nach Poiss_λ verteilten Zufallsvariablen $M(I_{1,1}), M(I_{1,2}), M(I_{1,3}), \ldots$ mit Erwartungswert und Varianz λ, folgt, dass

$$\lim_{\mathbf{N} \ni n \to \infty} \frac{M([0, n])}{n} = \lambda$$

mit Wahrscheinlichkeit Eins. Für $n \in \mathbf{N} \setminus \{1\}$ und $n - 1 < x < n$ gelten aber die Ungleichungen

$$\frac{n-1}{n} \frac{M([0, n-1])}{n-1} < \frac{M([0, x])}{x} < \frac{n}{n-1} \frac{M([0, n])}{n},$$

weshalb auch

$$\lim_{]0,\infty[\ni x \to \infty} \frac{M([0, x])}{x} = \lambda.$$

Zu zeigen ist nun, dass für beliebige natürliche Zahlen m und reelle Zahlen $r_1, \ldots, r_m \geq 0$ gilt:

$$P\big(Y_k > r_k \text{ für alle } k \leq m\big) \; = \; \prod_{k=1}^{m} \exp(-\lambda r_k). \qquad (13.2)$$

Dazu bezeichnen wir mit $T_{n,1} < T_{n,2} < T_{n,3} < \cdots$ alle Indizes j so dass $M(I_{n,j}) > 0$. Dann sind die Differenzen $Y_{n,k} := T_{n,k} - T_{n,k-1}$ (mit $T_{k,0} := 0$) stochastisch unabhängig und geometrisch verteilt mit Parameter $p_n := 1 - \exp(-\lambda/n)$; das heißt,

$$P(Y_{n,k} > z) \; = \; (1 - p_n)^z \quad \text{für ganze Zahlen } z \geq 0.$$

Dies wurde in Kapitel 11.3 über Acceptance-Rejection-Verfahren bewiesen. Man kann sich außerdem leicht davon überzeugen, dass

$$\lim_{n \to \infty} \frac{Y_{n,k}}{n} = Y_k \qquad (13.3)$$

für alle $k \in \mathbf{N}$. Doch ähnlich wie in Beispiel 9.26 kann man zeigen, dass $P(Y_{n,k}/n > r_k)$ für $n \to \infty$ gegen $\exp(-\lambda r_k)$ konvergiert. Zusammen mit (13.3) und der Unabhängigkeit der Variablen $Y_{n,1}, Y_{n,2}, Y_{n,3}, \ldots$ ergibt sich hieraus (13.2). $\qquad \square$

13.3 Normalapproximationen

In diesem Abschnitt beschäftigen wir uns mit sogenannten Normalverteilungen, die wie folgt definiert werden.

Definition 13.12. *(Standardnormalverteilung)   Die Standardnormalverteilung auf* $\mathbf{R}$ *ist das Wahrscheinlichkeitsmaß auf* Borel$(\mathbf{R})$ *mit folgender Dichtefunktion* ϕ:

$$\phi(x) := \frac{\exp(-x^2/2)}{\sqrt{2\pi}}.$$

Man nennt ϕ *auch Gaußsche Glockenkurve. Die entsprechende Verteilungsfunktion ist die Gaußsche Fehlerfunktion* Φ:

$$\Phi(r) := \int_{-\infty}^{r} \phi(x)\,dx$$

Anmerkung 13.13 Eine Zufallsvariable Z mit Verteilungsfunktion Φ heißt standardnormalverteilt. Ihre ersten beiden Momente sind

$$E(Z) = 0 \quad \text{und} \quad \text{Var}(Z) = E(Z^2) = 1. \tag{13.4}$$

Daher bezeichnet man die Standardnormalverteilung auch mit $\mathcal{N}(0,1)$.
Beweis von (13.4). Da $x \mapsto x\phi(x)$ eine ungerade Funktion ist, ist

$$E(Z) = \int_{-\infty}^{\infty} x\phi(x)\,dx = 0.$$

Desweiteren kann man mithilfe partieller Integration zeigen, dass

$$\begin{aligned}
E(Z^2) &= \int_{-\infty}^{\infty} x^2 \phi(x)\,dx \\
&= -\frac{1}{\sqrt{2\pi}} \int_{0}^{\infty} x \cdot \frac{d}{dx} \exp(-x^2/2)\,dx \\
&= -\frac{1}{\sqrt{2\pi}} (x\exp(-x^2/2))\Big|_{x=-\infty}^{\infty} + \frac{1}{\sqrt{2\pi}} \int_{-\infty}^{\infty} \exp(-x^2/2)\,dx \\
&= 0 + 1. \qquad \square
\end{aligned}$$

Definition 13.14. *(Normalverteilungen)   Die Normalverteilung mit Mittelwert* $\mu \in \mathbf{R}$ *und Standardabweichung* $\sigma > 0$ *(Varianz* σ^2*) ist definiert als das Wahrscheinlichkeitsmaß auf* Borel$(\mathbf{R})$ *mit Dichtefunktion*

$$x \mapsto \frac{1}{\sigma}\phi\Big(\frac{x-\mu}{\sigma}\Big) = \frac{1}{\sqrt{2\pi\sigma^2}} \exp\Big(-\frac{(x-\mu)^2}{2\sigma^2}\Big).$$

Bezeichnet wird diese Verteilung mit $\mathcal{N}(\mu, \sigma^2)$*. Die entsprechende Verteilungsfunktion ist*

$$r \mapsto \Phi\Big(\frac{r-\mu}{\sigma}\Big).$$

Anmerkung 13.15 Eine Zufallsvariable X mit Verteilung $\mathcal{N}(\mu, \sigma^2)$ heißt *normalverteilt mit Erwartungswert μ und Standardabweichung σ*. In der Tat kann man leicht zeigen, dass X genau dann nach $\mathcal{N}(\mu, \sigma^2)$ verteilt ist, wenn $Z := (X - \mu)/\sigma$ standardnormalverteilt ist; siehe auch Beispiel 10.9. Aus $X = \mu + \sigma Z$ folgt dann direkt, dass

$$E(X) = \mu \quad \text{und} \quad \text{Var}(X) = \sigma^2.$$

Abbildung 13.1 zeigt die Dichtefunktionen von $\mathcal{N}(0,1)$ und $\mathcal{N}(4, (1/2)^2)$. Dabei werden die Werte μ und $\mu \pm \sigma$ durch vertikale Linien hervorgehoben.

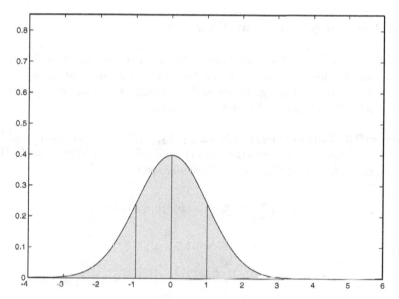

Abb. 13.1. Dichtefunktionen von $\mathcal{N}(0,1)$ und $\mathcal{N}(4, (1/2)^2)$

Eine wesentliche Tatsache ist, dass die Summe stochastisch unabhängiger und normalverteilter Zufallsvariablen erneut normalverteilt ist.

Lemma 13.16. *(Faltungen von Normalverteilungen) Seien X und Y stochastisch unabhängig mit Verteilung $\mathcal{N}(\mu, \sigma^2)$ bzw. $\mathcal{N}(\nu, \tau^2)$. Dann ist $X + Y$ nach $\mathcal{N}(\mu + \nu, \sigma^2 + \tau^2)$ verteilt.*

Beweis. Wir schreiben $X = \mu + \sigma Z_1$ und $Y = \nu + \tau Z_2$ mit stochastisch unabhängigen, standardnormalverteilten Zufallsvariablen Z_1 und Z_2. Die Verteilung des Vektors $Z = (Z_1, Z_2) \in \mathbf{R}^2$ wird durch die Dichtefunktion

$$f(z) = \phi(z_1)\phi(z_2) = \frac{\exp(-\|z\|^2/2)}{2\pi}$$

beschrieben; siehe Beispiel 10.7. Nun betrachten wir die Matrix

$$B := \begin{pmatrix} a & -b \\ b & a \end{pmatrix} \quad \text{mit } a := \frac{\sigma}{\sqrt{\sigma^2 + \tau^2}} \text{ und } b := \frac{\tau}{\sqrt{\sigma^2 + \tau^2}}.$$

Diese Matrix ist orthonormal, das heißt, $B^\mathsf{T}B = BB^\mathsf{T} = I$, und $\det B = 1$. Aus der Transformationsformel in Beispiel 10.9 folgt, dass der Zufallsvektor BZ nach der Dichtefunktion $g(y) = |\det B|^{-1}f(B^{-1}y) = f(B^\mathsf{T}y) = f(y)$ verteilt ist. Demnach ist BZ genauso verteilt wie Z. Insbesondere ist $(BZ)_1$ standardnormalverteilt, weshalb $X+Y = \mu+\nu+\sqrt{\sigma^2 + \tau^2}(BZ)_1$ nach $\mathcal{N}(\mu+\nu, \sigma^2 + \tau^2)$ verteilt ist. $\qquad\square$

13.3.1 Der Zentrale Grenzwertsatz

Die Summe von stochastisch unabhängigen Zufallsvariablen, von denen jede einzelne nur geringen Einfluss auf die Gesamtsumme hat, ist approximativ normalverteilt. Diese Aussage ist eines der wichtigsten Resultate der Stochastik und wird im folgenden Theorem präzisiert.

Theorem 13.17. *(Lindeberg)   Seien $Y_1, Y_2, \ldots, Y_n$ stochastisch unabhängige Zufallsvariablen mit Erwartungswert Null und $\sum_{i=1}^n \mathrm{Var}(Y_i) = 1$. Dann existiert eine universelle Konstante C, so dass gilt:*

$$\sup_{r \in \mathbf{R}} \left| P\Big(\sum_{i=1}^n Y_i \le r\Big) - \Phi(r) \right| \le CL^{1/4},$$

wobei

$$L := \sum_{i=1}^n E\min(Y_i^2, |Y_i|^3).$$

Anmerkung. Die Kenngröße L ist ein Maß dafür, wie stark sich einzelne Summanden Y_i auf die Summe $\sum_{i=1}^n Y_i$ auswirken. Wenn beispielsweise alle Zufallsvariablen $|Y_i|$ durch eine Konstante $\kappa < 1$ nach oben beschränkt sind, dann ist

$$L \le \sum_{i=1}^n E(\kappa Y_i^2) = \kappa \sum_{i=1}^n \mathrm{Var}(Y_i) = \kappa.$$

Beispiel 13.18 (Binomialverteilungen) Sei S binomialverteilt mit Parametern $p \in \,]0, 1[$ und $n \in \mathbf{N}$. Dann gilt:

$$\sup_{r \in \mathbf{R}} \left| P\Big(\frac{S - np}{\sqrt{np(1-p)}} \le r\Big) - \Phi(r) \right| \to 0 \quad \text{falls } np(1-p) \to \infty.$$

Denn S ist verteilt wie $\sum_{i=1}^n X_i$ mit unabhängigen, $\{0, 1\}$-wertigen Summanden X_i mit $EX_i = p$. Also ist $(S - np)/\sqrt{np(1-p)} = \sum_{i=1}^n Y_i$, wobei

$$Y_i = \frac{X_i - p}{\sqrt{np(1-p)}}, \quad |Y_i| \leq \frac{1}{\sqrt{np(1-p)}}.$$

Aus dieser Normalapproximation ergeben sich auch Konfidenzintervalle für p. Und zwar sei $\widehat{p} = S/n$. Für große Werte von $np(1-p)$ und beliebige Konstanten $d > 0$ ist

$$P\big(|\widehat{p} - p| \leq d\sqrt{p(1-p)/n}\,\big) \approx \Phi(d) - \Phi(-d) = 2\Phi(d) - 1.$$

Man kann die Ungleichung für $|\widehat{p}-p|$ nach p auflösen; siehe Aufgabe 13.1. Dann erhält man folgende Aussage: Für große Werte von $np(1-p)$ und beliebige Zahlen $0 < \alpha < 1$ ist

$$P\bigg(p \in \bigg[\frac{\widehat{p} + c^2/2}{1 + c^2} \pm \frac{c\sqrt{\widehat{p}(1-\widehat{p}) + c^2/4}}{1+c^2}\bigg]\bigg) \approx 1 - \alpha,$$

wobei

$$c = c_{n,\alpha} := \frac{\Phi^{-1}(1 - \alpha/2)}{\sqrt{n}}.$$

Hier ist Φ^{-1} die Quantilfunktion der Standardnormalverteilung. Für $\alpha = 0.05$ ergibt sich beispielsweise $\Phi^{-1}(1 - \alpha/2) = 1.960$.

Das hier beschriebene Konfidenzintervall ist wesentlich zuverlässiger als das in vielen Texten vorgeschlagene Intervall $\big[\widehat{p} \pm c_{n,\alpha}\sqrt{\widehat{p}(1 - \widehat{p})}\big]$.

Beispiel 13.19 (Vorzeichen-Teststatistiken) Bei manchen nichtparametrischen statistischen Tests betrachtet man Summen $\sum_{i=1}^{n} b_i S_i$ mit einem festen Einheitsvektor $b \in \mathbf{R}^n$ und unabhängigen, auf $\{-1, 1\}$ uniform verteilten Zufallsvariablen $S_1, S_2, \ldots, S_n$. Hier gilt:

$$E\Big(\sum_{i=1}^{n} b_i S_i\Big) = 0 \quad \text{und} \quad \text{Var}\Big(\sum_{i=1}^{n} b_i S_i\Big) = 1.$$

Aus Theorem 13.17 folgt, dass

$$\sup_{r \in \mathbf{R}} \Big|P\Big(\sum_{i=1}^{n} b_i S_i \leq r\Big) - \Phi(r)\Big| \to 0 \quad \text{falls} \quad \max_{i \leq n} |b_i| \to 0.$$

Beispiel 13.20 (Stichprobenmittelwerte) Seien $X_1, X_2, X_3, \ldots$ unabhängige, identisch verteilte Zufallsvariablen mit Mittelwert μ und endlicher Standardabweichung $\sigma > 0$. Für den Stichprobenmittelwert $\widehat{\mu} := n^{-1}\sum_{i=1}^{n} X_i$ gilt:

$$\lim_{n \to \infty} \sup_{r \in \mathbf{R}} \Big|P\Big(\frac{\sqrt{n}(\widehat{\mu} - \mu)}{\sigma} \leq r\Big) - \Phi(r)\Big| = 0.$$

Denn $\sqrt{n}(\widehat{\mu} - \mu)/\sigma$ ist gleich $\sum_{i=1}^{n} Y_i$ mit $Y_i := (X_i - \mu)/(\sqrt{n}\,\sigma)$, und

$$L = nE \min(Y_{1,n}^2, |Y_{1,n}|^3) = E\left(\frac{(X_1 - \mu)^2}{\sigma^2} \min\left(1, \frac{|X_1 - \mu|}{\sqrt{n}\,\sigma}\right)\right).$$

Nach dem Satz von der majorisierten Konvergenz konvergiert dies gegen Null für $n \to \infty$.

Beweis von Theorem 13.17. Da es nur auf die Verteilung von $Y_1, \ldots, Y_n$ ankommt, wählen wir einen Wahrscheinlichkeitsraum, auf dem unabhängige Zufallsvariablen $Y_1, \ldots, Y_n$ und $Z_1, \ldots, Z_n$ definiert sind, wobei Z_i nach $\mathcal{N}(0, \sigma_i^2)$ verteilt ist mit $\sigma_i := \sqrt{\mathrm{Var}(Y_i)}$. Also ist

$$E(Y_i) = E(Z_i) = 0, \quad E(Y_i^2) = E(Z_i^2) = \sigma_i^2,$$

und $T := \sum_{j=1}^n Z_j$ ist gemäß Lemma 13.16 standardnormalverteilt. Nun beweisen wir für beliebige dreimal differenzierbare Funktionen $f : \mathbf{R} \to \mathbf{R}$ mit

$$|f^{(2)}| \leq 1 \quad \text{und} \quad |f^{(3)}| \leq 1 \tag{13.5}$$

folgende Ungleichung für $S := \sum_{i=1}^n Y_i$:

$$|Ef(S) - Ef(T)| \leq 2L. \tag{13.6}$$

Die wesentliche Idee des Beweises besteht darin, die Summanden Y_i von S nacheinander durch Z_i zu ersetzen, bis man schließlich bei der normalverteilten Summe T landet. Zu diesem Zweck sei

$$S_k := \sum_{i=1}^{k-1} Z_i + \sum_{i=k+1}^n Y_i$$

für $1 \leq k \leq n$. Dann ist $S = S_1 + Y_1$, $S_k + Z_k = S_{k+1} + Y_{k+1}$ für $1 \leq k < n$, und $T = S_n + Z_n$. Hieraus ergibt sich die Ungleichung

$$\begin{aligned}
|Ef(S) - Ef(T)| &= |Ef(S_1 + Y_1) - Ef(S_n + Z_n)| \\
&= \left|\sum_{k=1}^n E\big(f(S_k + Y_k) - f(S_k + Z_k)\big)\right| \\
&\leq \sum_{k=1}^n |E\big(f(S_k + Y_k) - f(S_k + Z_k)\big)|,
\end{aligned}$$

und es genügt zu zeigen, dass

$$|E\big(f(S_k + Y_k) - f(S_k + Z_k)\big)| \leq 2E \min(Y_k^2, |Y_k|^3). \tag{13.7}$$

Aus der Taylorformel folgt, dass für beliebige $s, y, z \in \mathbf{R}$ gilt:

$$f(s + y) = f(s) + f^{(1)}(s)y + \frac{f^{(2)}(s)}{2}y^2 + \begin{cases} \dfrac{f^{(2)}(\xi) - f^{(2)}(s)}{2}y^2 \\[2mm] \dfrac{f^{(3)}(\eta)}{6}y^3 \end{cases}$$

mit geeigneten Zwischenstellen $\xi = \xi(s,y)$ und $\eta = \eta(s,y)$. Also ist

$$f(s+y) - f(s+z) \ = \ f^{(1)}(s)(y-z) + \frac{f^{(2)}(s)}{2}\,(y^2 - z^2) + R(s,y,z),$$

wobei

$$|R(s,y,z)| \ \leq \ \min(y^2, |y|^3/6) + \min(z^2, |z|^3/6).$$

Setzt man nun (S_k, Y_k, Z_k) anstelle von (s,y,z) ein und bildet Erwartungs-werte, dann folgt aus der stochastischen Unabhängigkeit von S_k und (Y_k, Z_k), dass

$$E\big(f^{(1)}(S_k)(Y_k - Z_k)\big) = E(f^{(1)}(S_k))\underbrace{E(Y_k - Z_k)}_{=0} \ = \ 0,$$

$$E\Big(\frac{f^{(2)}(S_k)}{2}\,(Y_k^2 - Z_k^2)\Big) = E\Big(\frac{f^{(2)}(S_k)}{2}\Big)\underbrace{E(Y_k^2 - Z_k^2)}_{=0} \ = \ 0.$$

Also ist

$$\big|E\big(f(S_k + Y_k) - f(S_k + Z_k)\big)\big|$$
$$= |ER(S_k, Y_k, Z_k)| \ \leq \ E\min(Y_k^2, |Y_k|^3) + E(|Z_k|^3/6).$$

Die Behauptung (13.7) ist somit bewiesen, wenn wir zeigen können, dass

$$E(|Z_k|^3) \ \leq \ 6E\min(Y_k^2, |Y_k|^3).$$

Zum einen ist $\sigma_k^{-1} Z_k$ standardnormalverteilt, also

$$E(|Z_k|^3) \ = \ \frac{1}{\sqrt{2\pi}} \int_{-\infty}^{\infty} |y|^3 \exp(-y^2/2)\,dy\; \sigma_k^3 \ = \ \sqrt{\frac{8}{\pi}}\,\sigma_k^3 \ \leq \ 2\sigma_k^3.$$

Zu zeigen bleibt also, dass $\sigma_k^3 \leq 3E\min(Y_k^2, |Y_k|^3)$. Für beliebige $0 < \epsilon \leq 1$ ist

$$\sigma_k^2 = E(Y_k^2) \ \leq \ \epsilon^2 + E(1\{|Y_k| > \epsilon\}Y_k^2) \ \leq \ \epsilon^2 + \frac{E\min(Y_k^2, |Y_k|^3)}{\epsilon},$$

und für $\epsilon := (E\min(Y_k^2, |Y_k|^3))^{1/3}$ ergibt sich, dass σ_k^3 nicht größer ist als $3E\min(Y_k^2, |Y_k|^3)$.

Die eigentliche Behauptung des Theorems kann man durch ein Approxima-tionsargument ableiten. Zu zeigen ist, dass für beliebige Zahlen r und eine universelle Konstante C gilt:

$$|P(S \leq r) - P(T \leq r)| \ \leq \ CL^{1/4}.$$

Dazu betrachten wir eine dreimal differenzierbare und monoton fallende Funk-tion $h : \mathbf{R} \to [0,1]$ mit $h(x) = 1$ für $x \leq 0$ und $h(x) = 0$ für $x \geq 1$ mit beschränkter zweiter und dritter Ableitung, sagen wir $|h^{(2)}|, |h^{(3)}| \leq D$. Für beliebige $\epsilon \in {]0,1]}$ und $q \in \mathbf{R}$ folgt dann aus (13.6), dass

$$\left| Eh\Big(\frac{S-q}{\epsilon}\Big) - Eh\Big(\frac{T-q}{\epsilon}\Big) \right| \leq 2D\epsilon^{-3}L.$$

Denn die Funktion $f(x) := D^{-1}\epsilon^3 h((x-q)/\epsilon))$ erfüllt die Voraussetzungen (13.5). Doch

$$h\Big(\frac{x-r+\epsilon}{\epsilon}\Big) \leq 1\{x \leq r\} \leq h\Big(\frac{x-r}{\epsilon}\Big),$$

und man kann leicht zeigen, dass

$$Eh\Big(\frac{T-r}{\epsilon}\Big) - Eh\Big(\frac{T-r+\epsilon}{\epsilon}\Big) \leq \phi(0)\epsilon.$$

Folglich ist

$$P(S \leq r) - P(T \leq r) \leq Eh\Big(\frac{S-r}{\epsilon}\Big) - Eh\Big(\frac{T-r+\epsilon}{\epsilon}\Big)$$
$$\leq 2D\epsilon^{-3}L + \phi(0)\epsilon.$$

Wählt man $\epsilon = L^{1/4}$, dann ist diese Schranke gleich $CL^{1/4}$ für ein C. Analog ergibt sich auch, dass $P(S \leq r) - P(T \leq r) \geq -CL^{1/4}$. □

13.4 Übungsaufgaben

Aufgabe 13.1 Zeigen Sie, dass für Zahlen $x, y \in [0,1]$ und $c > 0$ gilt: Die Zahl x liegt im Intervall $[y \pm c\sqrt{y(1-y)}]$ genau dann, wenn

$$y \in \left[\frac{x + c^2/2}{1+c^2} \pm \frac{c\sqrt{x(1-x) + c^2/4}}{1+c^2} \right].$$

Aufgabe 13.2 Sei X_λ poissonverteilt mit Parameter $\lambda > 0$. Zeigen Sie, dass $Z_\lambda := (X_\lambda - \lambda)/\sqrt{\lambda}$ approximativ standardnormalverteilt ist, wenn $\lambda \to \infty$. Tipp: Betrachten Sie zunächst $\lambda \in \mathbf{N}$.

Aufgabe 13.3 Sei X_λ poissonverteilt mit Parameter $\lambda > 0$. Zeigen Sie mit Hilfe von Aufgabe 13.2, dass $\sqrt{1 + X_\lambda} - \sqrt{1+\lambda}$ approximativ standardnormalverteilt ist, wenn $\lambda \to \infty$.

(Diese Transformation von poissonverteilten Zufallsvariablen wird mitunter in der statistischen Bildverarbeitung eingesetzt, beispielsweise bei der Auswertung von Niedrigdosis-Röntgenbildern.)

Maximum-Likelihood-Schätzer und EM-Algorithmus

14.1 Maximum-Likelihood-Schätzer

Seien $X_1, X_2, \ldots, X_n$ unabhängige, identisch verteilte Zufallsvariablen mit Werten in einer abzählbaren Menge $\mathcal{X}$, wobei

$$P(X_i = x) = f_{\theta_*}(x).$$

Dabei ist θ_* ein unbekannter Parameter in einem Parameterraum Θ, und $(f_\theta)_{\theta \in \Theta}$ ist ein gegebenes statistisches Modell, bestehend aus Wahrscheinlichkeitsgewichtsfunktionen f_θ auf $\mathcal{X}$.

Beispiel 14.1 (Hardy-Weinberg-Modell, Kapitel 3.4) Von einem bestimmten Gen gebe es zwei Allele a und b. Nach dem Hardy-Weinberg-Gesetz vermutet man, dass die Genotypen aa, ab, bb in der Gesamtpopulation mit relativen Häufigkeiten

$$f_{\theta_*}(\mathsf{aa}) = \theta_*^2, \quad f_{\theta_*}(\mathsf{ab}) = 2\theta_*(1 - \theta_*), \quad f_{\theta_*}(\mathsf{bb}) = (1 - \theta_*)^2$$

auftreten, wobei θ_* ein unbekannter Parameter in $\Theta := [0, 1]$ ist. Wählt man rein zufällig n Individuen aus dieser (großen) Population und notiert die Genotypen $X_1, X_2, \ldots, X_n \in \mathcal{X} := \{\mathsf{aa}, \mathsf{ab}, \mathsf{bb}\}$, dann sind obige Annahmen erfüllt, vorausgesetzt die Population befindet sich tatsächlich im Hardy-Weinberg-Gleichgewicht.

Mit dem Tupel $\mathbf{X} := (X_i)_{i=1}^n \in \mathcal{X}^n$ aller Einzelbeobachtungen ist

$$P_\theta(\mathbf{X} = \mathbf{x}) = f_\theta(\mathbf{x}) := \prod_{i=1}^n f_\theta(x_i) \quad \text{für } \mathbf{x} \in \mathcal{X}^n.$$

Dabei bezeichnen $P_\theta(\cdot)$ und $E_\theta(\cdot)$ Wahrscheinlichkeiten und Erwartungswerte im Falle von $\theta_* = \theta$.

Definition 14.2. *(Maximum–Likelihood–Schätzer) Ein Parameter $\widehat{\theta} = \widehat{\theta}(\mathbf{X})$ in Θ heißt Maximum-Likelihood-Schätzer (ML-Schätzer) für θ_*, falls*

$$f_{\widehat{\theta}}(\mathbf{X}) \;=\; \max_{\theta \in \Theta} f_\theta(\mathbf{X}).$$

Diesen Schätzer kann man wie folgt motivieren: Angenommen man wiederholt das Gesamtexperiment ein zweites Mal, unabhängig vom ersten Mal, und erhält das Tupel $\mathbf{X}'$. Dann ist

$$f_\theta(\mathbf{x}) \;=\; P_\theta(\mathbf{X}' = \mathbf{X} \mid \mathbf{X} = \mathbf{x}).$$

Betrachtet man also die gegebenen Daten $\mathbf{X}$ vorübergehend als fest, dann ist $f_\theta(\mathbf{X})$ die (bedingte) Wahrscheinlichkeit im Falle von $\theta_* = \theta$, dass bei einer erneuten Durchführung des Experiments diese Daten *reproduziert* werden. Ein Parameter $\widehat{\theta}$, welcher diese Wahrscheinlichkeit maximiert, erscheint besonders plausibel.

Man kann ebensogut sagen, dass der Schätzer $\widehat{\theta}$ die sogleich definierte Log-Likelihood-Funktion $\widehat{L}$ maximiert.

Definition 14.3. *(Log-Likelihood-Funktion) Die von den Daten $\mathbf{X}$ abhängige Funktion*

$$\theta \;\mapsto\; \widehat{L}(\theta) := \log f_\theta(\mathbf{X})$$

nennt man log-Likelihood-Funktion.

Mit den *empirischen Wahrscheinlichkeitsgewichten*

$$\widehat{f}(x) \;:=\; \frac{\#\{i : X_i = x\}}{n}$$

kann man auch schreiben:

$$\widehat{L}(\theta) = \sum_{x \in \mathcal{X}} \#\{i : X_i = x\} \log f_\theta(x)$$

$$= n \sum_{x \in \mathcal{X}} \widehat{f}(x) \log f_\theta(x)$$

Forts. von Beispiel 14.1 (Hardy-Weinberg-Modell) Hier ist

$$\frac{d}{d\theta}\,\widehat{L}(\theta) = n\frac{d}{d\theta}\big(\widehat{f}(\mathsf{aa})\log(\theta^2) + \widehat{f}(\mathsf{ab})\log(2\theta(1-\theta)) + \widehat{f}(\mathsf{bb})\log((1-\theta)^2)\big)$$

$$= \frac{2n}{\theta(1-\theta)}\Big(\widehat{f}(\mathsf{aa}) + \frac{\widehat{f}(\mathsf{ab})}{2} - \theta\Big)$$

für $0 < \theta < 1$. Also ist der ML-Schätzer hier eindeutig definiert als

$$\widehat{\theta} \;=\; \widehat{f}(\mathsf{aa}) + \frac{\widehat{f}(\mathsf{ab})}{2}.$$

Andere mögliche Schätzer für θ_* wären beispielsweise $\sqrt{\widehat{f}(\mathsf{aa})}$ oder $1 - \sqrt{\widehat{f}(\mathsf{bb})}$.

Die hier hergeleitete Formel für den ML–Schätzer kann man auch heuristisch erklären: Das Hardy-Weinberg-Gesetzes besagt, dass der Genotyp eines zufällig herausgegriffenen Individuums genauso verteilt ist, als würde man alle Gene der Population in einen Topf werfen und daraus rein zufällig zwei Gene entnehmen. Wenn diese Vorstellung korrekt ist, dann sollte der relative Anteil von Allel a in der Stichprobe im Mittel gleich θ_* sein. In der Stichprobe sind $2n$ Gene vorhanden, darunter $2n\widehat{f}(\mathsf{aa}) + n\widehat{f}(\mathsf{ab})$ Stück vom Typ a. Ein naheliegender Schätzwert für θ_* ist also

$$\frac{2n\widehat{f}(\mathsf{aa}) + n\widehat{f}(\mathsf{ab})}{2n} = \widehat{\theta}.$$

Geometrische Deutung des ML–Schätzers

Man kann die Funktion

$$\theta \mapsto \sum_{x \in \mathcal{X}} \widehat{f}(x) \log f_\theta(x)$$

mithilfe des sogenannten Kullbach-Leibler-Abstands geometrisch deuten.

Definition 14.4. *(Entropie, Kullbach-Leibler-Abstand) Seien f und g zwei Wahrscheinlichkeitsgewichtsfunktionen auf $\mathcal{X}$. Die Zahl*

$$H(f) := -\sum_{x \in \mathcal{X}} f(x) \log f(x)$$

ist die Entropie von f, und

$$D(f, g) := \sum_{x \in \mathcal{X}} f(x) \log \frac{f(x)}{g(x)}$$

ist der Kullbach-Leibler-Abstand von f und g (die relative Entropie von g bezüglich f). Dabei setzen wir $0\log(\cdot) := 0$ und $a\log(a/0) := \infty$ für $a > 0$.

Dass es sich bei $D(\cdot, \cdot)$ tatsächlich um einen Abstand im weitesten Sinne handelt, wird durch folgendes Lemma bewiesen.

Lemma 14.5. *Für zwei Wahrscheinlichkeitsgewichtsfunktionen f und g auf $\mathcal{X}$ ist stets*

$$D(f, g) \geq 0.$$

Gleichheit gilt genau dann, wenn $f = g$.

Nun kann man schreiben

$$\sum_{x \in \mathcal{X}} \widehat{f}(x) \log f_\theta(x) = \sum_{x \in \mathcal{X}} \widehat{f}(x) \log \frac{f_\theta(x)}{\widehat{f}(x)} + \sum_{x \in \mathcal{X}} \widehat{f}(x) \log \widehat{f}(x)$$

$$= -D(\widehat{f}, f_\theta) - H(\widehat{f}). \tag{14.1}$$

Insofern ist $f_{\widehat{\theta}}$ eine Gewichtsfunktion aus der Menge $\{f_\theta : \theta \in \Theta\}$ mit minimalem Kullback–Leibler–Abstand zu der empirischen Gewichtsfunktion $\widehat{f}$. Genauer gesagt, ist

$$D(\widehat{f}, f_{\widehat{\theta}}) = \min_{\theta \in \Theta} D(\widehat{f}, f_\theta).$$

Beweis von Lemma 14.5. Für $x \geq 0$ ist $\log x \leq x - 1$ mit Gleichheit genau dann, wenn $x = 1$. Folglich ist $D(f, g)$ gleich

$$-\sum_x f(x) \log \frac{g(x)}{f(x)} \geq -\sum_x f(x) \left(\frac{g(x)}{f(x)} - 1 \right)$$

$$= \sum_x f(x) - \sum_{x : f(x) > 0} g(x)$$

$$= 1 - \sum_{x : f(x) > 0} g(x)$$

$$\geq 0$$

mit Gleichheit genau dann, wenn $g = f$. $\qquad\qquad\square$

Forts. von Beispiel 14.1 (Hardy-Weinberg-Modell) Wir identifizieren eine beliebige Wahrscheinlichkeitsgewichtsfunktion g auf $\{\mathsf{aa}, \mathsf{ab}, \mathsf{bb}\}$ mit dem Vektor $(g(\mathsf{aa}), g(\mathsf{ab}), g(\mathsf{bb})) \in \mathbf{R}^3$. Die Menge aller solcher Vektoren ist der zweidimensionale Einheitssimplex

$$\{g \in \mathbf{R}^3 : g(1), g(2), g(3) \geq 0 \text{ und } g(1) + g(2) + g(3) = 1\}.$$

Abbildung 14.1 zeigt diesen Simplex als graues Dreieck sowie seine Teilmenge $\{f_\theta : \theta \in [0, 1]\}$ als schwarze Linie. In Abbildung 14.2 sind zusätzlich diverse Paare $(g, f_{\theta(g)})$ eingezeichnet, wobei g ein beliebiger Wahrscheinlichkeitsvektor und $f_{\theta(g)}$ seine Kullback–Leibler–Projektion auf die Menge $\{f_\theta : \theta \in [0, 1]\}$ ist. Das heißt,

$$D(g, f_{\theta(g)}) = \min_{\theta \in [0, 1]} D(g, f_\theta),$$

und zwar ist $\theta(g) = g(1) + g(2)/2 \in [0, 1]$.

Beispiel 14.6 (Binomialverteilungen) Sei Y eine binomialverteilte Zufallsvariable mit Parametern $n \in \mathbf{N}$ und $\theta_* \in [0, 1]$, wobei letzterer unbekannt ist. Somit nimmt Y Werte in $\mathcal{Y} := \{0, 1, \ldots, n\}$ an, und $P_\theta(Y = k) = \binom{n}{k} \theta^k (1-\theta)^{n-k}$ für alle $k \in \mathcal{Y}$. Folglich ist

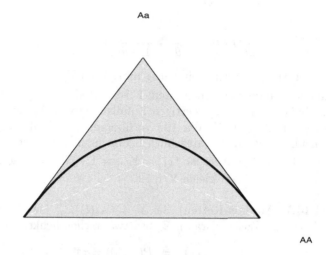

Abb. 14.1. Das Hardy-Weinberg-Modell

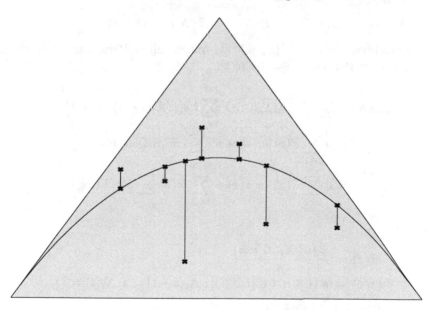

Abb. 14.2. Projektionen im Hardy-Weinberg-Modell

$$\widehat{L}(\theta) \;=\; \log \binom{n}{Y} + Y \log(\theta) + (n - Y) \log(1 - \theta)$$

und

$$\frac{d}{d\theta}\,\widehat{L}(\theta) \;=\; \frac{Y}{\theta} - \frac{n - Y}{1 - \theta} \;=\; \frac{Y - n\theta}{\theta(1 - \theta)}.$$

Somit ist der ML–Schätzer $\widehat{\theta}$ eindeutig und gleich Y/n.

Man kann auch anders argumentieren: Y ist verteilt wie $\sum_{i=1}^{n} X_i$ mit stochastisch unabhängigen, $\{0,1\}$–wertigen Zufallsvariablen X_i mit unbekanntem Erwartungswert $\theta_* \in [0,1]$. Wir tun vorübergehend so, als könnte man diese n Bernoullivariablen X_i tatsächlich beobachten. Dann ist $\mathcal{X} = \{0,1\}$ und $f_\theta(1) = \theta = 1 - f_\theta(0)$. Ferner ist $\widehat{f}(1) = Y/n = 1 - \widehat{f}(0)$. Folglich ist $\widehat{f} = f_{Y/n}$, weshalb der ML–Schätzer gleich Y/n ist.

Beispiel 14.7 (Markov-Ketten) Sei $X_i = (X_i(t))_{t=0}^{T(i)}$ jeweils eine homogene Markov-Kette mit Zustandsraum $\mathcal{Z}$, Startwahrscheinlichkeiten

$$\pi_*(z) \;:=\; P(X_i(0) = z)$$

und Übergangswahrscheinlichkeiten

$$p_*(z, \widetilde{z}) \;:=\; P\big(X_i(t) = \widetilde{z} \,\big|\, X_i(t - 1) = z\big).$$

Nun betrachten wir $\theta_* := (\pi_*, p_*)$ als unbekannten Parameter. Für einen hypothetischen Parameter $\theta = (\pi, p)$ ist

$$
\begin{aligned}
\log f_\theta(\mathbf{X}) &= \sum_{i=1}^{n} \Big(\log \pi(X_i(0)) + \sum_{t=1}^{T(i)} \log p(X_i(t - 1), X_i(t)) \Big) \\
&= n \sum_{z \in \mathcal{Z}} \widehat{\pi}(z) \log \pi(z) + \sum_{z, \widetilde{z} \in \mathcal{Z}} \widehat{m}(z, \widetilde{z}) \log p(z, \widetilde{z}) \\
&= n \sum_{z \in \mathcal{Z}} \widehat{\pi}(z) \log \pi(z) + \sum_{z \in \mathcal{Z}} \widehat{m}(z) \sum_{\widetilde{z} \in \mathcal{Z}} \widehat{p}(z, \widetilde{z}) \log p(z, \widetilde{z})
\end{aligned}
$$

mit

$$
\begin{aligned}
\widehat{\pi}(z) &:= \frac{\#\{i : X_i(0) = z\}}{n}, \\
\widehat{m}(z, \widetilde{z}) &:= \#\{i \le n, t \in [1, T(i)] : X_i(t - 1) = z, X_i(t) = \widetilde{z}\}, \\
\widehat{m}(z) &:= \sum_{\widetilde{z} \in \mathcal{Z}} \widehat{m}(z, \widetilde{z}), \\
\widehat{p}(z, \widetilde{z}) &:= \frac{\widehat{m}(z, \widetilde{z})}{\widehat{m}(z)} \quad \text{falls } \widehat{m}(z) > 0.
\end{aligned}
$$

Nach Lemma 14.5 ist also $(\widehat{\pi}, \widehat{p})$ ein ML-Schätzer für (π_*, p_*), wobei wir noch willkürlich vereinbaren, dass $\widehat{p}(z, \widetilde{z}) := 1\{z = \widetilde{z}\}$ falls $\widehat{m}(z)$ gleich Null ist.

14.2 Der Expectation-Maximization-Algorithmus

Der EM–Algorithmus ist eine spezielle Methode zur Berechnung des Maximum–Likelihood–Schätzers in Modellen mit "unvollständigen Beobachtungen". Wir betrachten stochastisch unabhängige Paare (X_1, Y_1), (X_2, Y_2), $\ldots$, (X_n, Y_n) mit Werten in einer abzählbaren Menge $\mathcal{X} \times \mathcal{Y}$, wobei

$$P\big((X_i, Y_i) = (x, y)\big) = g_{\theta_*}(x, y)$$

mit einem unbekanntem Parameter $\theta_* \in \Theta$ und gegebenem Modell $(g_\theta)_{\theta \in \Theta}$. Angenommen, man beobachtet nur die Variablen $X_1, X_2, \ldots, X_n$. Diese sind nach der Gewichtsfunktion f_{θ_*} verteilt, wobei

$$f_\theta(x) := \sum_{y \in \mathcal{Y}} g_\theta(x, y).$$

In vielen Fällen ist die Berechnung von

$$\check{\theta} = \check{\theta}(\mathbf{X}, \mathbf{Y}) := \arg\max_{\theta \in \Theta} g_\theta(\mathbf{X}, \mathbf{Y})$$

mit $g_\theta(\mathbf{x}, \mathbf{y}) := \prod_{i=1}^n g_\theta(x_i, y_i)$ wesentlich einfacher als die Berechnung von

$$\widehat{\theta} = \widehat{\theta}(\mathbf{X}) := \arg\max_{\theta \in \Theta} f_\theta(\mathbf{X}).$$

Daher versucht man, $\widehat{\theta}$ zu berechnen, indem man zwischen den Modellen $(f_\theta)_{\theta \in \Theta}$ und $(g_\theta)_{\theta \in \Theta}$ "hin und her springt", wobei man die nichtverfügbaren Variablen Y_i in gewisser Weise errät.

Der EM–Algorithmus

Schritt 0. Man wähle einen Startwert $\theta_0 = \theta_0(\mathbf{X}) \in \Theta$ mit $\widehat{L}(\theta_0) > -\infty$.

Schritt 1_k (E–Schritt). Bei gegebenen Parametern $\theta_0, \ldots, \theta_k$ berechne man die Pseudo–log–Likelihood–Funktion $\check{L}_k(\cdot) = \check{L}_k(\cdot, \mathbf{X}, \theta_k)$ auf Θ, wobei

$$\check{L}_k(\theta) := \sum_{\mathbf{y} \in \mathcal{Y}^n} g_{\theta_k}(\mathbf{y} \,|\, \mathbf{X}) \log g_\theta(\mathbf{X}, \mathbf{y}).$$

Diese Funktion dient als Ersatz für die log-Likelihood-Funktion $\check{L}(\cdot) = \check{L}(\cdot, \mathbf{X}, \mathbf{Y})$ des übergeordneten Modells mit vollständigen Beobachtungen. Dabei ist

$$g_\theta(y \,|\, x) := \frac{g_\theta(x, y)}{f_\theta(x)} = P_\theta(Y_i = y \,|\, X_i = x),$$

$$g_\theta(\mathbf{y} \,|\, \mathbf{x}) := \frac{g_\theta(\mathbf{x}, \mathbf{y})}{f_\theta(\mathbf{x})} = \prod_{i=1}^n g_\theta(y_i \,|\, x_i) = P_\theta(\mathbf{Y} = \mathbf{y} \,|\, \mathbf{X} = \mathbf{x}),$$

unter der Voraussetzung, dass $f_\theta(x) > 0$ bzw. $f_\theta(\mathbf{x}) > 0$.

Schritt 2_k (M–Schritt). Man wähle

$$\theta_{k+1} = \theta_{k+1}(\mathbf{X}) \in \underset{\theta \in \Theta}{\arg\max}\, \check{L}_k(\theta)$$

oder zumindest einen Punkt $\theta_{k+1} \in \Theta$ mit $\check{L}_k(\theta_{k+1}) > \check{L}_k(\theta_k)$.

Interpretation und Eigenschaften

Für einen festen Beobachtungsvektor $\mathbf{x} \in \mathcal{X}^n$ ist

$$\check{L}_k(\theta, \mathbf{x}, \theta_k) = E_{\theta_k}\big(checkL(\theta, \mathbf{X}, \mathbf{Y}) \,|\, \mathbf{X} = \mathbf{x}\big).$$

Man ersetzt also in Schritt 2_k die log-Likelihood-Funktion $\check{L}(\theta, \mathbf{X}, \mathbf{Y})$ durch ihren bedingten Erwartungswert gegeben $\mathbf{X}$, wobei man den derzeit betrachteten Parameter θ_k zugrundelegt.

Man kann $\log g_\theta(\mathbf{X}, \mathbf{y})$ schreiben als $\log g_\theta(\mathbf{y} \,|\, \mathbf{X}) + \log f_\theta(\mathbf{X})$, sofern $g_\theta(\mathbf{X}) > 0$. Dies liefert dann die Formel

$$\check{L}_k(\theta) = \sum_{\mathbf{y} \in \mathcal{Y}^n} g_{\theta_k}(\mathbf{y} \,|\, \mathbf{X}) \log g_\theta(\mathbf{y} \,|\, \mathbf{X}) + \widehat{L}(\theta)$$

$$= -H(g_{\theta_k}(\cdot \,|\, \mathbf{X})) - D\big(g_{\theta_k}(\cdot \,|\, \mathbf{X}), g_\theta(\cdot \,|\, \mathbf{X})\big) + \widehat{L}(\theta).$$

Subtrahiert man nun $\check{L}_k(\theta_k)$ von $\check{L}_k(\theta)$, dann ergibt sich folgende Aussage:

Lemma 14.8. *Im Falle von* $\widehat{L}(\theta_k), \widehat{L}(\theta) > -\infty$ *und* $H(g_{\theta_k}(\cdot \,|\, \mathbf{X})) < \infty$ *ist*

$$\widehat{L}(\theta) - \widehat{L}(\theta_k) = D\big(g_{\theta_k}(\cdot \,|\, \mathbf{X}), g_\theta(\cdot \,|\, \mathbf{X})\big) + \check{L}_k(\theta) - \check{L}_k(\theta_k).$$

Wenn also der EM–Algorithmus wohldefiniert ist, so ist die Folge $\big(\widehat{L}(\theta_k)\big)_{k=0}^\infty$ monoton wachsend. Denn es ist stets $\check{L}_k(\theta_{k+1}) \geq \check{L}_k(\theta_k)$. In Spezialfällen kann man auch zeigen, dass die Folge $(\theta_k)_{k=0}^\infty$ gegen einen ML–Schätzer für θ_* konvergiert, doch die bis dato bekannten Beweise dieser Tatsache sind sehr aufwendig. Es gibt auch Fälle, in denen der EM–Algorithmus nicht gegen ein globales Optimum konvergiert.

Noch eine Anmerkung zu den in Lemma 14.8 auftauchenden Größen: Da es sich bei $g_\theta(\cdot \,|\, \mathbf{x})$ um ein Produkt von n Wahrscheinlichkeitsgewichtsfunktionen auf $\mathcal{Y}$ handelt, ist

$$H(g_\theta(\cdot \,|\, \mathbf{x})) = \sum_{i=1}^n H\big(g_\theta(\cdot \,|\, x_i)\big),$$

$$D\big(g_\theta(\cdot \,|\, \mathbf{x}), g_\eta(\cdot \,|\, \mathbf{x})\big) = \sum_{i=1}^n D\big(g_\theta(\cdot \,|\, x_i), g_\eta(\cdot \,|\, x_i)\big),$$

sofern $f_\theta(\mathbf{x}), f_\eta(\mathbf{x}) > 0$.

Ein Anwendungsbeispiel aus der Physik

In einem kernphysikalischen Experiment entsteht eine zufällige Zahl $Y \in \mathbf{N}_0$ von sehr leichten Teilchen, die unabhängig voneinander in rein zufälligen Richtungen davonfliegen. Mit einem Messgerät ermittelt man die Zahl X aller Teilchen, die sich in einem bestimmten Kegel mit relativem Raumwinkel $\rho \in \,]0,1[$ bewegen. Also ist

$$P(X = x \,|\, Y = y) \;=\; p(x \,|\, y) \;:=\; \binom{y}{x}\rho^x (1 - \rho)^{y-x}.$$

Der unbekannte Parameter ist die Gewichtsfunktion θ_* der Verteilung von Y:

$$\theta_*(y) \;:=\; P(Y = y).$$

Um θ_* zu schätzen, wiederholt man dieses Experiment n mal. Dabei ergeben sich die nicht beobachtbaren Teilchenzahlen $Y_1, Y_2, \ldots, Y_n$ und die beobachteten Messwerte $X_1, X_2, \ldots, X_n$.

Für eine beliebige Wahrscheinlichkeitsgewichtsfunktion θ auf $\mathbf{N}_0$ definieren wir

$$g_\theta(x,y) := P_\theta(X = x, Y = y) \;=\; \theta(y)p(x \,|\, y),$$

$$f_\theta(x) := P_\theta(X = x) \;=\; \sum_{y=0}^{\infty} \theta(y)p(x \,|\, y).$$

Eine lineare Umkehrformel. Mit der Menge Θ aller Wahrscheinlichkeitsgewichtsfunktionen auf $\mathbf{N}_0$ ist die Abbildung $\theta \mapsto f_\theta$ invertierbar. Der Einfachheit halber beweisen wir diese Tatsache für die Teilmenge Θ_o aller Gewichtsfunktionen $\theta \in \Theta$, so dass

$$\sum_{y=0}^{\infty} \theta(y)R^y \;<\; \infty \quad \text{für beliebige } R > 0.$$

Für eine solche Gewichtsfunktion θ und beliebige Zahlen $t \in \mathbf{R}$, $k \in \mathbf{N}_0$ ist

$$E_\theta\left([X]_k t^X\right) = \sum_{y=0}^{\infty} \theta(y)E_\theta\left([X]_k t^X \,|\, Y = y\right)$$

$$= \sum_{y=0}^{\infty} \theta(y) \sum_{x=0}^{y} p(x \,|\, y)[x]_k t^x$$

$$= \sum_{y=k}^{\infty} \theta(y) \sum_{x=k}^{y} \frac{[y]_x [x]_k}{x!}\, \rho^x (1 - \rho)^{y-x} t^x$$

$$= \sum_{y=k}^{\infty} \theta(y) \sum_{x=k}^{y} \frac{[y]_k [y - k]_{x-k}}{(x - k)!}\, (t\rho)^x (1 - \rho)^{y-x}$$

$$= (t\rho)^k \sum_{y=k}^{\infty} \theta(y)[y]_k \sum_{z=0}^{y-k} \binom{y-k}{z} (t\rho)^z (1-\rho)^{y-k-z}$$

$$= (t\rho)^k \sum_{y=k}^{\infty} \theta(y)[y]_k (1 + (t-1)\rho)^{y-k}$$

$$= (t\rho)^k E_\theta \left([Y]_k (1 + (t-1)\rho)^{Y-k}\right).$$

Speziell für $t = 1$ ergibt sich die Formel

$$E_\theta\left([X]_k\right) = \rho^k E_\theta\left([Y]_k\right).$$

Setzt man hingegen $t = 1 - 1/\rho$, dann ist $(1 + (t-1)\rho)^{Y-k}$ gleich Null falls $Y > k$ und gleich Eins falls $Y = k$. Somit ist

$$\theta(k) = \frac{1}{\rho^k k!} E_\theta\left([X]_k (1 - 1/\rho)^{X-k}\right)$$

$$= \frac{1}{\rho^k k!} \sum_{x=k}^{\infty} f_\theta(x)[x]_k (1 - 1/\rho)^{x-k}. \tag{14.2}$$

Man kann also im Prinzip aus der Gewichtsfunktion f_θ die Gewichtsfunktion θ rekonstruieren. Im Spezialfall $\rho = 1/2$ ergibt sich die Formel

$$\theta(k) = \frac{2^k}{k!} \sum_{x=k}^{\infty} f_\theta(x)(-1)^{x-k}[x]_k.$$

Der Haken an der Umkehrformel (14.2) ist, dass die rechte Seite sehr empfindlich auf kleine Änderungen von f_θ reagieren kann. Ersetzt man auf der rechten Seite die Funktion f_θ durch $\widehat{f}$, so erhält man zwar einen Schätzwert $\widetilde{\theta}(k)$ für $\theta_*(k)$, dessen Erwartungswert gleich $\theta_*(k)$ ist. Allerdings kann $\widetilde{\theta}(k)$ durchaus negative Werte oder Werte größer als Eins annehmen, was offensichtlich Unfug ist.

ML–Schätzung von θ_* via EM–Algorithmus. Die Pseudo–log–Likelihoodfunktion $\check{L}_k(\cdot)$ hat hier folgende Form:

$$\check{L}_k(\theta) = \sum_{\mathbf{y} \in \mathbf{N}_0^n} g_{\theta_k}(\mathbf{y}\,|\,\mathbf{x}) \sum_{i=1}^{n} \log g_\theta(X_i, y_i)$$

$$= \sum_{i=1}^{n} \sum_{\mathbf{y} \in \mathbf{N}_0^n} \prod_{j=1}^{n} g_{\theta_k}(y_j\,|\,x_j) \log g_\theta(X_i, y_i)$$

$$= \sum_{i=1}^{n} \sum_{y=0}^{\infty} g_{\theta_k}(y\,|\,x_i)\left(\log \theta(y) + \log p(X_i\,|\,y)\right)$$

$$= \sum_{i=1}^{n} \sum_{y=0}^{\infty} g_{\theta_k}(y\,|\,X_i) \log \theta(y) + C(\mathbf{X}, \theta_k)$$

$$= n \sum_{y=0}^{\infty} \Big(\sum_{x:\widehat{f}(x)>0} \widehat{f}(x) g_{\theta_k}(y \,|\, x) \Big) \log \theta(y) + C(\mathbf{X}, \theta_k).$$

Im Falle von $f_{\theta_k}(\mathbf{X}) > 0$ ist $f_{\theta_k}(x) > 0$ für beliebige $x \in \mathbf{N}_0$ mit $\widehat{f}(x) > 0$. In diesem Falle ist $g_{\theta_k}(\cdot | x)$ eine wohldefinierte Wahrscheinlichkeitsgewichtsfunktion auf $\mathbf{N}_0$. Folglich ist

$$\sum_{y=0}^{\infty} \Big(\sum_{x:\widehat{f}(x)>0} \widehat{f}(x) g_{\theta_k}(y\,|\,x) \Big) = \sum_{x:\widehat{f}(x)>0} \widehat{f}(x) \underbrace{\sum_{y=0}^{M} g_{\theta_k}(y\,|\,x)}_{=1} = 1.$$

Nach Lemma 14.5 ist also

$$\theta_{k+1}(y) = \sum_{x:\widehat{f}(x)>0}^{\infty} \widehat{f}(x) g_{\theta_k}(y\,|\,x) = \theta_k(y) \sum_{x:\widehat{f}(x)>0} \frac{\widehat{f}(x) p(x\,|\,y)}{f_{\theta_k}(x)}.$$

Wenn man $f_\theta(\mathbf{X})$ maximieren möchte, dann folgt aus der Tatsache, dass

$$\frac{p(x\,|\,y+1)}{p(x\,|\,y)} < 1 \quad \text{falls } y > \frac{x}{\rho} - 1,$$

dass es genügt, Parameter θ zu betrachten, die auf der endlichen Menge

$$\Big\{ 0, 1, 2, \dots, M(\mathbf{X}) := \lfloor \max_{i \le n} X_i / \rho \rfloor \Big\}$$

konzentriert sind. Ersetzt man nämlich eine beliebige Gewichtsfunktion $\theta \in \Theta$ durch $\widetilde{\theta}$ mit

$$\widetilde{\theta}(y) := \begin{cases} \theta(y) & \text{falls } y < M(\mathbf{X}) \\ \sum_{z \ge M(\mathbf{X})} \theta(z) & \text{falls } y = M(\mathbf{X}) \\ 0 & \text{falls } y > M(\mathbf{X}), \end{cases}$$

dann ist $f_{\widetilde{\theta}}(X_i) > f_\theta(X_i)$ für alle $i \le n$, also $\widehat{L}(\widetilde{\theta}) > \widehat{L}(\theta)$. In diesem Modell kann man zeigen, dass die vom EM-Algorithmus erzeugte Folge $(\theta_k)_{k=0}^{\infty}$ tatsächlich gegen den eindeutig bestimmten ML-Schätzer $\widehat{\theta}(\mathbf{X})$ konvergiert, sofern $\theta_0(y) > 0$ für $0 \le y \le M(\mathbf{X})$.

Beispiel 14.9 (Ein Zahlenbeispiel) Wir illustrieren die hier beschriebene Methode an einem einfachen Beispiel: Sei $\rho = 1/2$, und sei

$$\theta_*(y) := \begin{cases} 0.6 & \text{falls } y = 4, \\ 0.4 & \text{falls } y = 8, \\ 0 & \text{sonst.} \end{cases}$$

Abbildung 14.3 zeigt ein Stabdiagramm der empirischen Gewichtsfunktion $\widehat{f}$, basierend auf $n = 1000$ Datenpunkten X_i. Etwas nach links verschoben wird auch die theoretische Gewichtsfunktion f_{θ_*} eingeblendet. Abbildung 14.4 zeigt einige Iterationen des EM–Algorithmus. Hier ist $M(\mathbf{X}) = 16$, weshalb wir mit $\theta_0(y) := 1\{y \leq 16\}/17$ starten. In jedem Plot sieht man ein θ_k zusammen mit θ_*. Nach circa 5000 Iterationen gibt es keine sichtbaren Veränderungen mehr. Abbildung 14.5 zeigt im linken Plot die Parameter θ_* und $\widehat{\theta}$. Im rechten Plot werden die Gewichtsfunktionen f_{θ_*}, $\widehat{f}$ und $f_{\widehat{\theta}}$ (von links nach rechts) gezeigt.

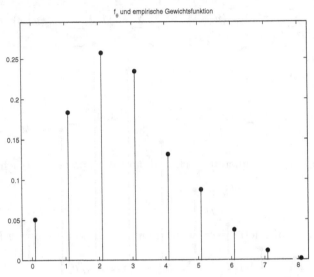

Abb. 14.3. Eine empirische Gewichtsfunktion $\widehat{f}$

Anmerkungen

Der Einfachheit halber behandelten wir ML-Schätzung und EM-Algorithmus nur in dikreten Modellen. Das Prinzip der ML-Schätzung ist aber auch in Modellen mit Dichtefunktionen f_θ bezüglich irgendeines Maßes M anwendbar. In vielen Modellen kann man zeigen, dass der ML-Schätzer alle konkurrierenden Schätzer in den Schatten stellt, zumindest für große Stochprobenumfänge n.

Der EM-Algorithmus und Abwandlungen hiervon werden in der Signalverarbeitung und Bioinformatik angewandt. Insbesondere kommt er bei "Hidden-Markov-Modellen" zum Einsatz. Ein möglicher Einstieg ist die Monographie von Waterman (1995).

Grundsätzlich ist zu sagen, dass der EM-Algorithmus notorisch langsam ist. In einigen Modellen stehen effiziente Methoden zur Berechnung des ML-Schätzers zur Verfügung. Dies trifft übrigens auch auf das hier beschriebene physikalische Beispiel zu.

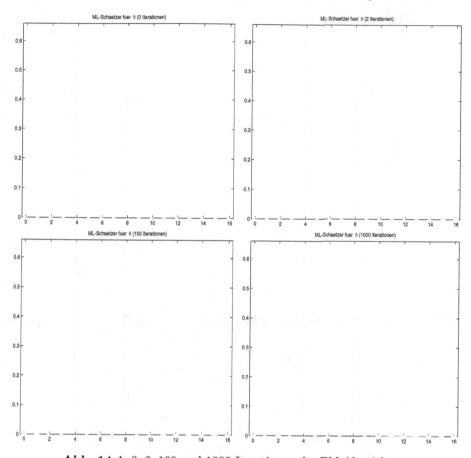

Abb. 14.4. 0, 2, 100 und 1000 Iterationen des EM-Algorithmus

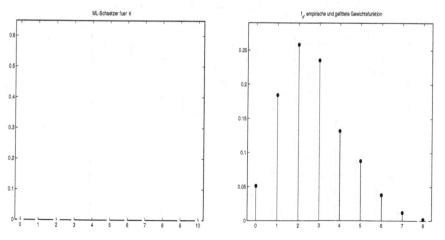

Abb. 14.5. Endresultate des EM-Algorithmus

A

Analytische Hilfsmittel

A.1 Eine Optimierungsmethode von Lagrange

(I) Gegeben seien zwei reellwertige Funktionen f und g auf einer Menge D. Das Ziel ist, die Funktion f unter der Nebenbedingung, dass g gleich einer vorgegebenen Konstante c ist, zu minimieren:

$$(*) \qquad \min_{z \in D \,:\, g(z)=c} f(z) \ = \ ?$$

Oftmals beinhaltet die Lösung dieses Minimierungsproblems auch die Bestimmung einer entsprechenden Minimalstelle $z \in D$.

Eine Lösungsmethode von Lagrange besteht darin, anstelle von Problem $(*)$ ein verwandtes Minimierungsproblem ohne Nebenbedingung zu lösen: Für eine reelle Zahl λ bestimmt man einen Punkt $z_o = z_o(\lambda) \in D$, so dass gilt:

$$f(z_o) + \lambda g(z_o) \ = \ \min_{z \in D} (f(z) + \lambda g(z)).$$

Die Zahl λ ist der "unbestimmte Multiplikator". Angenommen, man kann nun λ so wählen, dass

$$g(z_o) \ = \ c.$$

Dann ist $f(z_o)$ die Lösung des ursprünglichen Minimierungsproblems $(*)$. Wäre nämlich $f(z_*) < f(z_o)$ und $g(z_*) = g(z_o) = c$, dann wäre $f(z_*) + \lambda g(z_*) < f(z_o) + \lambda g(z_o)$. Ist die Minimalstelle z_o von $f + \lambda g$ eindeutig, dann ist z_o auch die eindeutige Minimalstelle für Problem $(*)$.

(II) Angenommen, man möchte in (I) die Funktion f unter der Nebenbedingung, dass g nicht größer ist als c, minimieren:

$$(**) \qquad \min_{z \in D \,:\, g(z) \leq c} f(z) \ = \ ?$$

Auch hier kann man Lagranges Methode anwenden, muss sich aber auf Multiplikatoren $\lambda \geq 0$ einschränken: Angenommen, für ein $\lambda \geq 0$ hat $z_o = z_o(\lambda)$ folgende Eigenschaften:

$$f(z_o) + \lambda g(z_o) = \min_{z \in D}(f(z) + \lambda g(z)) \quad \text{und} \quad g(z_o) = c.$$

Dann ist $f(z_o)$ die Lösung von Problem $(**)$. Ist z_o die eindeutige Minimalstelle von $f + \lambda g$, dann ist es auch die eindeutige Minimalstelle für Problem $(**)$.

(III) Nun ersetzen wir g durch eine Funktion $\mathbf{g} : D \to \mathbf{R}^m$ mit $m \geq 2$ und betrachten für ein $\mathbf{c} \in \mathbf{R}^m$ folgendes Minimierungsprobem:

$$(***) \qquad\qquad \min_{z \in D \,:\, \mathbf{g}(z)=\mathbf{c}} f(z) = ?$$

Zu diesem Zweck versucht man zu $\boldsymbol{\lambda} \in \mathbf{R}^m$ einen Punkt $z_o = z_o(\boldsymbol{\lambda}) \in \mathbf{R}^m$ zu bestimmen, so dass

$$f(z_o) + \boldsymbol{\lambda}^\top \mathbf{g}(z_o) = \min_{z \in D}(f(z) + \boldsymbol{\lambda}^\top \mathbf{g}(z)).$$

Falls $\mathbf{g}(z_o) = \mathbf{c}$, so ist $f(z_o)$ eine Lösung von Problem $(***)$. Ist z_o sogar die eindeutige Minimalstelle von $f + \boldsymbol{\lambda}^\top \mathbf{g}$, dann ist es auch die eindeutige Minimalstelle für Problem $(***)$.

Beispiel A.1 Sei $D = \mathbf{R}^n$ und $f(z) := \|z\|^2 = z^\top z$. Ferner sei $\mathbf{g}(z) := A^\top z$ mit einer Matrix $A \in \mathbf{R}^{n \times m}$, wobei $\text{Rang}(A) = m < n$. Für $\mathbf{c} \in \mathbf{R}^m \setminus \{0\}$ möchten wir nun $f(z)$ unter allen Vektoren z mit $\mathbf{g}(z) = \mathbf{c}$ minimieren. Die Lösung eines entsprechenden Langrangeproblems, Minimierung von $f + \boldsymbol{\lambda}^\top \mathbf{g}$, ist recht einfach:

$$\begin{aligned}
f(z) + \boldsymbol{\lambda}^\top \mathbf{g}(z) &= z^\top z + (A\boldsymbol{\lambda})^\top z \\
&= (z + 2^{-1}A\boldsymbol{\lambda})^\top(z + 2^{-1}A\boldsymbol{\lambda}) - 4^{-1}(A\boldsymbol{\lambda})^\top(A\boldsymbol{\lambda}) \\
&= \|z + 2^{-1}A\boldsymbol{\lambda}\|^2 - 4^{-1}\|A\boldsymbol{\lambda}\|^2
\end{aligned}$$

wird minimal für $z = z_o(\boldsymbol{\lambda}) := -2^{-1}A\boldsymbol{\lambda}$. Nun ist

$$\mathbf{g}(z_o(\boldsymbol{\lambda})) = -2^{-1}A^\top A\boldsymbol{\lambda} = \mathbf{c} \quad \text{genau dann, wenn} \quad \boldsymbol{\lambda} = -2(A^\top A)^{-1}\mathbf{c}.$$

Also ist $z_* := A(A^\top A)^{-1}\mathbf{c}$ die eindeutige Minimalstelle von f unter der besagten Nebenbedingung. Der Funktionswert selbst ist $f(z_*) = \mathbf{c}^\top(A^\top A)^{-1}\mathbf{c}$.

A.2 Die Stirlingsche Approximationsformel

Die Stirlingsche Formel besagt, dass für ganze Zahlen $n \geq 0$ gilt:

$$n! = D_n n^{n+1/2} e^{-n} \quad \text{mit} \quad \lim_{n \to \infty} D_n = \sqrt{2\pi}.$$

Hieraus kann man insbesondere ableiten, dass

$$\binom{n}{\lfloor n/2 \rfloor} = \frac{2^{-n}}{K_n \sqrt{n}} \quad \text{mit} \quad \lim_{n \to \infty} K_n = \sqrt{pi}.$$

Beweis. Wir betrachten die Gammafunktion,

$$\Gamma(a) \;:=\; \int_0^\infty x^{a-1}e^{-x}\,dx \quad \text{für } a > 0.$$

Bekanntlich ist $\Gamma(a+1) = a\Gamma(a)$, was man durch partielle Integration zeigen kann, und $\Gamma(1) = 1$. Hieraus ergibt sich durch vollständige Induktion nach $n \in \mathbf{N}_0$, dass $n! = \Gamma(n+1)$. Nun zeigen wir, dass

$$\lim_{a\to\infty} \frac{\Gamma(a+1)}{a^{a+1/2}e^{-a}} \;=\; C \tag{A.1}$$

mit $C := \int_{-\infty}^\infty \exp(-y^2/2)\,dx$. Zu diesem Zweck betrachten wir für $a > 1$ eine Zufallsvariable $X_a \geq 0$ mit Dichtefunktion

$$[0,\infty[\,\ni x \,\mapsto\, f_a(x) := \frac{x^{a-1}e^{-x}}{\Gamma(a)}.$$

Man kann zeigen, dass X_a Erwartungswert a und Standardabweichung $a^{1/2}$ hat, und für beliebige $R > 0$ ist

$$\lim_{a\to\infty} \sup_{|y|\leq R} \left| \frac{f_a(a + a^{1/2}y)}{f_a(a)} - \exp(-y^2/2) \right| \;=\; 0;$$

siehe Aufgabe 10.1. Folglich ist

$$\lim_{a\to\infty} P\left(|X_a - a| \leq a^{1/2}R \right) = \lim_{a\to\infty} \int_{(a-a^{1/2}R)+}^{a+a^{1/2}R} f_a(x)\,dx$$

$$= \lim_{a\to\infty} \frac{a^{a-1}e^{-a}}{\Gamma(a)} \int_{-R}^{R} \frac{f_a(a+a^{1/2}y)}{f_a(a)}\, a^{1/2}dy$$

$$= \lim_{a\to\infty} \frac{a^{a+1/2}e^{-a}}{a\Gamma(a)} \int_{-R}^{R} \exp(-y^2/2)\,dy$$

$$= \lim_{a\to\infty} \frac{a^{a+1/2}e^{-a}}{\Gamma(a+1)} \int_{-R}^{R} \exp(-y^2/2)\,dy.$$

Doch nach der Tshebyshev-Ungleichung ist die linke Seite im Intervall $[1 - c^{-2}, 1]$ enthalten, und das Integral auf der rechten Seite konvergiert gegen C für $R \to \infty$. Dies beweist Behauptung A.1. Dass der Grenzwert C gleich $\sqrt{2\pi}$ ist, wird in Abschnitt 10.4 gezeigt. $\qquad\square$

Literaturverzeichnis

Lesern, die mehr über randomisierte Algorithmen erfahren wollen, wird das Buch von Motwani und Raghavan (1995) empfohlen. Insbesondere werden dort die hier dargestellten Resultate über Markovketten angewandt. Wer mehr über statistische Methoden erfahren möchte, sollte das Lehrbuch von Rice (1995) zu Rate ziehen.

Wahrscheinlichkeitstheorie und Statistik

BEHRENDS, E. (2000). *Introduction to Markov Chains.* Vieweg-Verlag

BILLINGSLEY, P. (1995). *Probability and Measure (3rd ed.).* Wiley-Interscience

CLOPPER, C.J. AND E.S. PEARSON (1934). The use of confidence or fiducial limits illustrated in the case of the binomial. *Biometrika* **26**, 404–413

RICE, J.A. (1995). *Mathematical Statistics and Data Analysis.* Wadsworth

STERNE, T.E. (1954). Some remarks on confidence or fiducial limits. *Biometrika* **41**, 275–278

Algorithmen, Simulation

CORMEN, T.S., C.E. LEISERSON AND R.L. RIVEST (1990). *Introduction to Algorithms.* MIT Press

GRÜBEL, R. AND U. RÖSLER (1996). Asymptotic distribution theory for Hoare's selection algorithm. *Adv. Appl. Prob.* **28**, 252–269

KNUTH, D.E. (1973). *The Art of Computer Programming 1: Fundamental Algorithms (2nd ed.).* Addison-Wesley

KNUTH, D.E. (1981). *The Art of Computer Programming 2: Seminumerical Algorithms (2nd ed.).* Addison-Wesley

KNUTH, D.E. (1973). *The Art of Computer Programming 3: Sorting and Searching.* Addison-Wesley

MOTWANI, R. AND P. RAGHAVAN (1995). *Randomized Algorithms*. Cambridge University Press

NIEDERREITER, H. (1992). *Random Number Generation and Quasi-Monte Carlo Methods*. SIAM

RÖSLER, U. (1991). A limit theorem for 'Quicksort'. *Theor. Inf. Appl.* **25**, 85–100

Bioinformatik

GUSFIELD, D. (1997). *Algorithms on Strings, Trees, and Sequences: Computer Science and Computational Biology*. Cambridge University Press

WATERMAN, M.S. (1995). *Introduction to Computational Biology. Maps, Sequences and Genomes*. Chapman and Hall

Index